高等职业教育机电类专业"十三五"规划教材

机 械 制 图

（机械类专业）
（第2版）

主　编　安增桂　赵斐玲
副主编　王　英　谢　勇
　　　　高卫红　梁时光
　　　　李艳华

中国铁道出版社有限公司
CHINA RAILWAY PUBLISHING HOUSE CO., LTD.

内 容 简 介

本书在《机械制图》第1版的基础上认真贯彻国务院《关于加强发展现代职业教育的决定》的精神，对体系教学内容进行了必要的调整，对相应的国家标准进行了更新。

全书内容分为制图基本知识，正投影法和三视图，点、直线、平面的投影，基本体，轴测图，组合体，图样画法，标准件、常用件及规定画法，零件图，装配图，专用图样识读，变换投影面法，计算机绘图简介共13章。与本书配套的习题集同时出版。

本书适合作为高等职业技术学院、高等工程专科学校、成人高职高专机械类各专业的通用教材，也可供其他相近专业使用或参考。

图书在版编目（CIP）数据

机械制图：机械类专业/安增桂，赵斐玲主编. —2 版 . —北京：
中国铁道出版社，2017.2（2020.8重印）
高等职业教育机电类专业"十三五"规划教材
ISBN 978-7-113-22648-0

Ⅰ.①机… Ⅱ.①安… ②赵… Ⅲ.①机械制图—高等职业教育
—教材 Ⅳ.①TH126

中国版本图书馆 CIP 数据核字（2016）第 325280 号

书　　名：机械制图（机械类专业）（第 2 版）
作　　者：安增桂　赵斐玲

策　　划：何红艳　　　　　　　　　　　读者热线：（010）83552550
责任编辑：何红艳
编辑助理：钱　鹏
封面设计：付　巍
封面制作：白　雪
责任校对：张玉华
责任印制：樊启鹏

出版发行：中国铁道出版社有限公司（100054，北京市西城区右安门西街 8 号）
网　　址：http://www.tdpress.com/51eds/
印　　刷：三河市兴博印务有限公司
版　　次：2011 年 8 月第 1 版　2017 年 2 月第 2 版　2020 年 8 月第 2 次印刷
开　　本：787 mm×1 092 mm　印张：18.5　字数：447 千
印　　数：2 001～3 000 册
书　　号：ISBN 978-7-113-22648-0
定　　价：48.00 元

第 2 版前言

本书是在第 1 版《机械制图》的基础上修订而成的。根据教育部最新的《高等职业教育创新发展行动计划 2015～2018 年》的精神及国务院《关于加强发展现代职业教育的决定》的精神，对本书的体系、教学内容进行了必要的调整，对相应的国家标准进行了更新。

调整后的第 2 版"立足实用，强化能力，注重实践"，尽力做到内容新颖，实用。

第 2 版修订的主要内容如下：

（1）为了引导学生自学，在每个章节前都设定了本章概述、本章重点、本章难点。

（2）本书在编写过程中考虑到学生的阅读心理，增加了"知识链接""助记口诀""小贴士"等栏目，介绍国内外的一些新标准、新知识、新技术。同时在版式上力求活泼，并配有实物图片，拉近了书本知识与生产、生活的实际距离。

（3）第 2 版修订和更新了国家标准，全面贯彻与本课程有关的最新国家标准。

（4）本书增加了第 12 章变换投影面法，同时听取各校意见，将第 13 章计算机绘图简介改用 AutoCAD 2013 版重新编写。

（5）与本书配套使用的习题集内容较为充实，题型多、角度新，习题有一定余量，为教师取舍及学生多练提供了方便。同时在习题集后面给出了部分习题答案，供教师备课和学生自学时参考。

（6）本书带 * 号章节为选学内容，各校可根据专业特点进行取舍。

（7）本书采用双色印刷，插图绘制清晰、准确，提高了图形的表达效果，提升了教材的整体质量。

本书可作为高等职业技术学院、高等工程专科学校以及成人高职高专机械类各专业的通用教材，也可供其他相近专业使用或参考。

参加本书编写与修订工作的有：原北京铁路机械学校安增桂，兰州交通大学周婷，北京电子科技职业学院田耘、梁时光，北京农业职业学院（清河分院）闫蔚，新疆铁道职业技术学院赵斐玲，新疆轻工职业技术学院梁杰，天津铁道职业技术学院王英，武汉铁路技师学院谢勇，唐山职业技术学院李艳华，北京自动化工程学校高卫红，北京京北职业技术学院阮宝荣等。

全书由安增桂、赵斐玲任主编，并负责全书的统稿。王英、谢勇、高卫红、梁时光、李艳华任副主编。

限于作者的水平书中难免有不足和疏漏之处，恳请广大读者和任课教师批评、指正。

编　者
2017 年 1 月

第1版前言

本书根据教育部下发的《关于全面提高高等职业教育教学质量的若干意见》教高〔2006〕16号文件精神，认真贯彻《国务院关于深化教育改革全面推进素质教育的决定》，在广泛听取各类高职学校制图教学改革经验的基础上编写而成。编者采用新的课程体系，以职业需要为主线，力求体现基础性、实用性和专业性的特点。

本书具有以下特点：

（1）针对高等职业教育重在实践能力和职业技能的培养目标，以突出人才的创新素质和创新能力的培养为宗旨，贯彻基本理论以"必需、够用"为度，简化传统知识，力争在内容上体现先进性、实用性。

（2）本书与配套习题集自始至终贯彻以识图为主又不忽视画图的编写思路，以画图促识图，同时加强徒手画图能力的训练。

（3）在编写中特别注意国家标准的更新，全面贯彻与本课程有关的最新国家标准；同时对标准的基本概念和表述方法均严格按照国家标准工作组对标准理解的精神处理。

（4）本书带＊号章节为选学内容，各校可根据专业特点进行取舍。考虑到目前教学计划中一般都设"计算机实训"课程，因此本教材对于计算机绘图只作简单介绍。

（5）本书插图全部采用计算机绘制和润饰，大大提高了插图的准确性、清晰度和表达效果，提高了整体教材的质量。

（6）本书在编写过程中注意到学生的阅读心理。为了增加知识性、趣闻性，本书增加了"知识链接"等栏目，介绍国内外的一些新标准、新知识、新技术。在版式上力求活泼并配有实物图片，拉近了书本知识与生产、生活的实际距离。

本书适合作为高等职业技术学院、高等工程专科学校以及成人高职高专机械类各专业的通用教材，也可供其他相近专业使用或参考。

参加教材编写工作的有：原北京铁路机械学校安增桂，兰州交通大学周婷，北京电子科技职业学院田耘、冯志新、梁时光，北京农业职业学院（清河分院）闫蔚，北京金隅科技学校李长全，北京自动化工程学校高卫红，北京京北职业技术学院阮宝荣，乌鲁木齐铁路运输学校赵斐玲，新疆轻工职业技术学院梁杰，天津铁道职业技术学院王英等。

全书由安增桂、田耘任主编，并负责全书的统稿。梁杰、阮宝荣任副主编。

限于作者的水平，书中难免仍有错漏之处，欢迎广大读者特别是任课教师提出批评意见和建议。

编　者

2011 年 6 月

目　　录

绪 论

1. 图样及其在生产中的用途

在工程技术中，根据投影原理和有关标准的规定把物体的形状用图形表示在图纸上，并用数字、文字和符号标注出物体的大小、材料和技术要求，这样的图称为工程图样。

在现代生产活动中，无论是机器制造与维修，还是房屋建筑、水利工程、桥梁工程等许多重要的建设项目，在设计建造时都必须依赖图样才能进行。

图样已成为人们表达设计意图和交流技术思想的工具。因此说，图样是工程技术的语言，也是工程技术人员必须掌握的重要工具。

机械制图就是研究机械图样的绘制（画图）和识读（看图）规律与方法的一门学科。

2. 本课程主要任务和要求

本课程的主要任务是培养学生具有一定的识读和绘制机械图样的能力、空间想象和思维能力以及绘图技能。通过本课程的教学，使学生达到如下要求：

（1）掌握正投影法的基础理论和基本方法；

（2）培养绘图和阅读机械图样的基本能力；

（3）培养空间想象能力和空间分析能力；

（4）初步具备计算机绘图能力；

（5）培养认真负责的工作态度和严谨细致的工作作风。

此外在教学过程中应注意培养学生的自学能力、审美能力和创新能力。

3. 本课程的学习方法

（1）本课程是一门有理论要求且实践性较强的技术基础课。学习时不仅应了解基本内容、基本概念、投影原理，还要掌握基本作图方法。

（2）学习投影作图的基本理论和方法时不能死记硬背，必须明了空间形体的形状及其与视图间的投影对应关系。培养空间思维能力是提高学生的读图能力及图解能力的基础。

（3）本课程的各种训练是通过一系列作业来贯彻的，按时完成作业是培养学生掌握绘图技巧、提高读图能力及图解能力不可缺少的手段。

（4）绘图时要熟记制图有关国家标准，做到严格遵守、认真贯彻，其中常用的标准应记牢，还应该能熟练地查阅相关标准和手册。

4. 学习制图标准时应注意的问题

技术人员设计绘图、制图教师备课和学生进行课程设计或毕业设计时，往往需要查阅标准文本。查阅时应注意以下几个问题：

（1）制图标准中的条文往往需要通过图例给出规定，因此，图例本身就是规定。在标准中，图文具有同等的效力。

（2）查用贯彻标准时应以标准文本为准，一般不以教科书或手册为依据。

（3）要关注并及时地捕捉标准制订及修订信息，查用现行有效的、最新的标准，以免错用了废止的标准。

（4）对学校的制图教学或企业的职业培训来说，要处理好《技术制图》与《机械制图》两者的关系。为使工程界各专业领域建立更多的联系，便于技术沟通，需要作出统一的通则性的基本规定，即《技术制图》。《技术制图》是比《机械制图》、《建筑制图》等各专业制图高一层次的制图标准，一经发布，《机械制图》等各专业制图原则上必须遵循。但是，为适应各专业领域自身的特点，相应的《机械制图》等标准可选用《技术制图》标准中的若干基本规定，在不违背《技术制图》标准中基本规定的前提下，作出必要的、技术性的具体补充。

复习思考题

1. 机械制图课程的主要任务是什么？
2. 学习本课程时，在学习方法上应注意什么问题？
3. 学习制图标准时应注意哪些问题？

第1章 制图基本知识

工程图样是现代工业生产中重要技术资料也是交流技术思想的"通用语言"。掌握制图基本知识与技能，是画图和读图能力的基础。本章将着重介绍国家标准《技术制图》和《机械制图》中的有关规定，并简要介绍绘图工具的使用以及平面图形的画法。

本章重点

- 掌握图幅和图线等制图基本规定和尺寸注法的规定。
- 掌握平面图形的作图方法（包括线段和尺寸分析及作图顺序）。

本章难点

- 正确理解尺寸注法的四项基本规则。
- 平面图形的线段分析（连接线段）和定位尺寸的分析。

知识链接 《国家标准》知识介绍

在生产中，工人根据零件图加工零件，根据装配图的要求把零件组装成为部件或机器。这些图样统称为机械图样，如下图中的轴承座零件图和履带式挖掘机装配图。

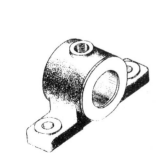

轴承座立体图

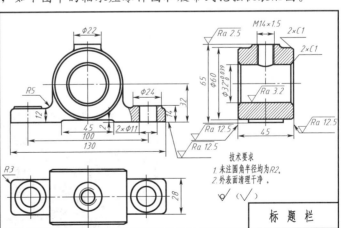

轴承座零件图

3

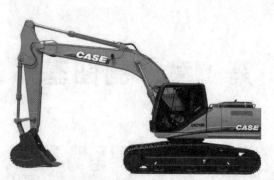

履带式挖掘机

履带式挖掘机三维造型立体图

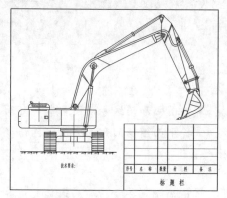

履带式挖掘机装配图

1.1 绘图工具和用品的使用

正确地选择和使用绘图工具，是提高绘图质量和效率的前提。本节简要介绍常用绘图工具、用品及使用方法。

绘图工具、仪器用品如图 1-1 所示。

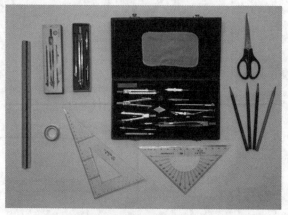

图 1-1 绘图工具、仪器用品

1.1.1　绘图工具

1. 图板

图板用胶合板制成，图板大小有不同规格，适用于不同型号图纸的使用。图板要求板面平整，工作边平直以保证作图的准确性（图1-2）。

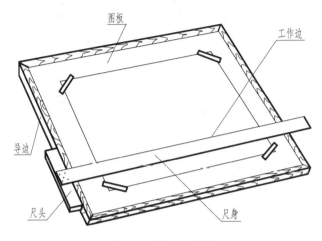

图 1-2　图板和丁字尺

2. 丁字尺

丁字尺一般用有机玻璃制成，由尺头与尺身两个部分组成，画图时应使尺头靠紧图板左侧的工作边。丁字尺主要用于画水平线以及与三角板配合画垂直线或各种15°倍数角的斜线，如图1-3所示。

3. 三角板

三角板用有机玻璃制成，并由 45°和 30°（60°）两块三角尺合成为一副，是手工绘图的主要工具（图1-3）。

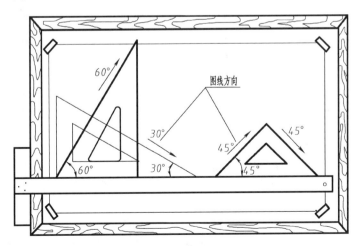

图 1-3　用丁字尺和三角板画各种图线

4. 比例尺

比例尺俗称三棱尺（图 1-4），在棱面上共有六种常用的比例刻度，刻度一般以米（m）为单位。而机械图样是以毫米（mm）为基本单位，因此使用时应进行换算。

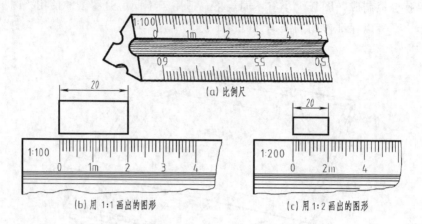

（a）比例尺

（b）用 1:1 画出的图形　　　　　　　（c）用 1:2 画出的图形

图 1-4　比例尺

1.1.2　绘图仪器

常用的绘图仪器有以下几种：

1. 圆规

圆规用于画圆或圆弧，画圆部分装上不同配件可以画出铅笔圆、墨线圆或作分规使用。圆规结构如图 1-5 所示。圆规定心钢针和铅芯的安装如图 1-6 所示。

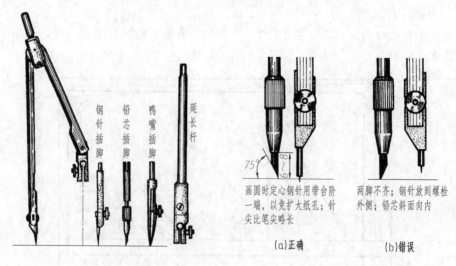

图 1-5　圆规及附件　　　　　　　图 1-6　定心钢针和铅芯的安装

圆规的使用方法如图 1-7 所示。使用时钢针与插脚均垂直于纸面，圆规略向旋转方向倾斜，画图时速度均匀，用力适当。

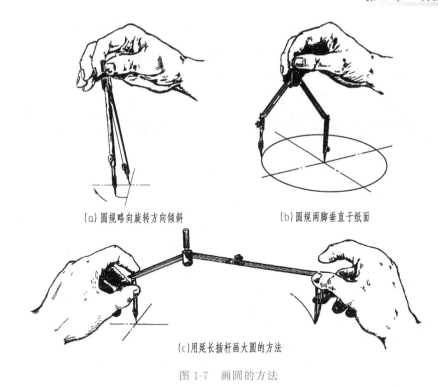

(a)圆规略向旋转方向倾斜　　　　　(b)圆规两脚垂直于纸面

(c)用延长插杆画大圆的方法

图 1-7　画圆的方法

2. 分规

分规可用来量取尺寸和等分线段或圆弧，分规的使用方法如图 1-8 所示。

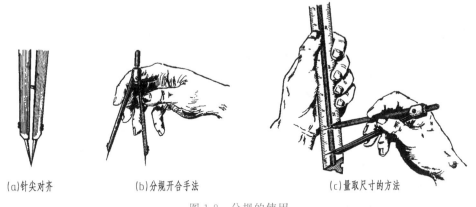

(a)针尖对齐　　　　　(b)分规开合手法　　　　　(c)量取尺寸的方法

图 1-8　分规的使用

1.1.3　绘图用品

1. 图纸和透明胶带

图纸分为绘图纸和描图纸（半透明）两种。绘图纸要求质地坚实，用橡皮擦拭不易起毛，并符合国家标准规定的幅面尺寸。透明胶带专用于固定图纸。

2. 绘图铅笔

绘图铅笔的铅芯分**软**（B）、**中性**（HB）、**硬**（H）三种。绘制图线的粗细不同，所需铅芯的软硬也不同。通常画粗线可采用 HB、B、2B，画细线可采用 2H、H、HB。

铅笔的削法如图 1-9 所示。握铅笔方法及画法如图 1-10 所示。

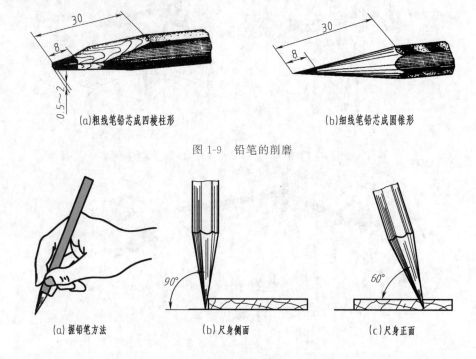

（a）粗线笔铅芯成四棱柱形　　　　　　　　　　　（b）细线笔铅芯成圆锥形

图 1-9　铅笔的削磨

（a）握铅笔方法　　　　　　（b）尺身侧面　　　　　　（c）尺身正面

图 1-10　握铅笔方法及画法

3. 其他用品

（1）绘图橡皮　用于擦除铅笔线，清除图中污迹。

（2）擦图片　在擦图时，用来保护应有图线不会被擦去。

（3）小刀和砂纸　用于削磨铅笔。

1.2　制图国家标准的基本规定

国家标准《技术制图》是一项基础技术标准，国家标准《机械制图》是机械专业制图标准，工程技术人员必须严格遵守其有关规定。

本节主要介绍《技术制图》（GB/T 14689 ～ 14691—2008、GB/T 16675.2—2012）和《机械制图》（GB/T 4457.4—2002、GB/T 4458.4—2003）一般规定中的主要内容。

"GB" 是强制性国家标准代号，"GB/T" 是推荐性国家标准代号。"14689"、"4457.4" 为标准的批准顺序号，"1993"、"2002" 表示该标准发布的年号（规定一律书写四位）。

1.2.1　图纸幅面和格式

1. 图纸幅面

为了便于图样的保管和使用，绘制技术图样时应优先采用表 1-1 所规定的基本幅面。

表 1-1　图纸的基本幅面及图框尺寸（摘自 GB/T 14689—2008）　　　mm

幅 面 代 号	A0	A1	A2	A3	A4
$B \times L$	841×1189	594×841	420×594	297×420	210×297
a	25				
c	10			5	
e	20			10	

注：a、c、e 为周边宽度、参见图 1-12，图 1-13。

基本幅面共有五种，其尺寸关系如图 1-11 所示。必要时也允许选用加长幅面，加长幅面应按基本幅面的短边成整数倍增加，以利于图纸的折叠和保管。

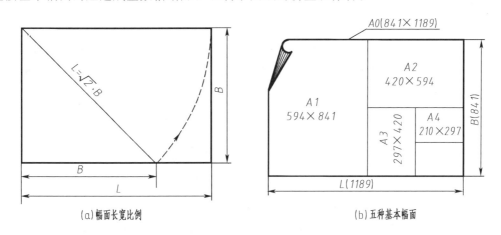

(a)幅面长宽比例　　　　　　(b)五种基本幅面

图 1-11　基本幅面的尺寸关系

2. 图框格式

在图纸上必须用粗实线画出图框，其格式分为保留装订边的图框格式（图 1-12）和不保留装订边的图框格式（图 1-13）。

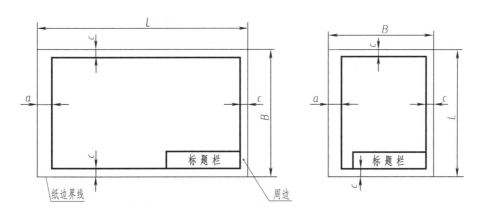

图 1-12　保留装订边的图框格式

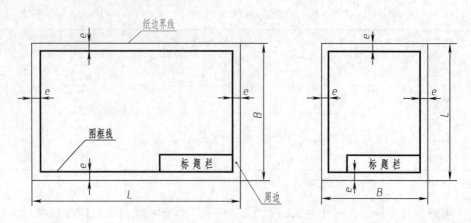

图 1-13　不保留装订边的图框格式

3. 标题栏

在每张图纸的右下角应画出标题栏，其格式和尺寸在 GB/T 10609.1—2008《技术制图图纸幅面和格式》"标题栏"中已有规定，用于学生作业的标题栏可由学校自定。图 1-14 所示的格式可供参考。

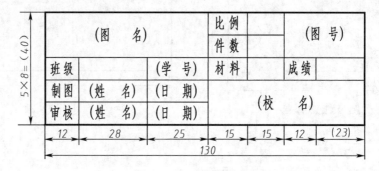

图 1-14　零件图标题栏

1.2.2　比例

图样中的图形与实物相应要素的线性尺寸之比，称为**比例**。线性尺寸是指能用直线表达的尺寸，例如直线长度、圆的直径等，而角度大小的尺寸为非线性尺寸。图样比例分为原值比例、放大比例、缩小比例。比例符号应以"："表示。图样中所注的尺寸数值均应为物体的真实大小，与图形的比例无关，如图 1-15 所示。

绘制图样时应在表 1-2 的比例系列中选取。

1.2.3　字体

字体的标准化是为了使图样上字体统一，清晰明确，书写方便。国家标准《技术制图》（GB/T 14691—1993）规定，图样中书写的字体必须做到：**字体工整、笔画清楚、间隔均匀、排列整齐**。字体的高度（h）代表字体的号数，如 7 号字的高度为 7 mm。字体高度的公称尺寸系列为：1.8，2.5，3.5，5，7，10，14，20 等 8 种，单位为 mm。若需要书写更大的字则字体高度应按 $\sqrt{2}$（≈ 1.4）的比率递增。

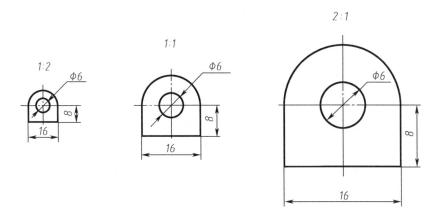

图 1-15　尺寸数值与图形比例无关

表 1-2　比例系列（摘自 GB/T 14690—1993）

种　类	定　义	优先选择系列	允许选择系列
原值比例	比值为 1 的比例	1：1	
放大比例	比值大于 1 的比例	5：1　2：1 5×10^n：1　2×10^n：1　1×10^n：1	4：1　2.5：1 4×10^n：1　2.5×10^n：1
缩小比例	比值小于 1 的比例	1：2　1：5　1：10 $1：2 \times 10^n$　$1：5 \times 10^n$　$1：1 \times 10^n$	1：1.5　1：2.5　1：3　1：4 1：6　$1：1.5 \times 10^n$　$1：2.5 \times 10^n$ $1：3 \times 10^n$　$1：4 \times 10^n$　$1：6 \times 10^n$

注：n 为正整数。

1. 汉字

汉字应写成**长仿宋体字**，并采用国家正式公布推行的简化字，其书写要领是：**横平竖直，注意起落，结构匀称，填满方格**。汉字的高度 h 不应小于 3.5 mm，字宽一般为 $h/\sqrt{2}$（字宽约为字高的 70%）。长仿宋体汉字示例如图 1-16 所示。

2. 字母和数字

字母及数字的笔画宽度分 A 型和 B 型，在同一张图上只允许采用一种形式的字体。A 型字体的笔画宽度（d）为字高（h）的 1/14。B 型字体的笔画宽度（d）为字高（h）的 1/10。

字母及数字可写成斜体或直体。斜体字的字头向右倾斜，与水平基准线成 75°。**工程上常采用斜体书写**，如图 1-17、图 1-18、图 1-19 所示。

10 号字

字体工整　笔画清楚　间隔均匀　排列整齐

7 号字

横平竖直　注意起落　结构匀称　填满方格

汉字应写成长仿宋体字并采用国家正式公布的简化汉字

5 号字

机械制图细线画法剖面符号专业技能工程技术表面粗糙度极限与配合

3.5 号字

国家标准《技术制图》是一项基础技术标准国家标准《机械制图》是机械专业制图标准

图 1-16　长仿宋体字示例

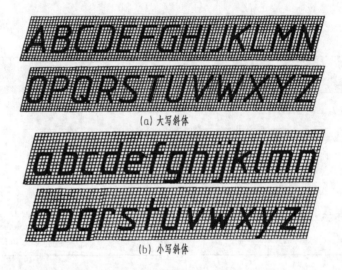

(a) 大写斜体

(b) 小写斜体

图 1-17　拉丁字母示例

(a) 斜体

(b) 直体

图 1-18　阿拉伯数字示例

图 1-19　罗马数字书写方法

1.2.4　图线

国家标准 GB/T 17450—1998《技术制图》规定了图线的名称、图线宽度尺寸系列及画法规则，可广泛适用于各种技术图样，如机械、电器、建筑和土木工程图样等。但是，它所规定的是共性的部分，而对机械图样中各种图样的应用则需要遵守国家标准 GB/T 4457.4—2002《机械制图》"图线"的规定。

1. 基本线型

国家标准 GB/T 4457.4—2002《机械制图》规定了绘制图样中常用的线型及名称，见表 1-3，其应用示例，如图 1-20 所示。

表 1-3　线型及应用（摘自 GB/T 4457.4—2002）

代　码 No	名　称	机械图常用线型及名称	图线宽度 (d)	应　用　及　说　明
01.1	细实线	———————	$d/2$	尺寸线及尺寸界线、剖面线、引出线、过渡线
	波浪线	～～～	$d/2$	徒手连续线，为细实线的变形。用于断裂处的边界线，视图和剖视图的分界线等
	双折线	—〜Λ—	$d/2$	为图线的组合，由几何图形要素在实线上规则地分布形成。用于断裂处的边界线
01.2	粗实线	——————	d	可见轮廓线、可见棱边线
02.1	细虚线	— — — — —	$d/2$	不可见轮廓线、不可见棱边线
02.2	粗虚线	■ ■ ■ ■ ■	d	允许表面处理的表示线
04.1	细点画线	— · — · — · —	$d/2$	轴线、对称中心线、剖切线
04.2	粗点画线	■ · ■ · ■	d	限定范围表示线
05.1	细双点画线	— ·· — ·· —	$d/2$	极限位置轮廓线、假想投影轮廓线，相邻辅助零件轮廓线，中断线

注：在一张图样上一般采用一种线型，即采用波浪线或双折线。

2. 图线宽度（d）

国家标准规定了 9 种图线宽度。绘制工程图样时所有线型宽度应在下面系列中选择：0.13 mm；0.18 mm；0.25 mm；0.35 mm；0.5 mm；0.7 mm；1 mm；1.4 mm；2 mm。该数系的公比为 $1:\sqrt{2}$（≈1∶1.4），同一张图样中相同线型的宽度应一致。

在绘制机械图样时，应根据图幅的大小，图样的复杂程度等因素综合考虑选定粗实线的宽度。常用粗实线宽度建议采用 0.7 mm 或 1 mm。

国家标准规定机械图样采用粗、细两种线宽，它们之间的宽度比为 2∶1。

为了保证图样清晰、便于复制，图样上尽量避免出现线宽小于 0.18 mm 的图线。

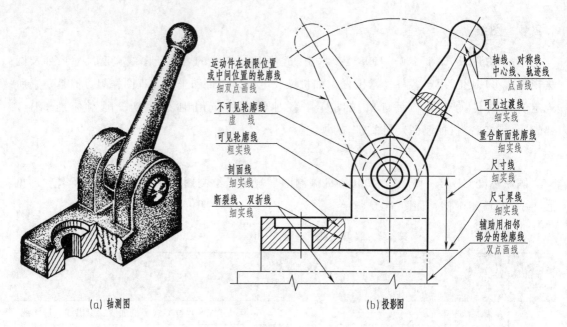

图 1-20 各种线型应用示例

3. 图线画法（图 1-21）

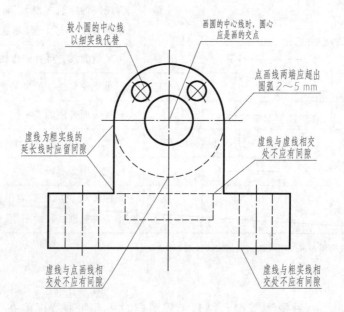

图 1-21 图线的画法

（1）图线相交时，都应以线相交，而不应该是点或间隔相交。

（2）细虚线直线在粗实线延长线上相接时，细虚线应留出间隔；细虚线圆弧与粗实线相切时，细虚线圆弧应留出间隔。

（3）绘图时，图线的首末端应是长画，不应是点。细点画线的两端应超出轮廓线 2~5 mm。

（4）当圆的图形较小（直径小于 12 mm）时允许用细实线代替细点画线。

1.3 尺 寸 注 法

尺寸是图样中的重要内容之一，是制造零件的直接依据。关于尺寸标注的规则，国家标准《机械制图》与《技术制图》都作了详细的规定，这里只介绍一些基本规定。

1.3.1 基本规则

（1）机件的真实大小应以图样上所注的尺寸数值为依据，与图形的大小及绘图的准确度无关。图样上所标注的尺寸应是机件最后完工的尺寸，否则应另加说明。

（2）图样中（包括技术要求和其他说明）的尺寸，以 mm（毫米）为单位时，不需标注单位符号（或名称），若采用其他单位，则需注明相应的单位符号。

（3）机件的每一尺寸，一般只标注一次，并应标注在反映该结构最清晰的图形上。

（4）标注尺寸时应尽可能使用符号和缩写词，见表 1 4。符号的比例画法如图 1-22所示。

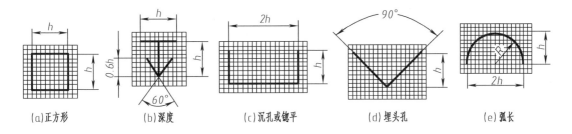

(a)正方形　　　　(b)深度　　　　(c)沉孔或锪平　　　　(d)埋头孔　　　　(e)弧长

图 1-22　标注尺寸符号的比例画法

表 1-4　标注尺寸的符号及缩写词（摘自 GB/T4458.4—2003 附录 A）

序号	含 义	符号或缩写词	序号	含 义	符号或缩写词	序号	含 义	符号或缩写词
1	直 径	ϕ	6	均 布	EQS	11	埋头孔	$\vee$
2	半 径	R	7	45°倒角	C	12	弧 长	$\frown$
3	球直径	$S\phi$	8	正方形	$\square$	13	斜 度	$\angle$
4	球半径	SR	9	深 度	$\downarrow$	14	锥 度	$\triangleleft$
5	厚 度	t	10	沉孔或锪平	$\sqcup$	15	型材截面形状	（按 GB/T 4656—2008）

知识链接 你知道吗？

ISO 标准和中国国家标准、技术制图、房屋建筑制图统一标准中都规定符号φ表示直径。由于符号φ和希腊字母 Φ 非常相似，人们都误认为φ即是希腊字母 Φ 并习惯读作"斐"。应强调指出φ是直径符号，而不是字母，并应读作"圆"。

1.3.2 尺寸的组成

一个完整的尺寸，由尺寸界线、尺寸线和尺寸数字三部分组成，如图 1-23 所示。

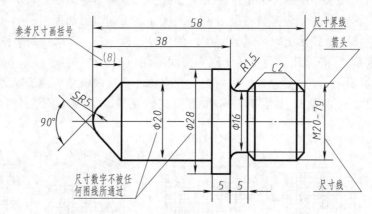

图 1-23 标注尺寸的方法

1. 尺寸界线

尺寸界线用来指明所注尺寸的范围，用细实线绘制，由图形的轮廓线、轴线或中心线处引出，画在图外，并超出尺寸线末端 3 mm。有时也可借用轮廓线、轴线或对称中心线作为尺寸界线。尺寸界线一般应与尺寸线垂直，必要时才允许倾斜，如图 1-24 所示。

标注角度的尺寸界线应沿径向引出；标注弦长的尺寸界线应平行于该弦的垂直平分线；标注弧长的尺寸界线应平行于该弧所对圆心角的角平分线，如图 1-25 所示。

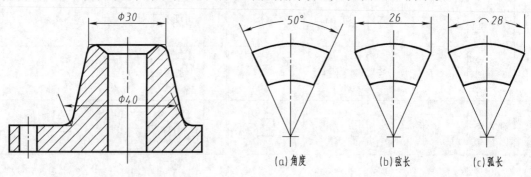

图 1-24 倾斜引出的尺寸界线　　图 1-25 标注角度、弦长、弧长的尺寸界线、尺寸线画法

2. 尺寸线

尺寸线用来标明尺寸的方向，用细实线绘制。尺寸线应与所标注的线段平行。

标注角度和弧长时，尺寸线应画成圆弧，圆心是该角的顶点，如图 1-25a、c 所示。

尺寸线终端可以有下列两种形式：

（1）**箭头**。形式如图 1-26a 所示，适用于各种类型的图样。新国家标准将箭头长度改为 $\geqslant 6d$。

（2）**斜线**。用细实线绘制，其方向和画法如图 1-26b 所示。当尺寸线的终端采用斜线形式时，尺寸线与尺寸界线应相互垂直。

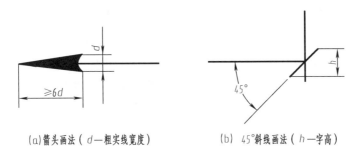

(a)箭头画法（ d—粗实线宽度）　　　(b) 45°斜线画法（ h—字高）

图 1-26　箭头与 45°斜线画法

机械图样中一般采用箭头作为尺寸线的终端。建筑图样采用斜线形式作为尺寸线的终端。

当尺寸线与尺寸界线相互垂直时，同一张图样中只能采用一种形式的尺寸线终端。

3. 尺寸数字

线性尺寸的数字一般应注写在尺寸线的上方，也允许注写在尺寸线的中断处。尺寸线上方注写尺寸数字为首选形式，如图 1-23 所示。

对于线性尺寸数字的方向，一般应随尺寸线的方向而变化，如图 1-27a 所示，并尽可能避免在图示的 30°范围内标注尺寸。当无法避免时，可按图 1-27b 所示引出标注。

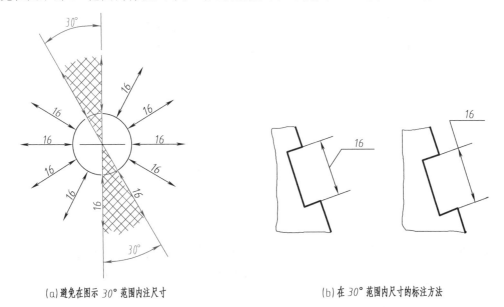

(a)避免在图示 30°范围内注尺寸　　　　　　(b)在 30°范围内尺寸的标注方法

图 1-27　尺寸数字的注写方向

图样中，尺寸数字不可被任何图线所通过，否则应将该图线断开，图样中标注参考尺寸时应将尺寸数字加上圆括弧，如图 1-23 所示。

1.3.3 常用的尺寸方法

1. 线性尺寸

标注线性尺寸时，尺寸线必须与所标注的线段平行。串联尺寸，箭头对齐；并联尺寸，小尺寸在内侧，大尺寸在外侧，尺寸线间隔应不小于 7～10 mm，如图 1-23 所示。

2. 圆、圆弧及球面尺寸

（1）圆须注出直径，且在尺寸数字前加注符号"φ"，如图 1-28a 所示。

（2）圆弧须注出半径，且在尺寸数字前加注符号"R"，如图 1-28b 所示。

（3）标注球面的直径或半径时，应在符号"φ"或"R"前加注符号"S"，如图 1-29所示。

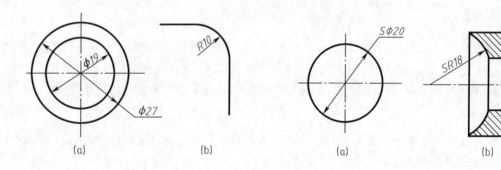

图 1-28　圆及圆弧尺寸注法　　　　　图 1-29　球面尺寸的注法

3. 角度尺寸

图形上标注角度大小的形式如图 1-30 所示。尺寸线是以角顶为圆心的圆弧，角度的数字一律写成水平方向，一般注写在尺寸线的中断处，必要时可引出标注。

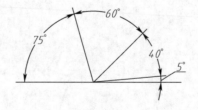

图 1-30　角度尺寸的注法

4. 狭小部位尺寸注法

当没有足够位置画箭头和写数字时，可将其中之一布置在外面，也可以把箭头和数字都布置在外面。标注一连串小尺寸时，可用小圆点或斜线代替中间的箭头，如图1-31所示。

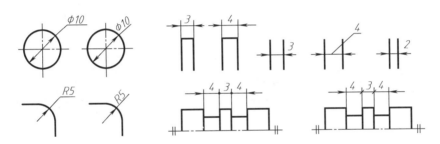

图 1-31　狭小部位尺寸注法

相关链接 《国家标准》知识介绍

　　1988 年《中华人民共和国标准代法》（简称《标准化法》），中规定了强制性和推荐性两种属性标准，强制性标准是指保障人体健康、人身财产安全的标准，其他均为推荐性标准。目前，我国近两万个国家标准中强制性标准仅占 13％ 左右，大部分属推荐性标准。对于推荐性标准不能理解为执行与否均可，推荐性标准一经采用，应严格执行。

　　• 标准的编号和名称：

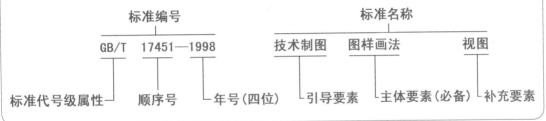

1.4　几何作图

相关链接 等分圆周的应用

　　下图是小型汽车车轮轮辐设计的各种等分式样，美观的设计式样增添了汽车的美感。

1.4.1　等分作图

1．等分线段

如图 1-32 所示，将线段 AB 五等分。

自线段端点 A 引任一直线 AC 与 AB 相交；在 AC 上以适当长度截取五等分，得 1′、2′、3′、4′、5′各点；连 5′B；过 1′、2′、3′、4′各点分别作 5′B 的平行线，在 AB 上得 1、2、3、4 各点，即为该线段的等分点。

2．等分圆周及作正多边形

（1）三、六等分圆周。如图 1-33 所示，作圆的内接正三角形与正六边形。

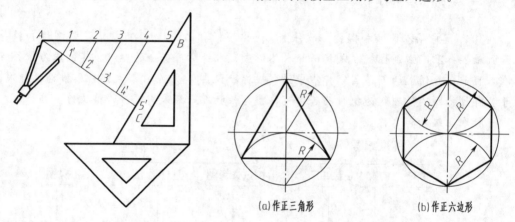

图 1-32　等分线段　　　　　　图 1-33　作圆内接正三角形、正六边形

分别以一条直径的一个端点或两个端点为圆心，用该圆的半径为半径画弧，就可以把圆周分为三、六等份。依次连接各点，即可得圆的内接正三角形或内接正六边形。

（2）五等分圆周。如图 1-34 所示，作圆的内接正五边形。

① 二等分半径 OB，得点 M。

② 以点 M 为圆心、MC 长为半径，画弧交 AO 于 N 点。

③ CN 为五边形的边长，在圆周上顺次截取五等份，连接各点即成圆的内接正五边形。

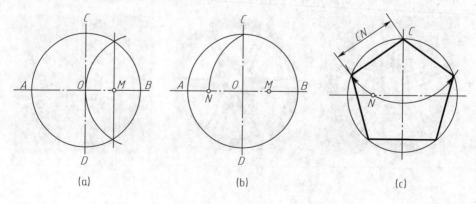

图 1-34　作圆内接正五边形

3. 圆的任意等分

圆的等分，有时可以做到准确等分，有时只能做到近似等分，下面介绍常用的圆的任意等分方法——查表法。

如果要将已知圆分成任意几等分，可以利用表 1-5 查出等分系数 K，根据边长的计算公式计算出边长，然后再进行作图。

边长的计算公式为

$$a = KD$$

式中　a——边长；

　　　K——等分系数；

　　　D——圆的直径。

表 1-5　圆周等分系数表

圆周等分数 n	等分系数 K	圆周等分数 n	等分系数 K	圆周等分数 n	等分系数 K
3	0.866	11	0.282	19	0.165
4	0.707	12	0.259	20	0.156
5	0.588	13	0.239	21	0.149
6	0.500	14	0.223	22	0.142
7	0.434	15	0.208		
8	0.383	16	0.195		
9	0.342	17	0.184		
10	0.309	18	0.174		

知识链接　等分圆周的知识

正多边形的尺规作图是大家感兴趣的。正三边形很好做；正四边形稍难一点；正六边形也很好做；正五边形就更难一点，但人们也找到了正五边形的尺规作图方法。确实有的尺规作图方法困难一些，有的容易一些，人们很久很久都未找到作正七边形的尺规作图方法。究竟能否作出得不出结论来。这一难题一直悬而未决两千余年。

1745 年一位德国数学家高斯，在他仅 20 岁左右时发现：当正多边形的边数是费马素数时是可以尺规作图的。正七边形"7"是素数但不是费马素数。因此正七边形是不能用尺规方法作出的。

按照高斯的理论，高斯用尺规方法作出了正十七边形。德国哥廷根大学教授作出了正257 边形。高斯本人对自己的理论颇为满意，由此引导他走上数学道路。而且在他逝后，人们在哥廷根大学广场用白大理石砌成一座纪念碑，碑上是高斯的青铜雕像，底座就是一个正十七边形。

高斯（1777—1855）德国数学家。近代数学的伟大奠基者之一。

德国数学家高斯的墓碑

1.4.2 圆弧连接

在画图时，经常要用一圆弧光滑地连接两线段（直线或圆弧），这种作图方法称为**圆弧连接**。作图时要求圆弧与圆弧、圆弧与直线是相切的，因此，圆弧连接实质上就是用作图方法准确地求出连接圆弧的圆心和连接圆弧与已知线段的切点。

1. 两直线间的圆弧连接

用已知半径的圆弧连接两相交直线有**锐角**、**钝角**、**直角**三种情况，如图 1-35 所示。

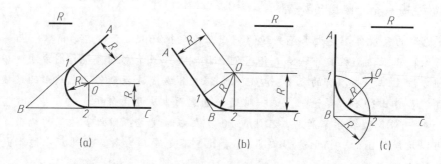

图 1-35　两直线间的圆弧连接

作图方法：

（1）分别作 AB、BC 的平行线，使平行线与两边的距离等于已知圆弧半径 R。两平行线的交点 O 即是圆弧的圆心。

（2）自 O 点分别向已知角两边作垂线，垂足 1、2 即为切点。

（3）以 O 点为圆心、R 为半径，在两切点 1、2 之间画连接圆弧即为所求。

（4）两直线成直角时，可按图 1-35c 所示方法求作。

2. 直线与圆弧间的圆弧连接

如图 1-36a 所示，用已知半径 R 的圆弧连接直线 AB 与以 O_1 为圆心、R_1 为半径的圆弧。

作图方法：

（1）以 O_1 为圆心、R_1+R 为半径画圆弧；作距离直线 AB 为 R 的平行线，两线交点 O 即为圆心。

（2）连接 O_1O 得切点 1；过 O 点作直线 AB 的垂线，得切点 2；以 O 为圆心、R 为半径画圆弧于 1、2 点之间，完成圆弧连接，如图 1-36b 所示。

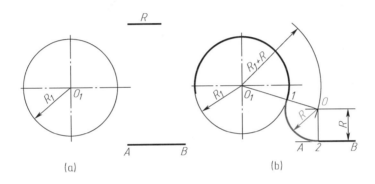

图 1-36　直线与圆弧间的圆弧连接

3. 两圆弧之间的圆弧连接

圆弧与圆弧连接的已知条件：圆心分别为 O_1、O_2，半径分别为 R_1、R_2 的两个圆弧，连接半径为 R。

（1）外连接。如图 1-37 所示，分别以 O_1、O_2 为圆心，$R+R_1$ 及 $R+R_2$ 为半径画圆弧交于 O 点，即是圆心；连接 O_1O、O_2O，与已知弧分别交于 1、2 点，即是两切点；以 O 为圆心、R 为半径，在 1、2 点之间画圆弧，就能光滑地将两圆弧连接起来。

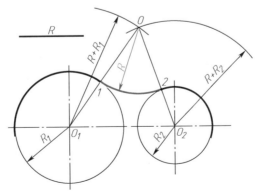

图 1-37　外连接

（2）内连接。如图 1-38 所示，分别以 O_1、O_2 为圆心，$R-R_1$ 及 $R-R_2$ 为半径画圆弧

交于 O 点，即是圆心；连心线 OO_1 和 OO_2 的延长线与已知圆弧的交点 1、2，即为切点；以 O 为圆心、R 为半径，在 1、2 点之间画圆弧即得。

（3）混合连接。如图 1-39 所示，分别以 O_1、O_2 为圆心，以 $R+R_1$ 及 R_2-R 为半径，画圆弧交于 O 点，即是圆心；连 OO_1 和 OO_2 与已知弧相交于 1、2 点，即为切点；以 O 为圆心、R 为半径，在 1、2 点之间画圆弧，即为所求。

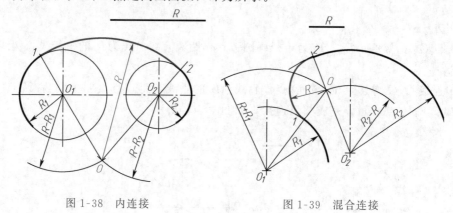

图 1-38　内连接　　　　　　　　图 1-39　混合连接

综合上面所述，圆弧连接的作图步骤可归纳如下：

① 根据圆弧连接的作图原理，求出连接弧的圆心。

② 求出切点。

③ 用连接弧半径画圆弧。

④ 描深：为保证连接光滑，一般先描圆弧，后描直线；当几个圆弧相连接时，应依次相连，避免同时连接两端。

1.4.3　斜度与锥度

1. 斜度（S）

斜度是指一直线（或平面）相对于另一直线（或平面）的倾斜程度。

斜度：$S=(H-h)/L=\tan\alpha$，如图 1-40a 所示。**斜度符号"∠"**的画法如图 1-40b 所示。标注斜度时，符号所示的方向应与斜度方向一致。

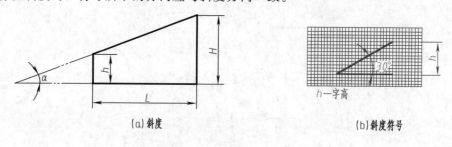

(a)斜度　　　　　　　　　　　(b)斜度符号

图 1-40　斜度及斜度符号

图 1-41 所示为斜度 1∶7 的斜键的标注和作图方法。

2. 锥度（C）

两个垂直于圆锥轴线的圆截面直径差与该两截面间的轴向距离之比称为**锥度**，用 C 表示，如图 1-42a 所示。

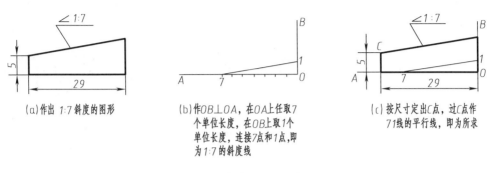

(a)作出 1:7 斜度的图形   (b)作OB⊥OA，在OA上任取7   (c)按尺寸定出C点，过C点作
　　　　　　　　　　　　　　　个单位长度，在OB上取1个 　　　　　　　71线的平行线，即为所求
　　　　　　　　　　　　　　　单位长度，连接7点和1点，即
　　　　　　　　　　　　　　　为1:7的斜度线

图 1-41　斜度的画法及标注

锥度：$C = (D-d)/L = 2\tan\dfrac{\alpha}{2}$，其中 α 为锥顶角。

表示锥度的锥度符号及其比数注在引出线上。锥度符号的方向应与锥度的方向一致。**锥度符号 "▷"** 的画法如图 1-42b 所示。

图 1-43 所示为锥度 1:3 的塞规的标注和作图方法。

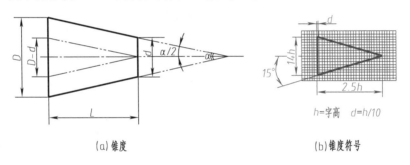

(a)锥度   (b)锥度符号

图 1-42　锥度及锥度符号

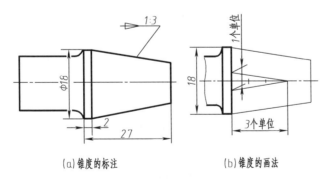

(a)锥度的标注   (b)锥度的画法

图 1-43　塞规锥度的标注与画法

1.4.4　常用的平面曲线

常用的平面曲线如椭圆的画法有同心圆法和四心圆法，其作图方法与步骤分别见表 1-6 和表 1-7。

表 1-6　同心圆法画椭圆

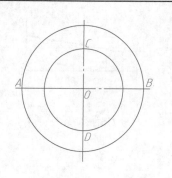	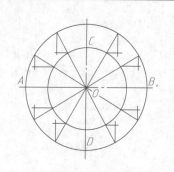	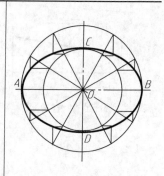
1. 以椭圆中心 O 为圆心，分别以长轴 AB、短轴 CD 为直径，作两个同心圆	2. 将两同心圆分成 12 等分，在大小圆上各得 12 个等分点，从大圆上各分点向圆内引垂线（//CD）；从小圆上各分点作水平线（//AB）	3. 从小圆作的水平线与大圆作的垂直线相交，交点即为椭圆上的点；用曲线板光滑地连接诸点即得椭圆

表 1-7　四心圆法画椭圆（近似）

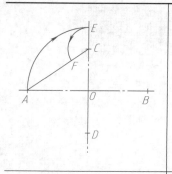	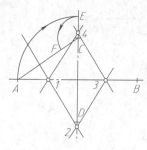	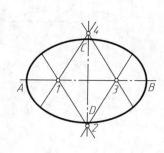
1. 已知：长轴 AB、短轴 CD 作图：连接 AC，求出点 E、F，使 OE＝OA，CF＝CE	2. 作 AF 的垂直平分线，交轴线于 1、2 两点；对称求出 3、4 两点	3. 以 1、2、3、4 为圆心，以四条连心线为分界线，过 A、B、C、D 四点作四段圆弧

1.5　平面图形的画法

　　平面图形由许多线段连接而成，这些线段之间的相对位置和连接关系，靠给定的尺寸来确定。画图时，只有通过分析尺寸和线段间的关系，才能明确该平面图形应从何处着手以及按什么顺序作图。

1.5.1　尺寸分析

　　平面图形中的尺寸，按其作用可分为两类：

1. 定形尺寸

用于确定线段长度、圆弧半径（或圆的直径）和角度大小等的尺寸称为**定形尺寸**。如图 1-44 中的 $\phi 20$、$R50$、$R80$ 等。

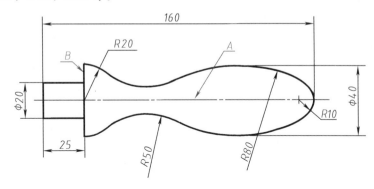

图 1-44   手柄

2. 定位尺寸

用于确定线段在平面图形中所处位置的尺寸称为**定位尺寸**。例如，图 1-44 中的尺寸数字 160 确定了 $R10$ 的圆心位置，尺寸数字 $\phi 40$ 确定了手柄 $R80$ 的位置。

定位尺寸通常以图形的对称中心线、中心线和较长的直线作为标注尺寸的起点，这个起点称为尺寸基准，如图 1-44 中的 A、B 所示。

1.5.2   线段分析

平面图形中的线段（直线或圆弧）按其性质可分为三类（因为直线连接的作图较简单，所以这里只介绍圆弧的情况）：

（1）已知圆弧。具有两个定位尺寸的圆弧，如图 1-44 中的 $R10$、$R20$。

（2）中间圆弧。具有一个定位尺寸的圆弧，如图 1-44 中的 $R80$。

（3）连接圆弧。没有定位尺寸的圆弧，如图 1-44 中的 $R50$。

在画图时，由于已知圆弧有两个定位尺寸，故可直接画出；而中间圆弧虽然缺少一个定位尺寸，但它总是和一个已知线段相连接，利用相切的条件便可画出；连接弧则由于缺少定位尺寸，只有借助它和已经画出的两条线段的相切条件才能画出来。

作图时，应先画已知圆弧，再画中间圆弧，最后画连接圆弧。

1.5.3   绘图的方法和步骤

（1）分析图形，作出基准线，根据所注尺寸确定哪些是已知圆弧，哪些是中间圆弧和连接圆弧。

（2）画出已知圆弧。

（3）根据圆弧连接作图方法，作出中间圆弧和连接圆弧。

现以手柄为例，说明平面图形的作图方法和步骤，见表 1-8。

表 1-8　手柄的作图步骤

1. 画中心线和已知线段的轮廓，以及相距为 40 的两条范围线 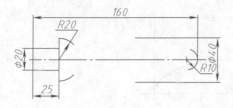	2. 确定连接圆弧 $R80$ 的圆心 O_1 及 O_2 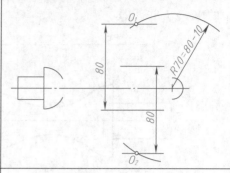
3. 确定连接圆弧 $R80$ 和已知圆弧 $R10$ 的切点 A、B，并以 $R80$ 为半径画圆弧 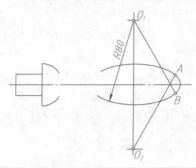	4. 确定连接圆弧 $R50$ 的圆心 O' 和 O'' 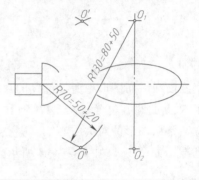
5. 确定连接圆弧 $R50$ 与两端圆弧的切点 C、D、E、F 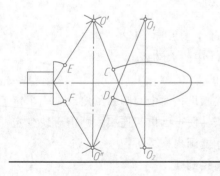	6. 以 O' 和 O'' 为圆心，以 $R50$ 为半径画圆弧，即完成作图 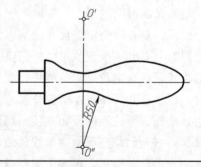

1.6　草图的画法

　　以目测估计图形与实物的比例，按一定的画法要求徒手（或部分使用绘图仪器）绘制的图，称为**草图**。草图在产品设计及现场测绘中占有重要的地位。例如，在设计新产品时，常先画出草图以表达设计意图如图 1-45 所示；现场测绘时也是先画草图，以便把所需资料迅速记录下来。因此，草图是工程技术人员交流、记录、构思、创作的有力工具，也是工程技术人员必须掌握的一项**重要的基本技能**。

图 1-45　汽车外形草图的画法

1.6.1　草图图线的徒手画法

1. 直线的画法

徒手画直线时，执笔要自然，手腕抬起，不要靠在图纸上，眼睛朝着前进的方向，注意画线的终点。同时小手指可与纸面接触，以作支点，保持运笔平稳。

短直线应一笔画出，长直线则可分段相接而成。图 1-46 所示为画水平线、垂直线、倾斜线的手势。

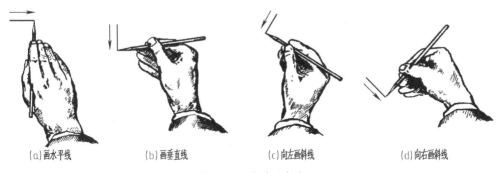

(a)画水平线　　　(b)画垂直线　　　(c)向左画斜线　　　(d)向右画斜线

图 1-46　徒手画直线

2. 常用角度画法

画 30°、45°、60°等常见角度时，可根据两直角边的比例关系在两直角边上定出两端点，然后连接而成，如图 1-47 所示。

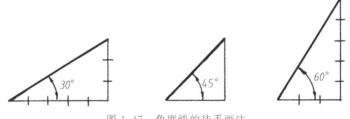

图 1-47　角度线的徒手画法

3. 圆和圆角的画法

画小圆时，先画中心线，在中心线上按半径大小目测定出四点，然后过四点分两半画出，如图 1-48a 所示。

画直径较大的圆时，可过圆心加画两条长 45°的斜线，按半径的大小目测定出八点，然后连接成圆，如图 1-48b 所示。

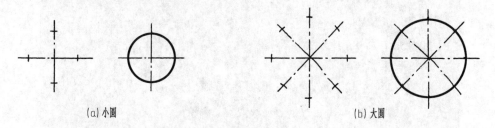

(a) 小圆　　　　　　　　　　　　　　(b) 大圆

图 1-48　圆的徒手画法

画圆角及圆弧连接时，根据圆角半径大小，在分角线上定出圆心位置，从圆心向分角两边引垂线，定出圆弧的两连接点，并在分角线上定出圆弧上的点，然后过这三点作圆弧，如图 1-49a 所示；也可以利用圆弧与正方形相切的特点画出圆角或圆弧，如图 1-49b 所示。

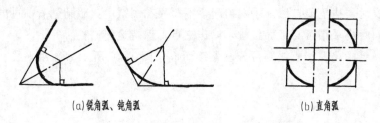

(a) 锐角弧、钝角弧　　　　　　　　　　(b) 直角弧

图 1-49　圆角、圆弧连接的徒手画法

4. 椭圆的画法

画椭圆时，先画椭圆长短轴，定出长短轴顶点，过四个顶点画矩形，然后作椭圆与矩形相切，如图 1-50a 所示；或者利用其与菱形相切的特点画椭圆，如图 1-50b 所示。

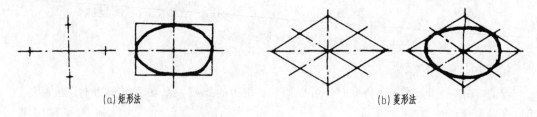

(a) 矩形法　　　　　　　　　　　　　(b) 菱形法

图 1-50　椭圆的徒手画法

1.6.2　平面图形的草图画法

绘制平面形草图的步骤与仪器绘图的步骤相同。草图图形的大小是根据目测估计画出的，目测尺寸比例要准确。草图的图线应尽量符合规定，做到直线平直、曲线光滑、各部分比例恰当、尺寸完整。初学画草图时可在方格纸上练习，如图 1-51 所示。经过练习后逐步

脱离方格纸、在空白图纸上画出工整的草图。

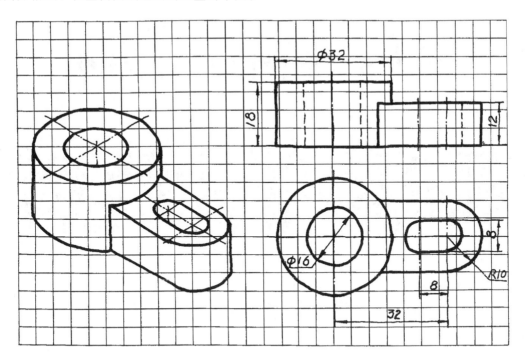

图 1-51　在方格纸上徒手画图示例

复习思考题

1. 图纸幅面代号有几种？各幅面代号的图纸之间有何关系？

2. 图样中书写的字体必须做到哪些要求？汉字应写成什么字体？常用字体高度的公称系列有几种？

3. 汉字的字号与字高有什么关系？字宽与字高有何关系？

4. GB/T 4457.4—2002 规定机械图样采用粗细两种线宽，它们之间的比例为 2：1，请问：新标准规定了几种线型？其中粗线有几种？细线有几种？

5. 一个完整的尺寸由哪几个要素组成？

6. 什么是斜度？什么是锥度？斜度 1：3 与锥度 1：3 有何区别？怎样作出已知的斜度和锥度？

第2章　正投影法和三视图

　　正投影法能准确表达物体的形状，作图方便在工程上得到广泛的应用。机械图样就是用正投影法绘制的。本章主要介绍正投影图的投影规律和作图方法，初步培养空间思维和想象能力，学会简单物体的正投影图的绘制方法，为学好机械图样的识读和绘制打下基础。

本章重点

- 掌握正投影法的基本原理和基本特性。
- 理解三视图的形成过程、熟练掌握三视图与物体的方位之间的关系。

本章难点

- 三视图的三等对应关系和六个方位关系。
- 空间概念的建立及空间想象能力的培养。

知识链接

　　日常生活中，人们对"形影不离"的现象习以为常。如人和物体在阳光或灯光的照射下，地面上或墙壁上会产生影子，这种现象称为投影，如下图所示。

钢琴的投影

外文字母的投影

小女孩的投影

三人投影造型

2.1　投影法的基本概念

物体在光源（投射中心）的照射下，在某平面上产生影子，这种现象称为投影。光源称为投射中心，某平面（*P*）称为投影面，光线称为投射线，物体在投影面上的影子称为投影，如图 2-1 所示。

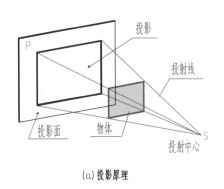

(a) 投影原理　　　　　　　(b) 投影实例

图 2-1　投影

2.1.1　投影法的分类

根据投射线是否汇交于一点，投影法可分为两大类，即**中心投影法**和**平行投影法**。

1. 中心投影法

投射线汇交于一点的投影法，称为**中心投影法**，如图 2-2a 所示。

运用中心投影法绘制的图样称为**透视图**，如图 2-2b 所示。这种图样直观性强，因而在工艺美术及绘制建筑物时经常应用。但由于透视图作图复杂且度量性较差，故在机械图样中很少使用。

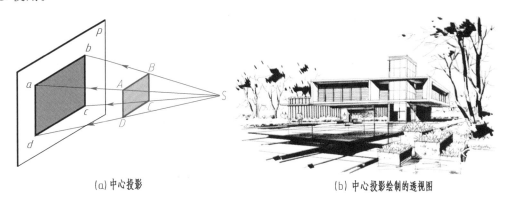

(a) 中心投影　　　　　　　(b) 中心投影绘制的透视图

图 2-2　投影方法

2. 平行投影法

设想将投射中心 *S* 移到无穷远处，这时投射线不再汇交于一点，可视为互相平行，如

图 2-3 所示。这种投射线互相平行的投影法称为**平行投影法**。

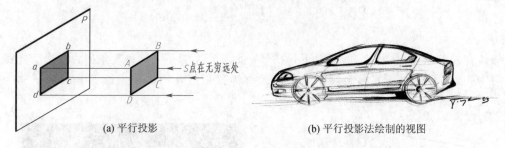

(a) 平行投影　　　　　　　　　　(b) 平行投影法绘制的视图

图 2-3　平行投影法

根据投射线是否垂直于投影面，平行投影法又可分为两类：

（1）斜投影法　投射线与投影面相倾斜的平行投影法。根据斜投影法所得到的图形，称为**斜投影图**或**斜投影**，如图 2-4a 所示。

（2）正投影法　投射线与投影面相垂直的平行投影法。根据正投影法所得到的图形，称为**正投影图**或**正投影**，如图 2-4b 所示。

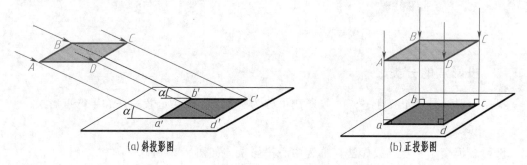

(a)斜投影图　　　　　　　　　　(b)正投影图

图 2-4　平行投影法分类

2.1.2　正投影的基本性质

直线段和平面形对于投影面的相对位置有三种情况——**平行、垂直、倾斜**，它们决定了正投影的三个特性。

（1）真实性。当直线段和平面形平行于投影面时，其正投影反映实长或实形的性质称为**真实性**，如图 2-5 所示。

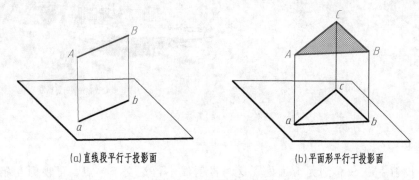

(a)直线段平行于投影面　　　　　　(b)平面形平行于投影面

图 2-5　正投影的真实性

（2）积聚性。当直线段和平面形垂直于投影面时，其正投影积聚为一点或线段的性质称为**积聚性**，如图 2-6 所示。

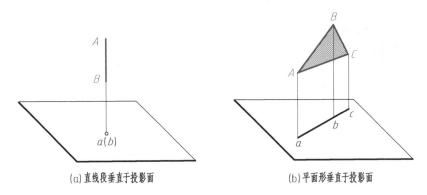

图 2-6　正投影的积聚性

（3）类似性。当直线段和平面形倾斜于投影面时，其正投影变小或变成类似形的性质称为**类似性**，如图 2-7 所示。

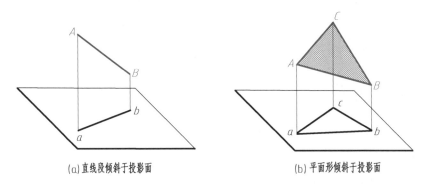

图 2-7　正投影的类似性

2.1.3　视图的基本概念

用**正投影法**绘制物体的图形时，可把人的视线假想成相互平行且垂直于投影面的一组射线，进而将物体在投影面上的投影称为**视图**。

从图 2-8 可以看出，几个形状不同的物体在同一投影面上却得到了相同的视图。因此，物体的一个视图一般不能确定其形状和大小，必须再从其他方向作其他视图才能将物体表达清楚，一般采用三面视图。

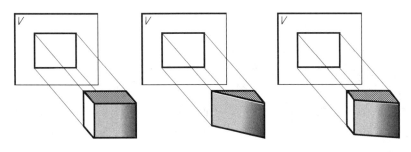

图 2-8　一个视图不能确定物体的形状和结构

2.2 三视图的形成及投影规律

2.2.1 三视图的形成

1. 投影面的设置和名称

三个互相垂直的投影面构成**三投影面体系**，如图2-9所示。

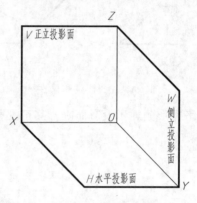

图2-9 三投影面体系

三个投影面分别为：

正立投影面（简称正面），用 V 表示；

水平投影面（简称水平面），用 H 表示；

侧立投影面（简称侧面），用 W 表示。

相互垂直的两个投影面之间的交线，称为投影轴，它们分别为：

OX 轴（简称 X 轴），是 V 面与 H 面的交线，表示长度方向；

OY 轴（简称 Y 轴），是 H 面与 W 面的交线，表示宽度方向；

OZ 轴（简称 Z 轴），是 V 面与 W 面的交线，表示高度方向。

三个投影轴互相垂直相交于点 O，称为原点。

2. 视图的形成和名称

如图2-10a所示，将物体置于三投影面体系中，并使物体上的主要表面处于平行或垂直于投影面的位置，用正投影法分别向 V、H、W 面投影，即可得到物体的三个视图。

三个视图分别为：

主视图——从前向后投射，在正面 V 上得到的视图；

俯视图——从上向下投射，在水平面 H 上得到的视图；

左视图——从左向右投射，在侧面 W 上得到的视图。

为了画图方便，需将空间的三个视图画在一个平面上，即把三个互相垂直的投影面展开摊平。具体的方法如下：如图2-10b所示，V 面保持不动，H 面绕 OX 轴向下旋转 $90°$，W 面绕 OZ 轴向右旋转 $90°$，使它们与 V 面处于同一个平面上（即图纸面），如图2-10c所示。展开时，Y 轴被分为两处，分别用 Y_H（在 H 面上）和 Y_W（在 W 面上）表示。画图时，为了简化作图，投影面边框和投影轴可不必画出，如图 2-10d 所示。三视图按投影关系配置时，一律不需标注名称。

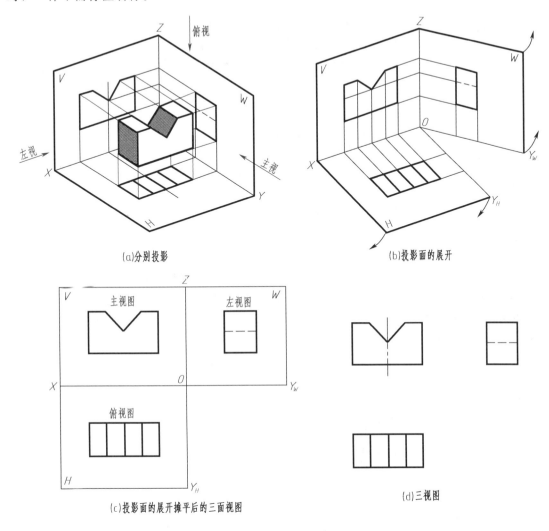

(a)分别投影

(b)投影面的展开

(c)投影面的展开摊平后的三面视图

(d)三视图

图 2-10　三视图的形成过程

2.2.2　三视图的投影规律

从图 2-11 中可以看出，三个视图之间存在着一定的关系和规律。三个视图的位置关系为：俯视图在主视图的下方；左视图在主视图的右方。按照这样的位置配置视图时，国家标准规定一律不标注视图的名称。

从三视图中还可以看出：主视图只能表示长和高，俯视图只能表示长和宽，左视图只能表示高和宽。投影时，物体是在同一个位置分别向三个投影面投影的，三个视图一定保持"三等"关系，即：**主视、俯视长对正，主视、左视高平齐；俯视、左视宽相等**（图 2-11）。也就是说：主、俯视图左右要对齐；主、左视图上下要一样平；俯、左视图前后面距离要相等。

"**三等**"关系中，尤其要注意俯视图与左视图宽相等的关系。

"**三等**"关系是我们绘制和识读图样时所遵循的**最基本的投影规律**，必须深刻理解。

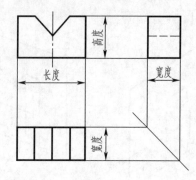

图 2-11　三视图的"三等"关系

2.2.3　三视图的作图方法和步骤

画物体三视图时，需要根据前面所学的正投影法原理及三视图间的关系，首先选好主视图的投射方向，然后摆正物体，再根据图纸幅面和视图的大小画出三视图的定位线。

画图时，无论是整个物体或物体的每一局部，在三视图中其投影都必须符合"**长对正、高平齐、宽相等**"的关系。

图 2-12a 所示立体图的三视图的具体作图步骤如图 2-12b～f 所示。

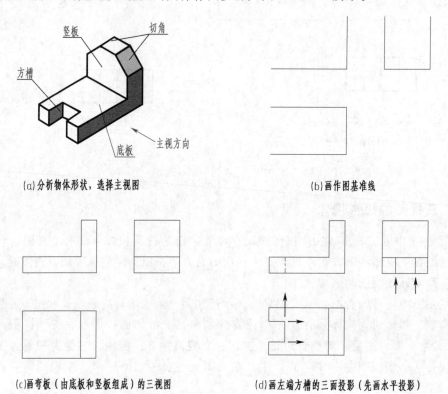

(a)分析物体形状，选择主视图　　　　　　　　(b)画作图基准线

(c)画弯板（由底板和竖板组成）的三视图　　　(d)画左端方槽的三面投影（先画水平投影）

图 2-12　三视图的作图步骤

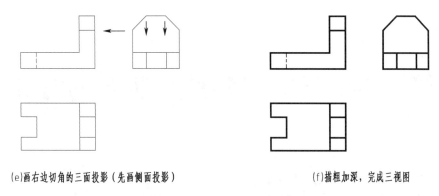

(e)画右边切角的三面投影（先画侧面投影）　　　　　　　　(f)描粗加深，完成三视图

图 2-12（续）　　三视图的作图步骤

复习思考题

1. 投影法可分为哪几类？
2. 中心投影法与平行投影法的区别是什么？
3. 平行投影法又分为哪几种？机械图样采用哪种投影法绘制而成？
4. 直线段和平面形的正投影特性是什么？

第3章 点、直线、平面的投影

> 点、直线、平面是构成物体表面的最基本的几何要素。我们必须掌握这些几何元素的投影规律，为正确地表达物体的形状奠定必要的理论基础。

本章重点

- 点的三面投影规律，重影点的投影及判断可见性。
- 直线段及平面形在三投影面体系中的各种位置及投影特性。

本章难点

- 直线段和平面形空间概念的建立和空间想象能力的培养。
- 空间各种位置直线段及平面图形三视图的画法。

知识链接

点是构成物体最基本的几何元素。两个点可决定一条直线，三个点可决定一个平面。任何物体都是由点、线、面所围成。在工程上最简单的形体造型，也是最美的造型，如**法国卢浮宫的玻璃金字塔**见右下图。

这座玻璃金字塔是由**华人建筑师贝聿铭**设计建造。塔高 21m、底宽 30m，四个侧面由 673 块菱形玻璃拼组而成。这座玻璃金字塔不仅是体现现代艺术风格的佳作，也是运用现代科学技术的独特尝试。

华人建筑师贝聿铭

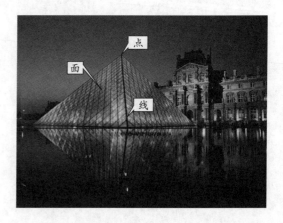

法国卢浮宫玻璃金字塔

3.1　点 的 投 影

点是组成立体的最基本的几何元素。要正确地画出物体的三视图，必须首先**掌握点的投影规律**。

3.1.1　点的三面投影

由空间点 A 分别向投影面 H、V、W 面引垂线，则垂点 a、a'、a'' 即为点 A 的三面投影[①]（图 3-1a）。移去空间点 A，将 H 面绕 OX 轴向下旋转，W 面绕 OZ 轴向右旋转（图 3-1b），使其与 V 面形成一个平面，即得点的三面投影图（图 3-1c）。

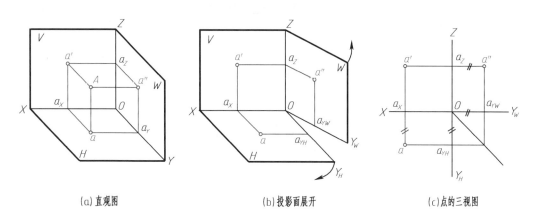

| (a) 直观图 | (b) 投影面展开 | (c) 点的三视图 |

图 3-1　点的三面投影

通过点的三面投影图可以看出，点的投影规律为：

（1）点的两面投影的连线必定垂直于相应的投影轴，即

$$aa' \perp OX；$$
$$a'a'' \perp OZ；$$
$$aa_{YH} \perp OY_H，a''a_{YW} \perp OY_W。$$

（2）点的投影到投影轴的距离等于空间点到对应投影面的距离，即

$$a'a_X = a''a_Y = A 点到 H 面的距离 Aa；$$
$$aa_X = a''a_Z = A 点到 V 面的距离 Aa'；$$
$$aa_Y = a'a_Z = A 点到 W 面的距离 Aa''。$$

3.1.2　点的投影与直角坐标的关系

在三投影面体系中，点的位置可由点到三个投影面的距离来决定。即把投影面当作坐标面，把投影轴当作坐标轴（图 3-2），则点的投影和点的坐标关系如下：

A 点到 W 面的距离 Aa'' 反映 A 点的 X 坐标 Oa_X；

[①]　关于空间点及其投影的规定标记：空间点用大写字母，如 A、B、C、…；水平投影用相应的小写字母，如 a、b、c、…；正面投影用相应的小写字母加一撇，如 a'、b'、c'、…；侧面投影用相应的小写字母加二撇，如 a''、b''、c''、…。

A 点到 V 面的距离 Aa' 反映 A 点的 Y 坐标 Oa_Y；

A 点到 H 面的距离 Aa 反映 A 点的 Z 坐标 Oa_Z。

空间一点的位置可由该点的坐标（X，Y，Z）确定。在一投影都包含了该点两个坐标，故一个点的两个投影就可确定该点的空间位置。

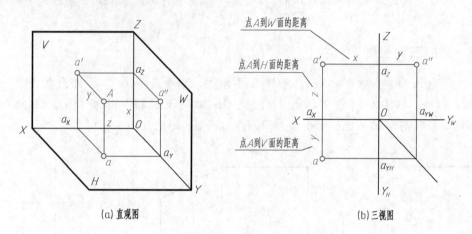

图 3-2　点的投影与直角坐标

【例 3-1】　已知空间点 B（16，10，12），求作它的三面投影。

作图：

（1）画出投影轴；在 OX 轴上量取 16，得 b_X 点如图 3-3a 所示。

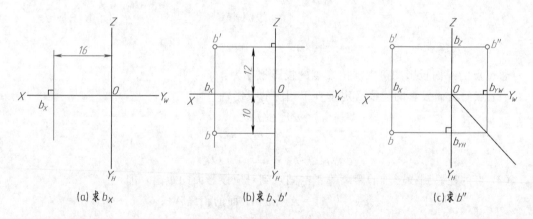

图 3-3　根据点的坐标求作投影图

（2）过 b_X 点作 OX 轴的垂线，自 b_X 沿 OZ 方向量取 12，沿 OY 方向量取 10，分别得 b' 点和 b 点，如图 3-3b 所示。

（3）根据 b、b' 点求出第三面投影 b'' 点，如图 3-3c 所示。

3.1.3　两点的相对位置

两点在空间的相对位置可根据两点的坐标大小来确定，如图 3-4 所示。

根据两点的 X 坐标大小判别两点间的左右位置，坐标值大者在左；

根据两点的 Y 坐标大小判别两点间的前后位置，坐标值大者在前；

根据两点的 Z 坐标大小判别两点间的上下位置，坐标值大者在上。

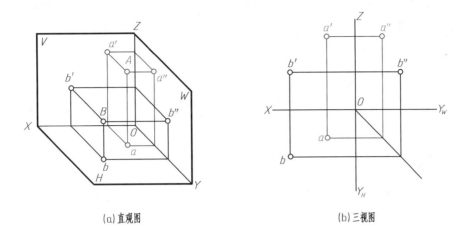

(a)直观图   (b)三视图

图 3-4 两点的相对位置

如图 3-5 所示，C、D 两点处在 H 面的同一条垂线上，则 C、D 两点的 H 面投影 c、d 重合在一起，说明 C、D 两点的 X、Y 坐标相等。C、D 两点的 H 面投影点称为重影点。

判断重影点可见性，可根据这两点不重影的投影的坐标大小来确定。坐标值大的投影点可见。重影点在标注时应将**不可见点用括号括起来**，如图 3-5 中"（d）"所示。

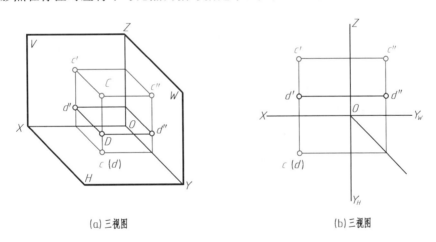

(a)三视图   (b)三视图

图 3-5 重影点的投影及判断可见性

3.2 直线的投影

几何学中的直线是指两端无限延长的直线，而本节所讨论的**直线，多指直线的有限部分**即直线段。

3.2.1 直线的三面投影

直线的投影一般仍为**直线**。直线在空间的位置可以由直线上任意两个点来确定，或由直线上一点及直线方向定出。图 3-6 中，给出 A、B 两点的三面投影 a、a'、a'' 和 b、b'、b''，连接该两点在同一投影面上的投影（称同面投影）得 ab、$a'b'$、$a''b''$，即为直线的三面投影，如图 3-6c 所示。

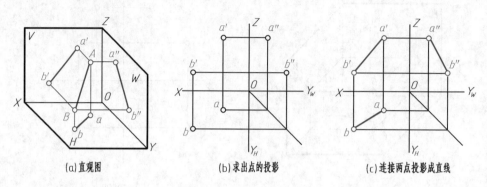

(a)直观图　　　　　　　　　(b)求出点的投影　　　　　　　(c)连接两点投影成直线

图 3-6　两点确定一直线

3.2.2　直线上的点

直线上点的投影，一定在该直线的同面投影上。如图 3-7 所示，C 点在 AB 直线上，则 C 点的 V 面投影 c' 在直线 AB 的 V 面投影 $a'b'$ 上，C 点的 H 面投影 c 在直线 AB 的 H 面投影 ab 上。而 C 点的 V 面、H 面投影 c' 与 c 投影连线垂直于投影轴 OX。

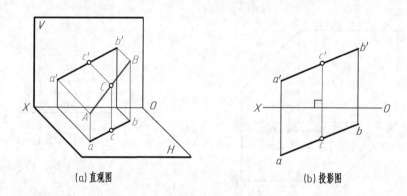

(a)直观图　　　　　　　　　　　　　　(b)投影图

图 3-7　直线上的点

3.2.3　各种位置直线的投影

空间直线在三投影面体系中的位置有三种：

一般位置直线——与三个投影面都倾斜的直线；

投影面垂直线——垂直于一个投影面与另两个投影面平行的直线；

投影面平行线——平行于一个投影面与另两个投影面倾斜的直线。

后两类直线称为特殊位置直线。

1. 一般位置直线

图 3-6 所示的直线对三个投影面都倾斜，为**一般位置直线**，其投影特性如下：

（1）三个投影的长度均不反映空间直线段的实长，且小于实长，但投影仍为直线。

（2）三个投影均与投影轴倾斜。

2．投影面垂直线

垂直于 V 面，平行于 H 面、W 面的直线——**正垂线**；

垂直于 H 面，平行于 V 面、W 面的直线——**铅垂线**；

垂直于 W 面，平行于 V 面、H 面的直线——**侧垂线**。

各种垂直位置线的投影图及其投影特性见表 3-1。

表 3-1　投影面垂直线

名　称	正垂线（$\perp V$，$/\!/H$ 和 W）	铅垂线（$\perp H$，$/\!/V$ 和 W）	侧垂线（$\perp W$，$/\!/H$ 和 V）
直观图			
投影图			
投影特性	1．正面投影积聚成一点； 2．其他两个投影反映实长，且分别垂直于 OX、OZ 轴	1．水平投影积聚成一点； 2．其他两个投影反映实长，且分别垂直于 OX、OY 轴	1．侧面投影积聚成一点； 2．其他两个投影反映实长，且分别垂直于 OY、OZ 轴
	小结：1．在所垂直的投影面上的投影积聚成一点； 　　　2．其他投影反映空间线段实长，且垂直于相应的投影轴		

3．投影面平行线

平行于 V 面，倾斜于 H 面、W 面的直线——**正平线**；

平行于 H 面，倾斜于 V 面、W 面的直线——**水平线**；

平行于 W 面，倾斜于 V 面、H 面的直线——**侧平线**。

各种平行位置线的投影图及其投影特性见表 3-2。

表 3-2　投影面平行线

名　称	正平线（∥V，倾斜于 H 和 W）	水平线（∥H，倾斜于 V 和 W）	侧平线（∥W，倾斜于 H 和 V）
直观图			
投影图			
投影特性	1. 正面投影反映实长，位置倾斜； 2. 其他两个投影均比空间直线缩短，且分别平行于 OX、OZ 轴； 3. 正面投影与 OX 与 OZ 的夹角等于空间直线对 H 面、W 面倾角	1. 水平投影反映实长，位置倾斜； 2. 其他两个投影均比空间直线缩短，且分别平行于 OX、OY 轴； 3. 水平投影与 OX 与 OY 的夹角等于空间直线对 V 面、W 面倾角	1. 侧面投影反映实长，位置倾斜； 2. 其他两个投影均比空间直线缩短，且分别平行于 OZ、OY 轴； 3. 侧面投影与 OY 与 OZ 的夹角等于空间直线对 H 面、V 面倾角
	小结：1. 在所平行的投影面上的投影为反映实长的斜线； 　　　2. 其他两个投影缩短，且平行于相应的投影轴； 　　　3. 反映实长的投影与投影轴的夹角等于空间直线对相应投影面的倾角		

注：空间直线对投影面的倾角规定：对 V 面倾角用 β 表示；对 H 面倾角用 α 表示；对 W 面倾角用 γ 表示。

助记口诀

直线平行投影面，投影原形现；

直线倾斜投影面，投影长度变；

直线垂直投影面，投影成一点。

4. 求一般位置直线的实长和对投影面的倾角

在设计或绘制图样时，有时需要求出一般位置线段的实长和对投影面倾角的真实大小。而直角三角形法就是利用线段的投影求其实长及对投影面倾角的一种方法。

图 3-8a 表示直角三角形法的空间几何关系。过点 A 作 $AC \parallel ab$，在空间直角三角形 ABC 中，斜边 AB 就是线段的实长，一直角边 AC 等于线段的水平投影 ab，另一直角边 BC 等于线段两端点 A 和 B 对水平投影面的距离之差，即 A、B 两点的 z 坐标差 Δz，也等于 a'、b' 到 OX 轴的距离之差，而斜边 AB 与直线边 AC 的夹角即为线段 AB 对水平投影面的倾角 α。

在投影图上的作图方法，如图 3-8b 所示。以水平投影 ab 为一直角边，过 b 作 ab 的垂线为另一直角边，量取 $B_1 b = \Delta z$，连接 aB_1 即为空间线段 AB 的实长，$\angle baB_1$ 即为线段 AB 对水平投影面的倾角 α。线段 AB 对 V 面倾角 β 的作法如图中所示。

同理，如欲求线段对 W 面的倾角 γ，则可利用侧面投影，其作图原理和方法与上述类同，请自行分析。

通过分析，直角三角形法的作图原理为：

将空间线段在某个投影面上的投影作为直角三角形的底边，用其另一投影两个端点的坐标差作为对边，作出一直角三角形。此直角三角形的斜边就是空间线段的实长，而斜边与底边的夹角就是空间线段对投影面的倾角。

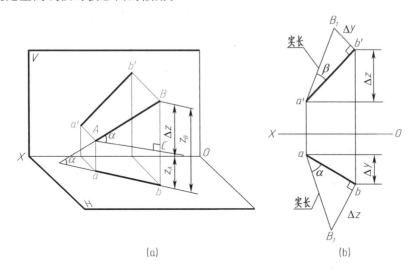

(a)　　　　　(b)

图 3-8　直角三角形法求线段的实长和倾角

【例 3-2】　如图 3-9a 所示，已知线段 AB 的正面投影和端点 B 的水平投影，并知 AB 对 V 面的倾角为 30°，试完成其两面投影。

作图：由正面投影 $a'b'$ 和 β 两个已知参数，即可作出一个直角三角形 $a'b'B_1$，如图 3-9b 所示。其斜边 $a'B_1$ 为线段 AB 的实长，而对边 $b'B_1$，即为另一投影 ab 两端点的坐标差 Δy，再将 Δy 移到 H 面投影中去，便可作出水平投影 ab。

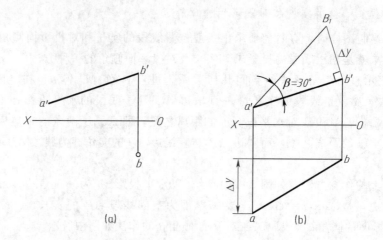

图 3-9　用直角三角形法完成直线的投影

3.2.4　两直线相对位置

空间两直线的相对位置有平行、相交和交叉三种情况。

1. 平行两直线

空间相互平行的两直线，它们的各组同面投影也一定相互平行。

如图 3-10 所示，$AB/\!/CD$，则 $ab/\!/cd$、$a'b'/\!/c'd'$、$a''b''/\!/c''d''$。

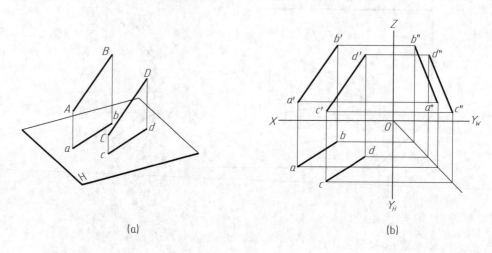

图 3-10　平行两直线的投影

反之，如果两直线的各组同面投影都相互平行，则可判定它们在空间也一定平行。

实际上，对于一般位置直线，只要根据直线的任意两组同面投影即可判定它们是否平行；但当两直线平行于某一投影面时，则需视两直线在该投影面上的投影是否平行才能确定。如图 3-11 所示，虽然 $ab/\!/cd$、$a'b'/\!/c'd'$，但 $a''b''$ 与 $c''d''$ 不平行，故 AB 与 CD 不平行。

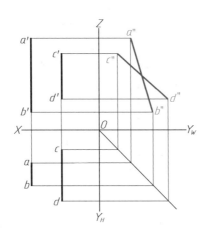

图 3-11　判断两侧平线是否平行

2. 相交两直线

空间相交两直线，它们的各组同面投影一定相交，交点为两直线的共有点，且符合点的投影规律。

如图 3-12 所示，AB 与 CD 相交于点 K，点 K 是 AB 和 CD 的共有点，那么其三面投影 ab 和 cd 相交于 k，$a'b'$ 和 $c'd'$ 相交于 k'，$a''b''$ 和 $c''d''$ 相交于 k''，且交点 K 的投影连线符合点的投影规律。因此，k 和 k' 的连线垂直于 OX 轴，k' 和 k'' 的连线垂直于 OZ 轴。

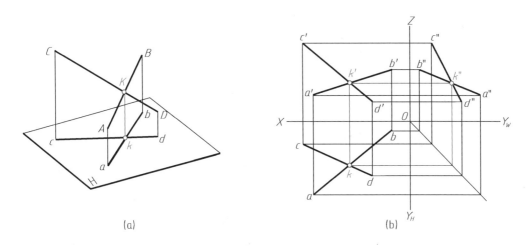

(a) 　　　　　　　　　　　　　　　(b)

图 3-12　相交两直线的投影

反之，如果两直线的各组同面投影都相交，且交点符合点的投影规律，则可判定该两直线在空间必定相交。

判定一般位置两直线是否相交，一般只要根据任何两组同面投影就能作出正确的判断。但是，在图 3-13 中，AB 为侧平线，那么 AB 与 CD 是否相交，可通过观察与其所平行的投影面上的投影来确定。在 W 面上虽然它们的投影相交，但其交点的投影不符合点的投影规律，因此可知 AB 与 CD 在空间不相交。

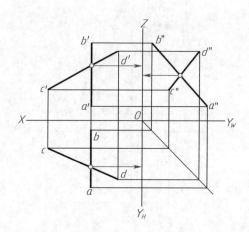

图 3-13　判断两直线是否相交

3. 交叉两直线

在空间既不平行也不相交的两直线，称为交叉两直线，又称异面直线。

如图 3-14 所示，由于 AB 与 CD 不平行，那么它们的各组同面投影不会都平行；又因它们不相交，所以其各组同面投影交点的连线不会垂直于相应的投影轴，即不符合点的投影规律。

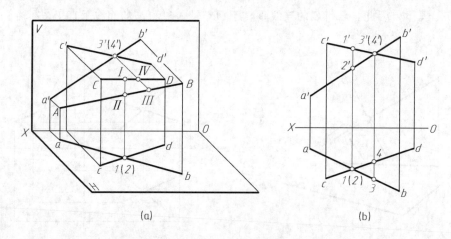

图 3-14　交叉两直线的投影

反之，如果两直线的投影不符合平行和相交两直线的投影规律，则可判定为空间交叉两直线。

空间交叉两直线，其投影可能相交，但交点是两直线上处于同一投射线上两个重影点的投影。

图 3-14b 中 ab 与 cd 交点 1（2）实际上是 CD 上的点 I 与 AB 上的点 II 这一对重影点在 H 面上的重合投影。由于 $z_I > z_{II}$，故从上往下投射，点 I 可见，点 II 不可见。

同理，$a'b'$ 与 $c'd'$ 的交点 3'（4'），是 AB 上的点 III 和 CD 上点 IV 在 V 面上的重合投影。由于 $y_{III} > y_{IV}$，故从前往后投射，点 III 可见，点 IV 为不可见。

通过分析，可得出判别交叉两直线重影点可见性的方法：

（1）从重影点作一条垂直于投影轴的直线到另一投影中去，就可将重影点分开成两个点。

（2）所得两个点中坐标较大的一点为可见，坐标较小的一点为不可见。

4. 垂直相交两直线

空间垂直相交两直线，当其中有一条直线平行于某一投影面时，则两直线在该投影面上的投影为直角（又称为直角投影定理）。

如图 3-15a 所示，AB、BC 两直线垂直相交，AB 平行于 H 面，BC 倾斜于 H 面。

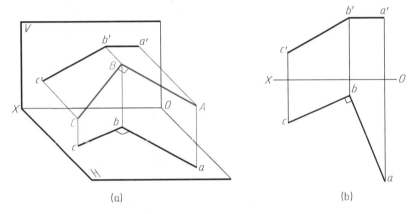

图 3-15　垂直相交两直线的投影

因为 $AB \perp BC$，$AB \perp Bb$，由几何定理可知 AB 也必垂直于由 BC 和 Bb 所确定的平面 $BCcb$。

又因 $AB /\!/ H$，故 $AB /\!/ ab$，则 ab 也垂直于 $BCcb$ 平面，因此 $ab \perp bc$。其投影关系如图 3-15b 所示。

反之，**如果相交两直线在某一投影面上的投影为直角，且两直线中有一直线平行于该投影面时，则该两直线在空间必定相互垂直。**

【例 3-3】　已知长方形 ABCD 中 BC 边的两面投影 bc 及 b′c′，AB 边的正面投影 a′b′，且 a′b′ // OX，求作长方形 ABCD 的两面投影，如图 3-16a 所示。

分析：长方形相邻边是互相垂直的，在长方形 ABCD 中，AB 边的正面投影 a′b′ // OX，因此可以知道 AB 为水平线，所以在水平投影中 ab 必定垂直于 bc，据此即可作出长方形的投影。

作图：

（1）由 b 作垂直于 bc 的直线，与过 a′ 的 OX 轴的垂线相交于 a，如图 3-16b 所示。

（2）过 a′ 和 a 分别作直线平行于 b′c′ 和 bc，再过 c′ 和 c 分别作直线平行于 a′b′ 和 ab，便得到长方形的投影，如图 3-16c 所示。

【例 3-4】　求作铅垂线 AB 与一般位置线 CD 间的公垂线，如图 3-17 所示。

分析：直线 AB、CD 间的距离，就是这两条线的公垂线长度。设公垂线为 KM，在已知的两条线中，AB 为铅垂线，则 KM⊥AB，那么 KM 一定平行于 H 面，如图 3-17a 所示。由直角投影定理可知，KM 的水平投影与 CD 的水平投影一定垂直，故可求出公垂线的两个投影。

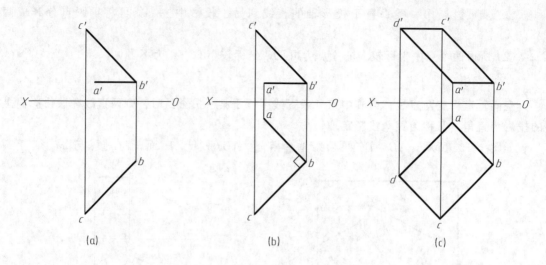

图 3-16　求长方形 ABCD 的投影

作图：

（1）由 a（b）作 cd 的垂线，交 cd 于 k，再由 k 作 OX 轴的垂线，交 c'd' 于 k'，如图 3-17b 所示。

（2）过 k' 作 OX 轴的平行线，交 a'b' 于 m'，直线 KM 便是 AB 和 CD 线的公垂线，水平投影 k（m）反映距离实长，如图 3-17c 所示。

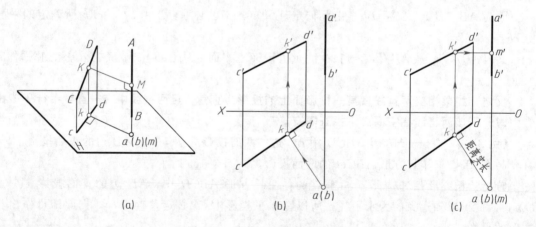

图 3-17　求作两直线间的距离

3.3　平面的投影

几何学中的平面是指无限的平面，而本节所讨论的平面多指平面的有限部分，即**平面图形**。

3.3.1　平面的表示法

不属于同一直线的三点可确定一平面。因此平面可以用图 3-18 中任何一组几何要素的投影来表示。

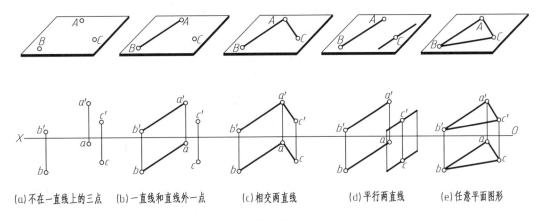

(a)不在一直线上的三点　(b)一直线和直线外一点　(c)相交两直线　(d)平行两直线　(e)任意平面图形

图 3-18 平面的表示法

在投影图中常用平面图形来表示空间的平面。常见的平面图形有三角形、矩形、多边形等直线轮廓的平面图形，还有一些由曲线或曲线与直线围成的平面图形。作图时，首先画出各顶点（曲线轮廓应画出主要轮廓点）的投影，然后依次连接各点，即得到平面图形的投影，如图 3-19 所示。

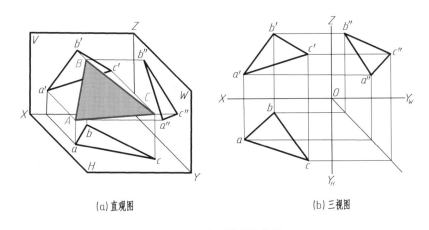

(a)直观图　　　　　　　　　(b)三视图

图 3-19 平面图形的投影

3.3.2 各种位置平面的投影

在三投影面体系中平面对投影面的相对位置有三种：**一般位置平面、投影面垂直面和投影面平行面**，后两种平面又称特殊位置平面。

1. 一般位置平面

对三个投影面都倾斜的平面称为一般位置平面。图 3-19 所示的△ABC 就是一般位置平面。其投影特性为：平面的三个投影都是小于原平面的类似形。

2. 投影面垂直面

垂直于一个投影面而与另两个投影面倾斜的平面称为投影面垂直面。
垂直于 V 面，倾斜于 H 面、W 面的平面——**正垂面；**

垂直于 H 面，倾斜于 V 面、W 面的平面——**铅垂面**；

垂直于 W 面，倾斜于 V 面、H 面的平面——**侧垂面**。

各种垂直位置平面的投影图及其投影特性见表 3-3。

表 3-3　投影面垂直面

名　称	正垂面（$\perp V$，倾斜于 H 和 W）	铅垂面（$\perp H$，倾斜于 V 和 W）	侧垂面（$\perp W$，倾斜于 H 和 V）
直观图			
投影图			
投影特性	1. 正面投影积聚为斜直线，反映平面与 H 面、W 面的倾角； 2. 其他两个投影缩小，为原平面形的类似形	1. 水平投影积聚为斜直线，反映平面与 V 面、W 面的倾角； 2. 其他两个投影缩小，为原平面形的类似形	1. 侧面投影积聚为斜直线，反映平面与 H 面、V 面的倾角； 2. 其他两个投影缩小，为原平面形的类似形
小结：	1. 在所垂直的投影面上的投影积聚为斜线，它与投影轴的夹角反映平面对其他两投影面的倾角； 2. 其他两个投影缩小，为原形的类似形		

3. 投影面平行面

平行于一个投影面而与另两个投影面垂直的平面称为投影面平行面。

平行于 V 面，垂直于 H 面、W 面的平面——**正平面**；

平行于 H 面，垂直于 V 面、W 面的平面——**水平面**；

平行于 W 面，垂直于 V 面、H 面的平面——**侧平面**。

各种平行位置平面的投影图及其投影特性见表 3-4。

表 3-4 投影面平行面

名　称	正平面（ // V，⊥ H 和 W）	水平面（ // H，⊥ V 和 W）	侧平线（ // W，⊥ V 和 H）
直观图	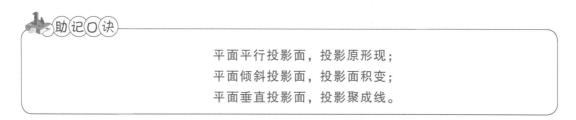		
投影图			
投影特性	1. 正面投影反映实形； 2. 其他两个投影积聚成直线，且分别平行于 OX、OZ 轴	1. 水平投影反映实形； 2. 其他两个投影积聚成直线，且分别平行于 OX、OY 轴	1. 侧面投影反映实形； 2. 其他两个投影积聚成直线，且分别平行于 OY、OZ 轴
	小结：1. 在所平行的投影面上的投影反映实形； 　　　2. 其他两个投影积聚成直线，且平行于相应的投影轴		

助记口诀

平面平行投影面，投影原形现；
平面倾斜投影面，投影面积变；
平面垂直投影面，投影聚成线。

3.3.3 平面内的点和线

属于平面内的点和直线，必须符合下述条件之一：

（1）若点在平面 P 内的已知直线上，则该点属于此平面，如图 3-20a 中的 K 点。

（2）若直线通过平面 P 内的两个已知点，则该直线属于此平面。如图 3-20b 中的 MN 直线。

（3）若直线通过平面 P 内的一已知点，且平行于这个平面上的任一已知直线，则该直线属于此平面。如图 3-20c 中的 DE 直线。

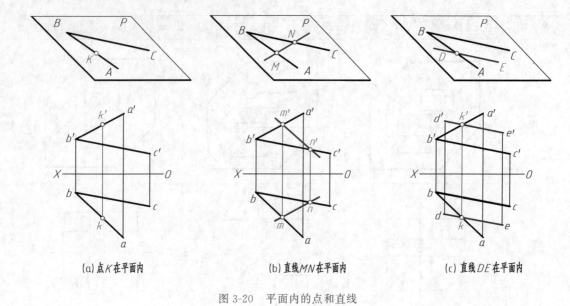

(a) 点 K 在平面内　　　　(b) 直线 MN 在平面内　　　　(c) 直线 DE 在平面内

图 3-20　平面内的点和直线

复习思考题

1. 产生重影点的条件是什么？重影点在投影上如何表示？

2. 为什么一般位置直线的投影均小于实长？

3. 以铅垂线为例，说明投影面垂直线的投影特性。

4. 以正平线为例，说明投影面平行线的投影特性。

5. 两直线有哪三种相对位置？试分别叙述它们的投影特性及用哪些方法判断它们的相对位置。

6. 如何判断交叉两直线重影点的可见性？

第4章 基 本 体

由若干个面围成的具有一定几何形状的空间形体称为基本体。基本体可分为平面立体和曲面立体两类。平面立体的每个表面都是平面，如棱柱、棱锥等；曲面立体至少有一个表面是曲面。常见的曲面立体为回转体，如圆柱、圆锥、圆球等。本章主要介绍基本体视图画法，表面上取点、取线求解的作图方法及尺寸注法。

本章重点

- 基本体的三视图作图方法及尺寸标注。

本章难点

- 回转体（圆锥、圆球）表面上点的投影分析。

知识链接 基本体在工程中的应用

基本体是最简单的形体，在工程中得到广泛的应用，如左下图中FAST射电望远镜它的反射面为球面，右下图原子球塔的形体由球体、柱体等组合而成。

FAST 射电望远镜

原子球塔

FAST 射电望远镜简介：

全球最大的球面单孔500米口径射电望远镜，位于我国贵州省平塘县。2016年9月25日正式投入使用。它的综合性能高于美国阿雷西博直径305米射电望远镜约10倍。它的主要任务是对脉冲星、类星体等暗弱辐射源进行更精密的观测，目光可深入到百亿光年外的星际空间。

原子球塔简介：

原子球塔位于比利时首都布鲁塞尔，是1958年世界博览会建造的一座金属结构的纪念性建筑物。

这座建筑物是由9个直径18米的铝质大圆球组成，每个圆球代表一个原子，各球之间由空心钢管连接，圆球与连接钢管构成一个正立方体图案，这个正立方体相当于放大了1650亿倍的 α 铁的正立方体晶体结构。

4.1　平面立体

平面立体指各表面都是由**平面围成的立体**。平面立体多种多样，最常见的有两种：**棱柱**和**棱锥**。它们的形成方式和结构特点见表 4-1。

表 4-1　平面立体的形成方式和结构特点

名　称	六　棱　柱	棱　柱　体	四　棱　锥	棱　锥　体
图例				
形成方式				
结构特点	由上、下两底面和若干棱面组成，棱面垂直于底面，各条棱线互相平行； 底面形状反映立体特征，为特征平面，不同的特征平面形成不同的柱状体		由一个或两个底面和具有公共顶点的棱面组成，各棱线交于顶点； 不同形状的底面形成不同的锥状体	

小贴士　平面体在工程中的应用实例

　　香港中银大厦如右图所示，它是平面立体在工程中应用最好的实例。

　　香港中银大厦它那独特的外观是一个正方平面对角划成 4 组三角形，每组三角形的高度不同，节节升高，整个大厦的三角形柱身在阳光下呈现不同的空间感，体现了设计者"让光线来作设计"的设计理念。

　　中银大厦 1990 年建成启用，地上 70 层楼高 315 米加上顶部杆高共 367.4 米，总建筑面积 12.9 万平方米，结构采用 4 角 12 层高的巨形钢柱支撑。中银大厦完美的总体空间布局，合理的结构，独特的外观设计成为建筑史上的精品，因此，也成为世界上最美的银行之一。

　　香港中银大厦是贝聿铭先生的建筑代表作之一。

香港中银大厦

4.1.1　平面立体的投影与投影特征

利用前面所述的点、线、面的投影分析，可得出基本几何体的投影与投影特性。表 4-2 列出了常见平面立体的投影与投影特性。

表 4-2　平面立体的投影与投影特性

名　称	空 间 投 影	三　视　图	投 影 特 征
棱柱体			以正六棱柱为例：棱线为铅垂线，水平投影积聚为六边形的六个顶点；棱面垂直 H 面，水平投影积聚为六边形的六条边；两底面为水平面，水平投影反映实形
棱锥体			以正四棱锥为例：底面为水平面，水平投影为一正方形；正面和侧面的投影积聚为一水平线；四条棱线交于顶点；四个棱面均为三角形

4.1.2　在平面立体表面上取点、取线

表 4-3 列出了在平面立体表面取点的作图方法。平面立体表面取线是以表面取点的方法为基础，将同一表面内点的同面投影相连即可。

表 4-3　平面立体表面取点的作图方法

名　称	作 图 过 程	作 图 方 法
棱柱面		例：已知正四棱柱面上一点 A 的正面投影 a'，求其余两投影。 由于棱柱面的水平投影有积聚性，利用"长对正"关系求出水平投影 a，再利用"高平齐，宽相等"关系由 a'、a 即可求得 a''

名　称	作图过程	作图方法
棱锥面	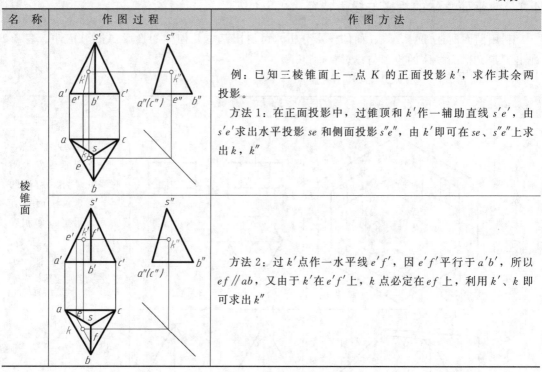	例：已知三棱锥面上一点 K 的正面投影 k'，求作其余两投影。 方法1：在正面投影中，过锥顶和 k' 作一辅助直线 $s'e'$，由 $s'e'$ 求出水平投影 se 和侧面投影 $s''e''$，由 k' 即可在 se、$s''e''$ 上求出 k，k''
		方法2：过 k' 点作一水平线 $e'f'$，因 $e'f'$ 平行于 $a'b'$，所以 ef∥ab，又由于 k' 在 $e'f'$ 上，k 点必定在 ef 上，利用 k'、k 即可求出 k''

4.2　回　转　体

曲面立体指表面全部或部分**由曲面围成的立体**。工程中常见的曲面立体为**回转体**，其上的曲面主要为回转面。

由任意直线或曲线绕一固定直线回转一周后形成的曲面为**回转面**。**固定直线 OO 为回转面的轴线**，动线 AB 为回转面的母线，母线在回转面上的任意位置为回转面的**素线**。

母线不同或母线与轴线的相对位置不同，产生的回转面也不同。表 4-4 列出了常见回转面的形成方式和结构特点。

表 4-4　常见回转面的形成方式和结构特点

名　称	圆柱面	圆锥面	球　面	圆弧回转面
图例				
形成方式				

续表

名　称	圆 柱 面	圆 锥 面	球 面	圆弧回转面
结构特点	由上、下两底面和一个回转面组成，回转面垂直于底面，各条素线与轴线平行； 纬圆为一系列等直径的圆	由一个底面和一个回转面组成，各条素线与轴线交于公共顶点； 纬圆为一系列与轴线垂直的不同直径的圆	由一圆绕过直径的轴线回转而成； 纬圆为一系列垂直于轴线的不同直径的圆	由上、下两底面和一圆弧回转面组成，两底面互相平行，素线为一段圆弧； 纬圆为一系列垂直于轴线的不同直径的圆

小贴士 回转体在工程中的应用实例

上海东方明珠电视塔如右图所示，它是曲面立体中回转体在工程中的应用最好实例，它的主要结构是球体、圆柱体等。

它的结构主干是 3 根直径 9 米、高 287 米的空心擎天大柱，大柱间有 6 米高的横梁连结；在 93 米标高处，由 3 根直径 7 米的斜柱支撑着，斜柱与地面呈 60°交角。该建筑有 425 根基桩，入地 12 米，上千吨的 3 个钢结构圆球分别悬挂在塔身 112 米、295 米和 350 米的高空。

电视塔的塔身具有较强的稳定性，同时该建筑还有着良好的抗风性能。电视塔 1994 年 10 月 1 日建成，塔高 468 米，建筑面积 7.3 万平方米。现已成为上海标志性景观之一，是国家 5A 级旅游景区，1995 年被列为上海新十大景观之一。

上海东方明珠电视塔设计者是中国工程院院士国家一级注册结构工程师江欢成。

上海东方明珠电视塔

4.2.1 常见回转体的投影与投影特性

表 4-5 列出了常见回转体的投影与投影特性。

表 4-5 常见回转体的投影与投影特性

名　称	空 间 投 影	三 视 图	投 影 特 性
图柱体	正面　侧面　水平面		轴线垂直于水平面，水平投影为圆，圆柱面的水平投影，具有积聚性； 正面和侧面的投影为相同的矩形，矩形的左右两条素线确定了圆柱的投影范围，称为对投影面的转向轮廓线

续表

名　称	空 间 投 影	三　视　图	投 影 特 性
圆锥体			轴线垂直于水平面，水平投影为圆，圆锥面上所有素线倾斜于水平面，水平投影没有积聚性； 正面和侧面投影为相同的等腰三角形，三角形的左右两条素线确定了圆锥面的投影范围，称为对投影面的转向轮廓线
球体			三面投影为相同大小的圆，且都没有积聚性； 三个圆确定了球面的投影范围，称为对投影面的转向轮廓线

4.2.2　常见回转体表面上取点的作图方法

在回转面上取点和线的方法　在回转面上取点，要根据其所在表面的几何性质分别利用**积聚性、辅助素线法和辅助纬圆法**作图，其中最常见的方法是**辅助纬圆法**。表 4-6 列出了在常见回转面上取点的方法。回转面上取线的一般方法是先求出线上的一系列点，然后依次光滑连接即可。

表 4-6　常见回转面上取点的作图方法

名　称	作 图 过 程	作 图 方 法
圆柱面		例：已知圆柱面上Ⅰ、Ⅱ两点的正面投影 1′、2′，求作其余两投影。 由于圆柱面的水平投影积聚为圆，利用"长对正"即可求出点的水平投影 1、2。再根据点的两面投影即可求出点的侧面投影 1″、2″。由于点Ⅱ在圆柱面的右半部，侧面投影 2″不可见

名　称	作 图 过 程	作 图 方 法
圆锥面	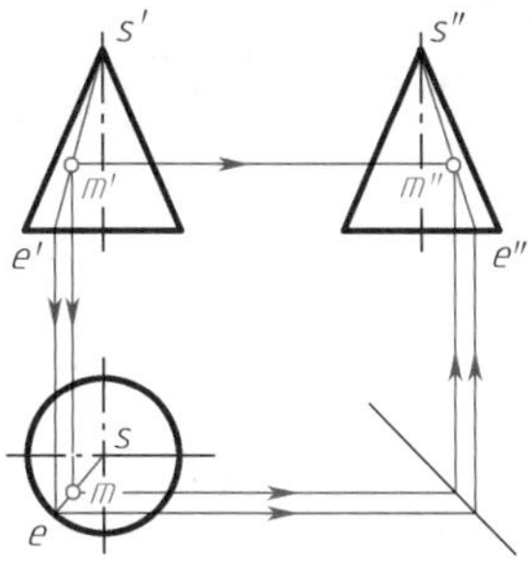 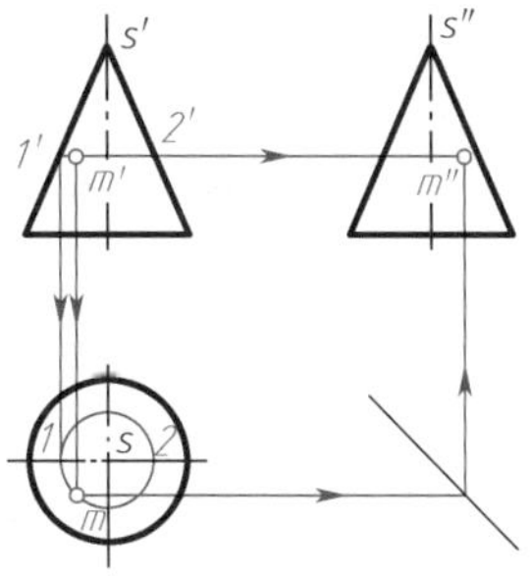	例：已知圆锥面上 M 点的正面投影 m'，求作其余两投影。 　　素线法：过锥顶 S 和点 M 作素线 SE 的正面 $s'e'$，由 $s'e'$ 求出水平投影 se 和侧面投影 $s''e''$，利用 m'，即可在 se、$s''e''$ 上求出 m、m''。 　　纬圆法：过 M 点须在圆锥面上作一纬圆，该圆的正面投影为过 m' 的直线，水平投影为直径等于 $1'2'$ 的圆，圆的水平投影反映实形点，m 在此圆上，由 m'、m 即可求得 m''。 　　假如已知 M 点的水平投影 m，求其余两投影，同样可以过 m 点在水平投影上作素线或纬圆，然后在素线或纬圆的正面投影和侧面投影上求出 m'、m''
球面	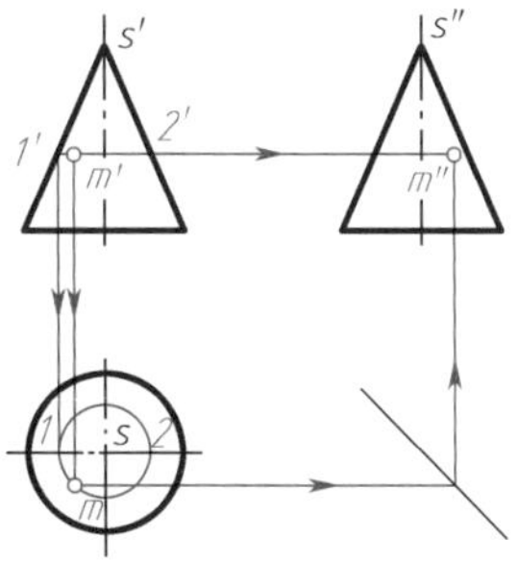	例：已知球面上 M 点的正面投影 m'，求作其余两投影。 　　纬圆法：过 M 点在球面上作一纬圆，该圆的正面投影为过 m' 的直线，水平投影为直径等于 $1'2'$ 的圆，圆的水平投影反映实形，点 m 在此圆上。由 m'、m 即可求得 m''

4.3　基本体的尺寸注法

　　图样中的尺寸是**加工**和**检验**机器零件的依据，因此应正确地注出其尺寸，对于初学者应予以足够的重视。

　　1. 平面立体的尺寸注法

　　棱柱、棱锥及棱台，除了标注确定其顶面和底面形状大小的尺寸外，还要标注高度尺寸。为了便于看图，确定顶面和底面形状大小的尺寸应标注在其反映实形的视图上，如图 4-1、图 4-2 所示。

　　标注正方形尺寸时，采用在正方形边长尺寸数字前，**加注正方形符号"□"**，如图4-1b、图 4-2d 所示。

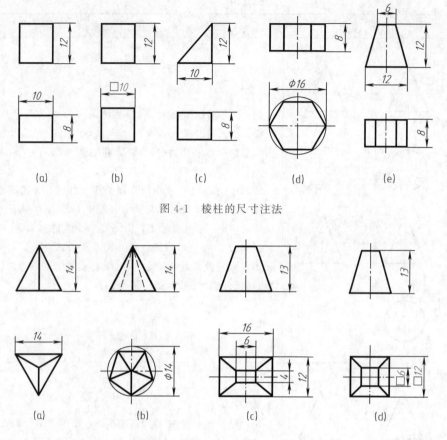

图 4-1   棱柱的尺寸注法

图 4-2   棱锥、棱台的尺寸注法

2. 回转体的尺寸注法

圆柱和圆锥（或圆台）应注出高和底圆的直径，圆台还应加注顶圆直径。在注直径尺寸时需在数字前加注符号"ϕ"，圆球需在直径尺寸数字前加注符号"$S\phi$"。此种标注形式可以只用一个视图将其形状和大小表示清楚，如图 4-3c 所示。圆环应注出素线圆的直径和素线圆中心轨迹圆直径，如图 4-3d 所示。

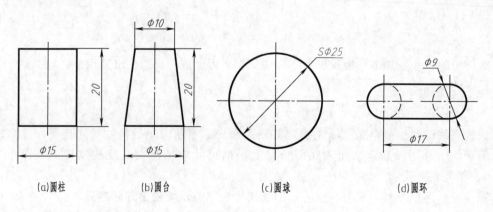

(a)圆柱   (b)圆台   (c)圆球   (d)圆环

图 4-3   回转体的尺寸注法

复习思考题

1. 常见的基本几何体有哪几种？其中哪几种是平面体？哪几种是回转体？
2. 回转体是怎样形成的？它们的投影有何特点？
3. 试比较平面上取点和曲面上取点的作图方法的异同之处。
4. 在圆锥表面上取点，有几种作图方法？
5. 在圆球面上一点能作几个圆？其中过该点且与投影面平行的圆有几个？

第5章 轴 测 图

　　轴测图是用平行投影法绘制的单面投影图，它能同时反映物体三个方向的形状，因而直观性好，立体感强，但作图较复杂，生产中常用它作辅助图样，帮助人们看懂投影图。

　　国家标准 GB/T 4458.3—2013《机械制图　轴测图》中，关于轴间角、轴向伸缩系数、正等轴测图、斜二等轴测图等，都给出了新的定义。

本章重点

- 掌握正等测、斜二测的作图方法与步骤。
- 掌握徒手绘制轴测草图的基本技法。

本章难点

- 轴测图的形式及徒手画草图的基本技法。

知识链接　轴测图在生产中的应用

　　轴测图富有立体感，它是可以帮助我们看懂投影图的辅助图形，如下图轴承座和铣刀头的视图所示。

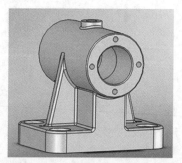

轴承座轴测图

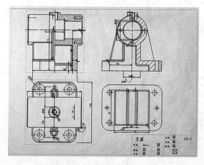

轴承座投影图

铣刀头轴测图

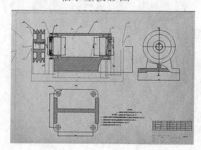

铣刀头投影图

5.1　轴测图的基本知识

图 5-1 为一四棱柱的三视图。图 5-2 为同一四棱柱的两种轴测图。图 5-2a 为**正等轴测图**（简称正等测）；图 5-2b 为**斜二等轴测图**（简称斜二测）。

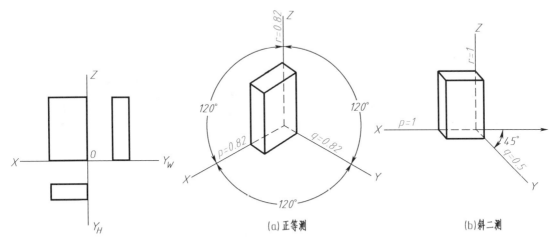

图 5-1　四棱柱三视图　　　　　　图 5-2　四棱柱轴测图

图 5-2a 所示正等测图的三根轴的轴间角相等，都是 120°；三根轴的轴向伸缩系数相等，都是 0.82。为了作图简便，常采用简化伸缩系数 1 来绘制正等测图。这样既不影响立体感，又给作图带来方便。

图 5-2b 所示斜二测图的轴间角$\angle XOZ = 90°$；X、Z 轴的轴向伸缩系数是 1；Y 轴与水平线成 45°，轴向伸缩系数是 0.5。因此，斜二测图中与 Y 轴平行的线段在绘制时应取其实际长度的 1/2。

由于轴测图是根据平行投影法画出来的，因而它具有平行投影的基本性质。除此之外还具有下列特性：

（1）**平行性**。物体上相互平行的线段，其轴测投影也相互平行；与坐标轴平行的线段，其轴测投影必平行于相应的轴测轴。

（2）**定比性**。物体上的轴向线段（平行于坐标轴的线段），其轴测投影与相应的轴测轴有着相同的轴向伸缩系数。

但是应注意，形体上那些不平行于坐标轴的线段（非轴向线段），其投影的变化与平行于轴线的那些线段不同，因此不能将非轴向线段的长度直接移到轴测图上，画非轴向线段的轴测投影时，需要使用坐标法定出其两端点在轴测坐标系中的位置，然后再连成线段的轴测投影。

5.2　平面体的轴测图画法

画平面体的轴测图时常用坐标法。作图时，先按坐标画出物体上各点的轴测图，再由点连成线和面，从而绘出物体的轴测图。

1. 正等测画法

【例 5-1】根据正六棱柱的主、俯视图，作出其正等轴测图。

作正六棱柱体轴测图时，一般不画虚线。因此，为了减少不必要的作图线，应先从顶面开始作图。由于正六棱柱前后、左右对称，故选择顶面的中点作为坐标原点。具体作图步骤如图5-3所示。

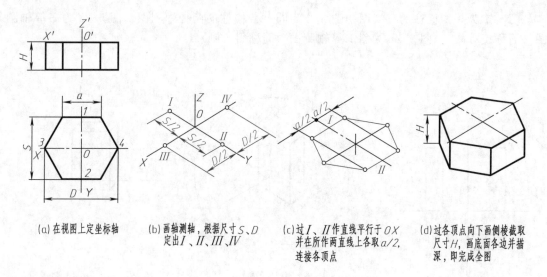

(a)在视图上定坐标轴

(b)画轴测轴，根据尺寸S、D定出I、II、III、IV

(c)过I、II作直线平行于OX并在所作两直线上各取a/2，连接各顶点

(d)过各顶点向下画侧棱截取尺寸H，画底面各边并描深，即完成全图

图5-3　用坐标法画正六棱柱的正等测图

2.斜二测画法

【例5-2】根据楔形块的两面视图，作出其斜二测图。

作楔形块斜二测图时，常采用切割法作图，即把它看成是由一个长方体斜切一角而成。作图时先画出完整的长方体，然后再切去一斜角。因斜面上的线段与三个坐标轴倾斜，作轴测图时尺寸不能直接从三视图中量取，应先按坐标定出其端点位置，然后再连线。具体作图步骤如图5-4所示。

这里要特别指出：画斜二测图时，与Y轴平行的线段，其长度应取1/2。

从上述两例作图过程可知，画平面立体轴测图时，通常是先画顶面、再画底面，或是先画前面、再画后面，这样，可以避免多画不必要的作图线。

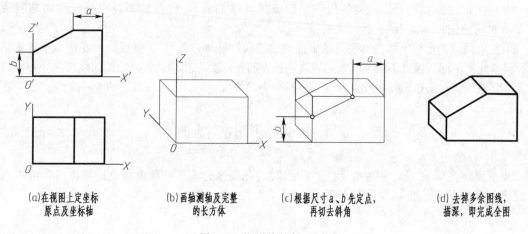

(a)在视图上定坐标原点及坐标轴

(b)画轴测轴及完整的长方体

(c)根据尺寸a、b先定点，再切去斜角

(d)去掉多余图线，描深，即完成全图

图5-4　楔形块的斜二测图

5.3　回转体的轴测图画法

5.3.1　正等测画法

1. 圆的正等测画法

平行于坐标面的圆的正等测图为椭圆。图 5-5 为平行于三个不同坐标的圆的正等测图，其形状、大小完全相同，除长短轴的方向不同外，其画法都一样。

作圆的正等测图时，必须清楚长短轴的方向。从图中可以看出，椭圆的长轴方向与菱形的长对角线重合，短轴方向与菱形的短对角线重合。

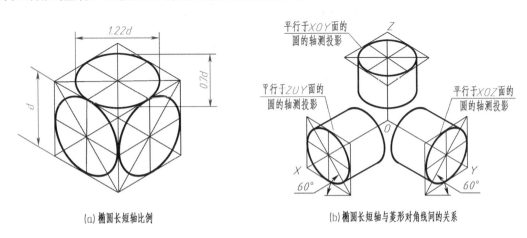

(a) 椭圆长短轴比例　　　　　　　　　(b) 椭圆长短轴与菱形对角线间的关系

图 5-5　坐标面上圆的正等测图

2. 正等测椭圆的近似画法

正等测椭圆的近似画法通常采用外切菱形作椭圆的方法。作图方法与步骤如图5-6 所示。

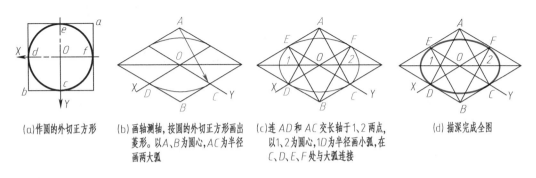

(a)作圆的外切正方形　(b) 画轴测轴，按圆的外切正方形画出　(c)连 AD 和 AC 交长轴于 1、2 两点，　(d) 描深完成全图
　　　　　　　　　菱形。以 A、B 为圆心，AC 为半径　　以 1、2 为圆心，1D 为半径画小弧，在
　　　　　　　　　画两大弧　　　　　　　　　　　　　C、D、E、F 处与大弧连接

图 5-6　按外切菱形画椭圆

3. 回转体正等测画法

(1) 圆柱的正等测画法，作图步骤如图 5-7 所示。

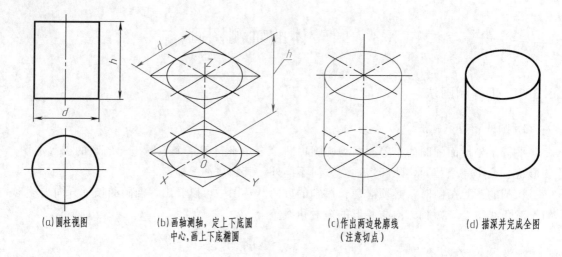

图 5-7　圆柱正等测图的画法

（2）圆角平板的正等测画法，作图步骤如图 5-8 所示。

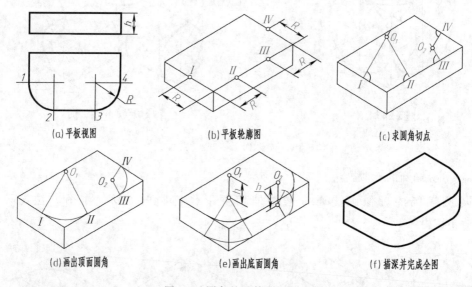

图 5-8　圆角的正等测图画法

5.3.2　斜二测画法

平行于 V 面的圆的斜二测仍是一个圆，反映实形；而平行于 H 面和 W 面的圆的斜二测都是椭圆，且该椭圆比较难画。因此，当物体上具有较多平行于同一个坐标面的圆时，以该坐标面为正面画斜二测比较方便。

【例 5-3】如图 5-9a 所示，作支架的斜二测图。

具体作法如图 5-9b～e 所示。

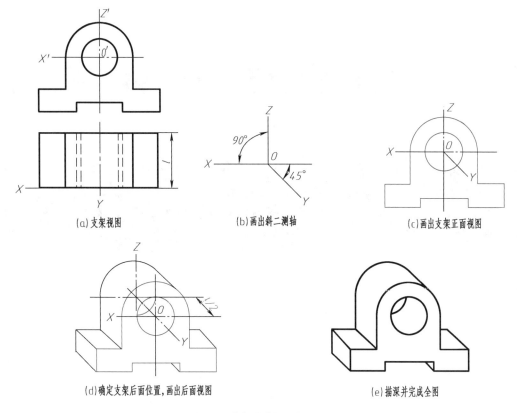

(a) 支架视图   (b) 画出斜二测轴   (c) 画出支架正面视图

(d) 确定支架后面位置, 画出后面视图   (e) 描深并完成全图

图 5-9   支架的斜二测图画法

复习思考题

1. 正等测图的轴间角、各轴的轴向伸缩系数分别为何值? 它的简化伸缩系数为何值?

2. 试述平行于坐标面的圆的正等测近似椭圆的画法。这类椭圆的长短轴位置有什么特点?

3. 斜二测图的轴间角和各轴的轴向伸缩系数分别为何值?

4. 平行于哪一个坐标面的圆在斜二测中仍为圆且大小相等?

5. 当物体上具有较多的平行于坐标面 XOZ 的圆或曲线时, 选用哪一种轴测图作图较方便?

第6章 组合体

由两个或两个以上的基本体按一定的方式组成的形体称为组合体，本章主要介绍组合体三视图的画法、尺寸标注及读图方法。

组合体是典型化与抽象化了的零件，学好组合体三视图的画法、尺寸标注及读图方法，可为零件图的学习打好基础。

本章重点

- 掌握截交线、相贯线作图方法和作图步骤。
- 运用形体分析法和线面分析法正确识读组合体视图。

本章难点

- 圆锥、圆球切割后截交线的画法是教学难点，可以结合学生的专业实际灵活掌握深浅程度。
- 正确补画三视图（补画视图、补画漏线）。

知识链接 组合体在航天工程中的应用

国际空间站和我国建造的空间站都是由圆柱体或圆锥体等基本体在空间对接而成，成为组合体，如下图所示。

未来的我国空间站

神舟 11 号与天宫二号正在对接

国际空间站

正在飞行的空间站

6.1　组合体的形体分析法

组合体的组合形式有**叠加类**、**切割类**和**综合类**三种基本形式。常见的是既有叠加又有切割的综合类型，如图 6-1 所示。

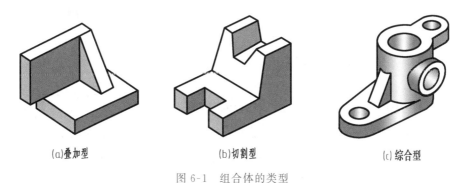

(a)叠加型　　　　　　　(b)切割型　　　　　　　(c)综合型

图 6-1　组合体的类型

6.1.1　形体分析法

为了正确而迅速地绘制和读懂组合体视图，通常在画图、标注尺寸和读图过程中，假想把组合体分解成若干基本体，分析各基本体形状、相对位置、组合形式以及表面连接关系，这种分析的方法称为**形体分析法**。形体分析法可以使复杂的问题简单化。

图 6-2 所示支架，用形体分析法可分解成下底板、圆筒、耳板等三部分，按照各部分的相对位置逐个画出各形体的投影，从而得到整个支架的三视图。

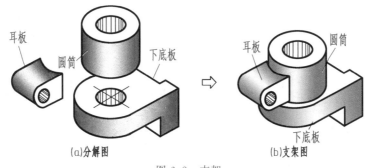

(a)分解图　　　　　　　　　　(b)支架图

图 6-2　支架

6.1.2　形体之间的表面连接关系

画组合体视图时必须正确表示出各形体之间的连接关系。其连接的关系可归纳为相接不平齐、相接平齐、相交和相切四种基本情况。画图时要正确表示表面之间的连接关系，不多画线也不漏线。看图时注意到这些关系才能想清楚整体结构形状。

（1）**不平齐**。两形体表面不平齐，两表面投影的分界处应用粗实线隔开，如图 6-3 所示。

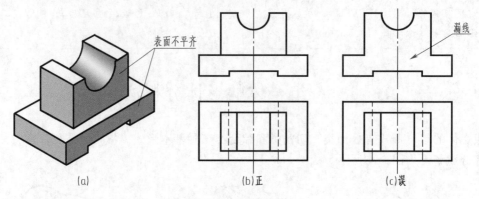

图 6-3　表面不平齐

（2）**平齐**。两形体表面平齐时构成一个完整的平面，画图时不可用线隔开，如图 6-4 所示。

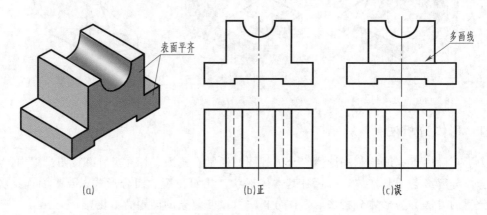

图 6-4　表面平齐

（3）**相交**。当相邻两形体的表面相交时，在相交处应画出交线，如图 6-5 所示。

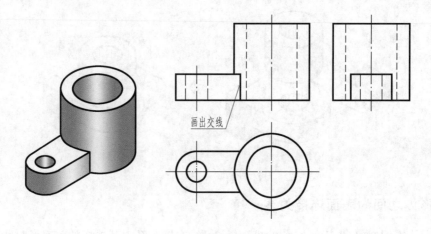

图 6-5　表面相交

（4）**相切**。当相邻两形体的表面相切时，两个形体表面光滑连接，相切处无分界线，故在相切处不应该画线；而切点则是区分两形体的特殊点，如图 6-6 所示。

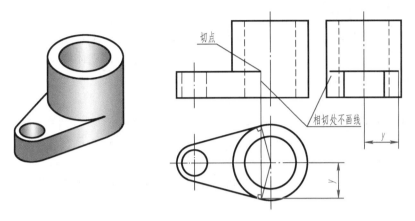

图 6-6　表面相切

总之，画组合体三视图时，只有通过形体分析，清楚各组成部分的组合形式及相邻表面的连接关系，想象出物体的整体结构形状，才能做到不多钱、不漏线，正确画出组合体的三视图。

6.2　截切体和相贯体

各形体的表面都是由一些平面或曲面构成。形体上两个表面相交既形成表面交线，掌握常见形体表面交线性质和画法，将有助于正确分析和表达形体的结构形状，图 6-7 所示的都是一些常见的表面交线。

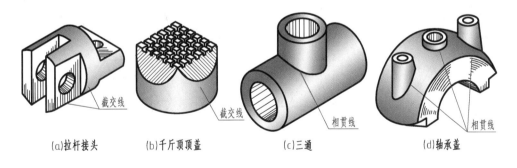

(a)拉杆接头　　(b)千斤顶顶盖　　(c)三通　　(d)轴承盖

图 6-7　立体的表面交线

6.2.1　截交线

平面与立体表面的交线，称为**截交线**。截切立体的平面，称为**截平面**，如图 6-8a 所示。

由于立体的形状和截平面的位置不同，因此截交线的形状也各不相同，但它们都具有下面的两个基本性质：

（1）**截交线是一个封闭的平面图形。**

（2）截交线既在截平面上，又在立体表面上，所以截交线是截平面和立体表面的共有线，截交线上的点都是截平面与立体表面上的共有点。

1. 平面立体的截交线

平面立体的截交线是一个封闭的平面多边形（图 6-8），它的顶点是截平面与平面立体的棱线的交点，它的边是截平面立体表面的交线。因此，求平面立体截交线的投影，实质上就是求截平面与立体各被截棱线的交点的投影。

【例 6-1】 求正六棱锥截交线的三面投影（图 6-8）。

分析　截平面 P 为正垂面，它与正六棱锥的六条棱线和六个棱面都相交，故截交线是一个六边形。由于截平面 P 的正面投影积聚成一直线 P_V（截平面 P 与 V 面的交线），所以截平面 P 与正六棱锥各侧棱线的六个交点的正面投影 a'、b'、c'、d'、(e')、(f') 都在 P_V 上，即截交线的正面投影是已知的，故只需求出截交线的水平投影和侧面投影。

作图：其方法步骤如下：

（1）先画出正六棱锥的三视图，利用截平面的积聚性投影，找出截交线各顶点的正面投影 a'、b'、…（图 6-8b）。

（2）根据直线上点的投影特性，求出各顶点的水平投影 a、b、…及侧面投影 a''、b''、…，如图 6-8b 所示。

（3）依次连接各顶点的同面投影，即为截交线的水平投影和侧面投影（均为六边形的类似形）。

此外，还应考虑形体其他轮廓线投影的可见性问题，直至完成三视图（图 6-8c）。

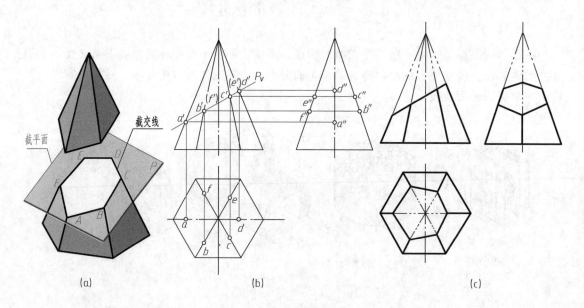

(a)　　　　　　　(b)　　　　　　　(c)

图 6-8　截交线的作图步骤

当用两个以上截平面截切立体时，在立体上将会出现切口、开槽或穿孔等情况，这样的立体称为**切割体**。

2. 回转体的截交线

回转体的截交线一般是封闭的平面曲线，也可能是由平面曲线和直线所围成的平面图

形。截交线的形状与回转体的几何性质及其截平面的相对位置有关。

（1）圆柱的截交线。根据截平面与圆柱轴线的相对位置不同，**圆柱上截交线有三种情况**，见表 6-1。

表 6-1　圆柱的截交线

截面平的位置	与轴线平行	与轴线垂直	与轴线倾斜
轴测图	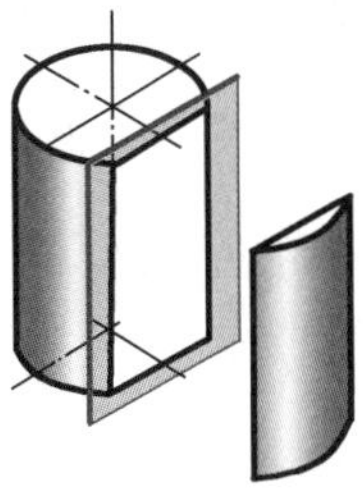 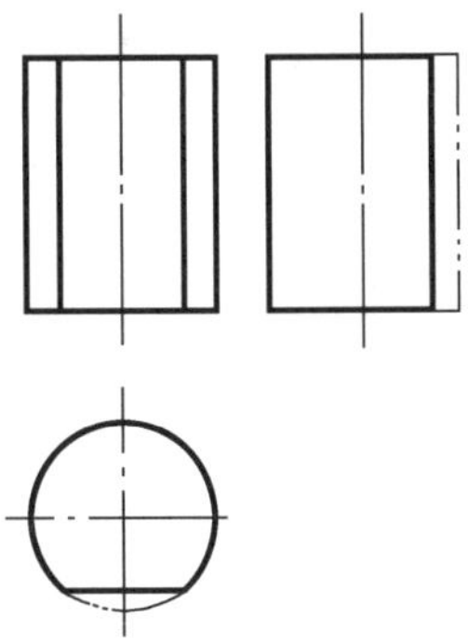	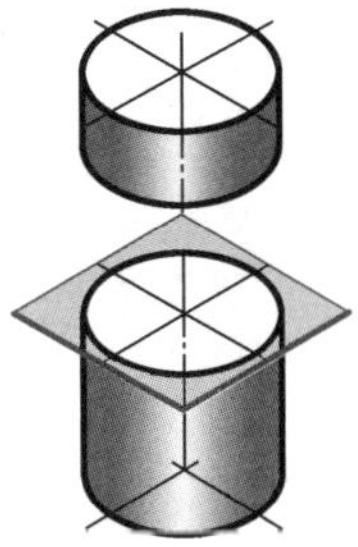 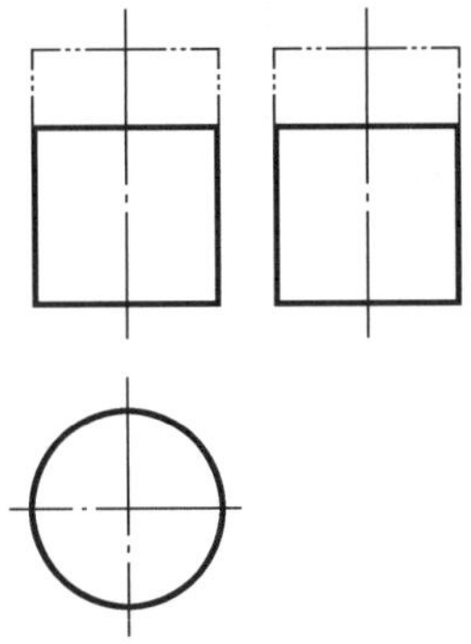	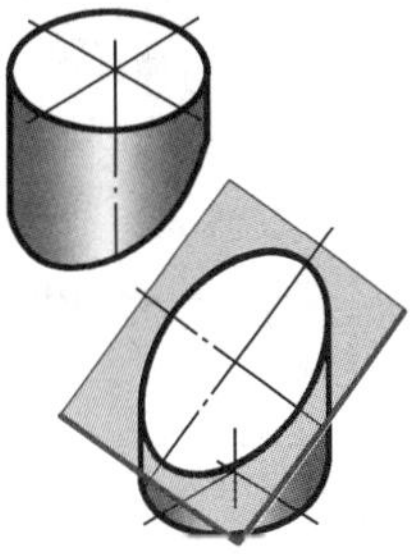 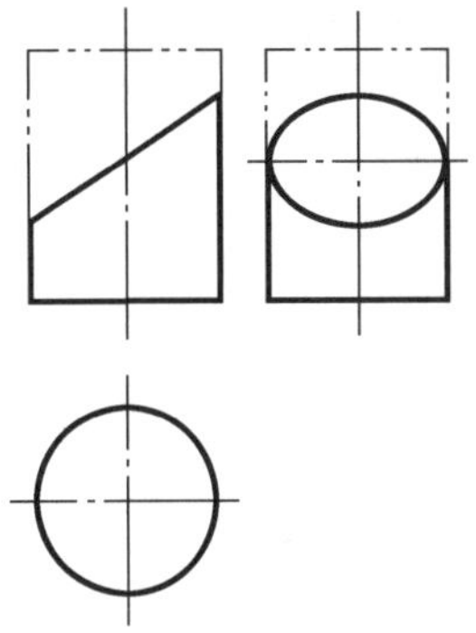
截交线形状	直　　线	圆	椭　圆

【**例 6-2**】求作图 6-9a 所示斜切圆柱的三视图。

分析：截平面 P 与圆柱轴线斜交，截交线为一椭圆。椭圆为正垂面，在 V 面投影积聚成一条斜线，H 面投影与圆柱面重合，W 面投影是椭圆，需求出。

作图：① 求特殊位置点：两端点 A、B 是椭圆最高点和最低点，两端点 C、D 是椭圆最前点和最后点，它们均位于圆柱素线上。这种处于截交线最大范围且在轮廓素线上的点称为特殊位置点。作图时，由 V 面投影 a'、b'、c'、(d') 及 H 面 a、b、c、d 求出 W 面 a''、b''、c''、d''，如图 6-9b 所示。

② 作适当数量的一般位置点：应用积聚性求点法求得。为作图准确，一般在投影为圆的视图上取等分点 e、f、g、h，求出 V 面投影 e'、(f')、g'、(h')，最后求得 W 面投影 e''、f''、g''、h''，如图 6-9c 所示。

③ 将各点 W 面投影用曲线板光滑连接起来，即得椭圆截交线的投影，如图 6-9d 所示。

（2）圆锥的截交线。根据截平面与圆锥轴线的相对位置不同，**圆锥上截交线有五种情况**，见表 6-2。

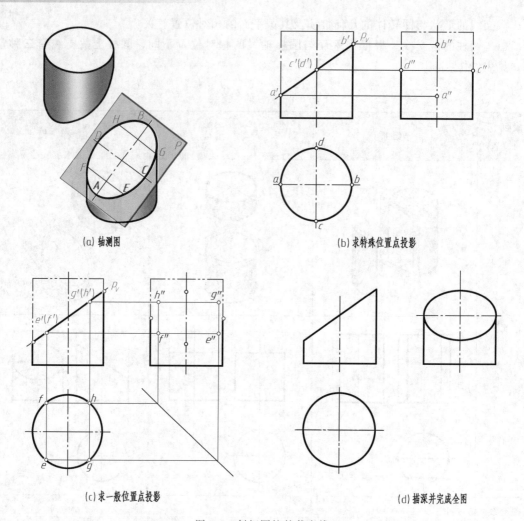

(a) 轴测图

(b) 求特殊位置点投影

(c) 求一般位置点投影

(d) 描深并完成全图

图 6-9　斜切圆柱的截交线

表 6-2　圆锥的截交线

截平面的位置	与轴线垂直	过圆锥顶点	平行于任一素线	与轴线倾斜（不平行于任一素线）	与轴线平行（平行于两条素线）
轴测图					

续表

截平面 的位置	与轴线垂直	过圆锥顶点	平行于任一素线	与轴线倾斜 （不平行于任一素线）	与轴线平行 （平行于两条素线）
投影图					
截交线 的形状	圆	两相交直线	抛物线	椭　圆	双曲线

讨论：截平面平行于圆锥的两条素线，但不与轴线平行，截交线也是双曲线。

求圆锥截交线的方法：当截交线为直线和圆时，其投影可以直接画出；当截交线为椭圆、抛物线、双曲线时，需先求出若干个共有点的投影。由于圆锥面的三个投影都没有积聚性，求共有点投影的方法有以下两种：

① **辅助素线法**　如图 6-10 所示，点 M 为截交线上一点，过锥顶 S 和点 M 引一辅助素线 SA，点 M 可以看成是素线 SA 与截平面的交点，点 M 的三面投影分别在该素线的同面投影上。

② **辅助平面法**（或称纬圆法）　如图 6-11 所示，作垂直于圆锥轴线的辅助平面 Q，它与圆锥面交线为圆，该圆与截平面 P 相交得两交点 Ⅱ、Ⅳ，这两点是圆锥面、截平面 P 和辅助平面 Q 三个面的共有点，也是截交线上的点。

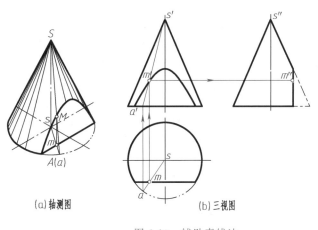

（a）轴测图　　　（b）三视图

图 6-10　辅助素线法

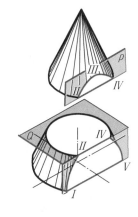

图 6-11　辅助平面法

（3）圆球的截交线。**圆球被任意方向的平面截切时，其截交线都是圆。**截平面通过球心时截得圆直径最大，等于圆球的直径；截平面离球心越远，所截得的圆直径越小。当截平面与投影面平行时，交线圆在该投影面的投影为实形，即正圆；在另两面的投影均积聚为直线，其长度等于相应圆的直径，如图 6-12 所示。

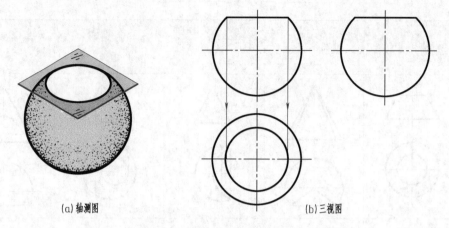

(a)轴测图　　　　　　　　　　　　(b)三视图

图 6-12　圆球被投影面平行面截切

6.2.2　相贯线

两个立体表面相交称为相贯，其表面交线称为相贯线，如图 6-11 所示。

由于立体的形状、大小和相对位置的不同，其相贯线的形状也不同。但任何相贯线都具有下列两个性质：

（1）相贯线都是封闭的空间折线或曲线，特殊情况下为平面折线或曲线；

（2）相贯线是两立体表面的共有线，相贯线上的点是相交两立体表面的共有点。

1. 利用积聚性求相贯线

【**例 6-3**】求作图 6-13a 所示圆柱与圆柱正交相贯线的投影。

分析：小圆柱轴线垂直于 H 面，相贯线的水平投影积聚在小圆柱的投影圆周上，相贯线的 W 面投影积聚在大圆柱 W 面投影的一段圆弧上，只需求出相贯线的 V 面投影。

作图：（1）求特殊位置点：1、2 是相贯线上的最左点和最右点，也是最高点。由 1、2 和 $1''$、$(2'')$ 可求出 $1'$、$2'$。3、4 是相贯线上的最前点和最后点，也是最低点。由 3、4 和 $3''$、$4''$ 可求出 V 面投影 $3'$、$(4')'$，如图 6-13b 所示。

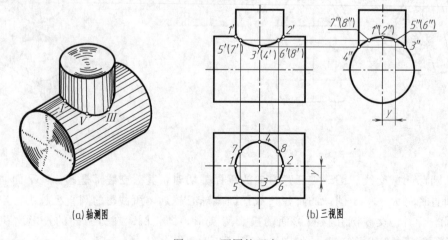

(a)轴测图　　　　　　　　　　　　(b)三视图

图 6-13　两圆柱正交

（2）作适当数量的一般位置点；为作图准确，在投影为圆的俯视图上取四等分点 5、6、7、8，根据"宽相等"的关系，在 W 面得 $5''$、$(6'')$、$7''$、$(8'')$ 投影，再根据"高平齐、长对正"的关系求出 V 面投影 $5'$、$6'$、$(7')$、$(8')$。

（3）依次光滑连接各点，即为相贯线的 V 面投影，如图 6-13b 所示。

2. 利用辅助平面法求相贯线

当两回转体的相贯线不能或不便于用积聚性方法直接求出时，可用**辅助平面法**求解。辅助平面法是求相贯线上共有点的常用方法，一般适用于两回转体相贯的情况。辅助平面法的原理如图 6-14 所示，作一辅助平面 P，使其与两回转体同时相交，得到两组截交线，这两组截交线均处于辅助平面上，它们的交点为辅助平面与两回转体表面的共有点（三面共点），即为相贯线上的点。

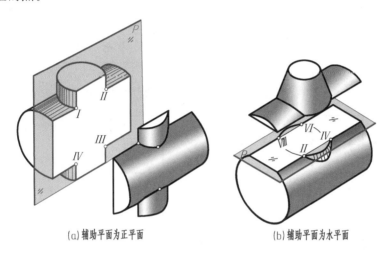

(a) 辅助平面为正平面　　　　　　(b) 辅助平面为水平面

图 6-14　辅助平面法的原理

【例 6-4】求作图 6-15 所示圆柱与圆锥正交相贯线的投影。

分析：圆柱与圆锥轴线正交，相贯线是一条前后、左右对称的封闭的空间曲线，其侧面投影与圆柱的侧面投影重合为一段圆弧，需求出相贯线的正面投影和水平投影。

作图：（1）求特殊位置点：首先求出相贯线上的最左、最右点 1、5（也是最高点），然后求出相贯线上的最前、最后点 3、7（也是最低点），如图 6-15b 所示。

（2）求一般位置点：在适当位置选用水平面 P 作为辅助平面，切割圆柱与圆锥，切圆柱时截交线为两条直线，同时切割的圆锥产生的截交线为一个圆。圆柱截交线与圆锥截交线的交点即为相贯点，图 6-15c 中 2、4、6、8 即为相贯线上的点。

（3）判别可见性，并依次光滑连接各点的同面投影，即得相贯线的水平投影和正面投影，如图 6-15d 所示。

3. 相贯线的特殊画法

两回转体相交，其相贯线一般为**空间曲线**，但在特殊情况下相贯线退化为**平面曲线**。

当两回转体具有公共轴线时，其相贯线为垂直于轴线的圆，该圆的正面投影为一直线段，水平投影为圆，如图 6-16 所示。

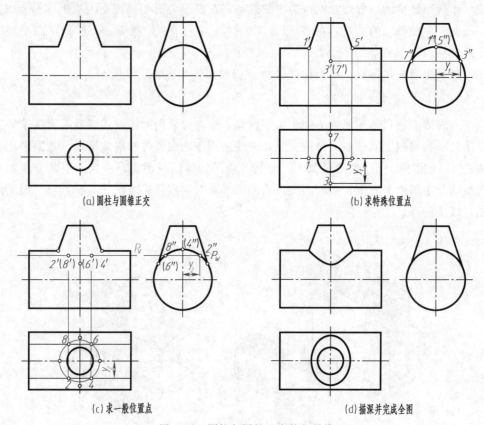

(a)圆柱与圆锥正交　　　　　　　　　　(b)求特殊位置点

(c)求一般位置点　　　　　　　　　　　(d)描深并完成全图

图 6-15　圆柱与圆锥正交的相贯线

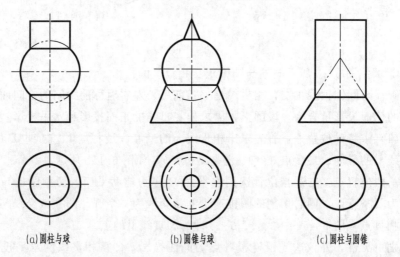

(a)圆柱与球　　　　　　(b)圆锥与球　　　　　　(c)圆柱与圆锥

图 6-16　同轴回转体的相贯线

当圆柱与圆柱、圆柱与圆锥轴线相交并公切于一圆球时，相贯线为**椭圆**，该椭圆的正面投影为一直线段，水平投影为**椭圆**，如图 6-17 所示。

4. 相贯线在视图中的简化画法

为了简化作图，国家标准规定：在不致引起误解时，**图形中的过渡线、相贯线可以简**

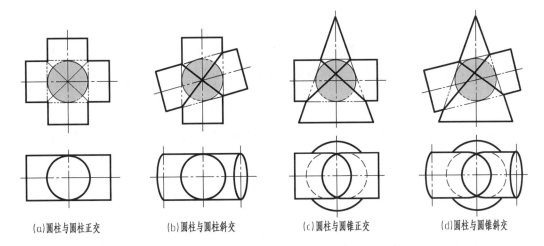

(a)圆柱与圆柱正交　　(b)圆柱与圆柱斜交　　(c)圆柱与圆锥正交　　(d)圆柱与圆锥斜交

图 6-17　公切于圆球的相贯线

化。例如用圆弧或直线代替相贯线（图 6-18）；也可采用模糊画法表示相贯线（图 6-19）。GB/T 4458.1—2002 规定过渡线采用细实线绘制，且不宜与轮廓线相连，如图 6-20 所示。

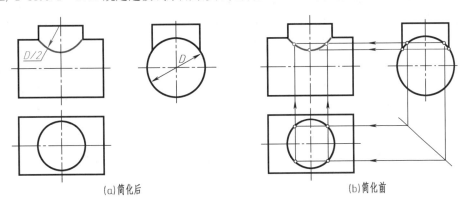

(a)简化后　　　　　　　　　　　　(b)简化前

图 6-18　相贯线用圆弧代替

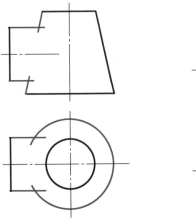

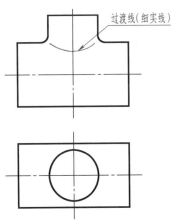

图 6-19　相贯线的模糊画法　　　　图 6-20　过渡线的画法

知识链接 什么是模糊画法？

　　国家标准允许相贯线采用**模糊画法**来表示。模糊画法也是我国学者提出的一种关于相贯线的**简易图示法**，并已被编入国际标准和 GB/T16675.1－2012《技术制图、简化表示法、图样画法》。模糊画法摆脱了"真实感"原则的束缚，利用模糊观点，**即允许相贯线不太完整、不太清晰、不太准确。**

　　具体画法：当两立体在各视图中已清楚表达立体的形状，大小及相对位置的情况下，可在应有相贯线投影的视图上，将两立体的轮廓线画成相交各伸出 2～5mm，如图 6-19 所示。简化后的画法**既真实、又模糊**，也能满足生产实际中的设计要求。

　　模糊画法有一定的**形象性**和**会意性**，是一种比较好的简化画法。

6.2.3　截切体和相贯体的尺寸注法

　　1. 截断体的尺寸注法

　　如图 6-21 所示，截断体除了注出基本形体的大小尺寸外，还应注出截平面的位置尺寸。只有当基本体与截平面的相对位置确定后，截断体的形状和大小才能完全确定，因此，截交线就不需要再注尺寸了（图中标有"×"号的尺寸不应注出）。

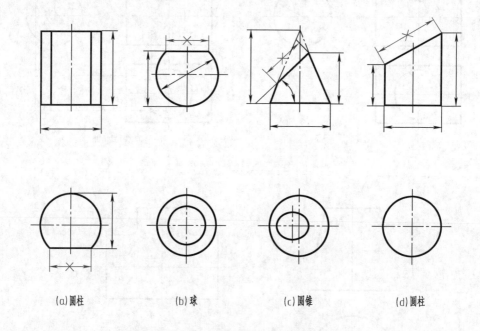

(a)圆柱　　　　　(b)球　　　　　(c)圆锥　　　　　(d)圆柱

图 6-21　截断体的尺寸标注

　　2. 相贯体的尺寸注法

　　如图 6-22 所示，相贯体除了注出相交两基本体的大小尺寸外，还应注出确定两基本体的相对位置尺寸。只有当两相交基本体的形状、大小及相对位置确定后，相贯线的形状、大小及相对位置才能确定。相贯线上也不需要再注尺寸。

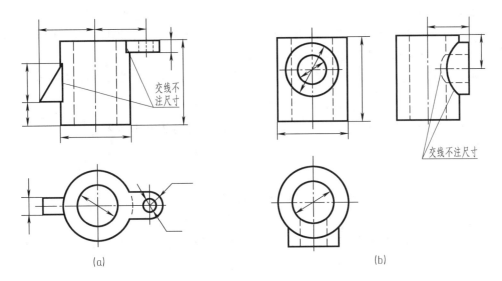

图 6-22　相贯体的尺寸标注

6.3　组合体三视图的画法

以图 6-23 所示的支架为例，说明画组合体三视图的方法和步骤。

1. 形体分析

首先，应对组合体进行形体分析。如图 6-23a 所示，支架由底板、立板和肋板组成，它们之间的组合形式均为叠加。立板的半圆柱面与和其相接的四棱柱的前、后表面相切；立板与底面的前、后表面平齐；肋板与底板及立板的相邻表面均属相交。另外，在底板和立板上又加工出了几个通孔，属于切割。

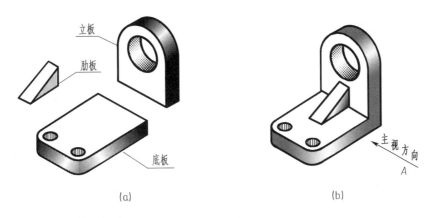

图 6-23　支架的形体分析

2. 选择主视图

选择主视图时，一般应选择反映组合体各组成部分形状和相对位置较为明显的方向作为主视图的投射方向，为使投影能得到实形，便于作图，应使物体主要平面和投影面平行，同时考虑组合体的自然安放位置，并要兼顾其他两个视图表达的清晰性。

图 6-23b 所示的支架中，箭头所指的方向作为主视图的投射方向比较合理。主视图选定后，俯视图和左视图也随之而定。

3. 选择比例、定图幅

视图确定后，应根据组合体实物的大小和复杂程度，按照国家标准要求选择比例和图幅。在表达清晰的前提下，尽可能选用 1：1 的比例。图幅的大小应考虑绘图所占的面积，并在视图之间留足标注尺寸的位置和适当的间距以及画标题栏的位置。

4. 布置视图、绘制底稿

布图时，应将视图匀称地布置在幅面上，视图间的空当应保证能注全所需的尺寸。

支架的绘图步骤如图 6-24 所示。绘制底稿时，应注意以下两点：

（1）一般应从形状特征明显的视图入手。先画主要部分，后画次要部分；先画看得见的部分，后画看不见的部分；先画圆或圆弧，后画直线。

（2）物体的每一个组成部分，最好是三个视图配合着画，这样既可提高绘图速度，可又避免多线、漏线。就是说，不要先画完一个视图再画另一个视图。

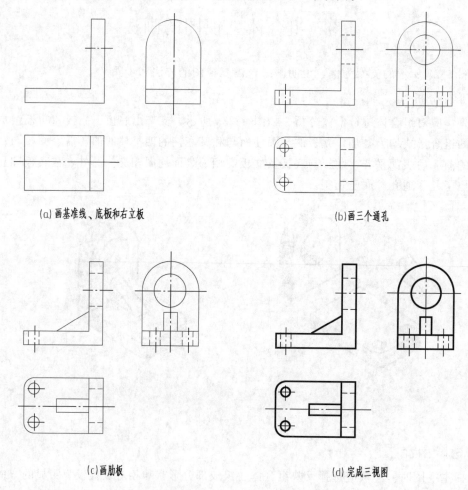

(a) 画基准线、底板和右立板

(b) 画三个通孔

(c) 画肋板

(d) 完成三视图

图 6-24　支架的画图步骤

6.4 组合体视图的尺寸种类

视图可以表达机件的形状，而机件的大小则应根据视图中所标注的尺寸来确定。因此，正确地标注形体的尺寸非常重要。

6.4.1 组合体的尺寸注法

1. 定形尺寸

确定组合体各组成部分的长、宽、高三个方向的大小尺寸即为**定形尺寸**。图 6-25a 所示的支架由底板、立板和肋板组成，各部分的定形尺寸如图 6-26 所示：底板的定形尺寸为长 80、宽 54、高 14、圆孔直径 $\phi 10$ 及圆弧半径 $R10$；立板的定形尺寸为长 15、宽 54、圆孔直径 $\phi 32$ 和圆弧半径 $R27$；肋板的定形尺寸为长 35、宽 12 和高 20。

2. 定位尺寸

表示组合体各组成部分相对位置的尺寸即为**定位尺寸**。如图 6-25b 所示，左视图中的尺寸 60 为立板的轴孔在高度方向上的定位尺寸；俯视图中的尺寸 70 和 34 分别为底板的两圆孔在长度和宽度方向上的定位尺寸；由于立板与底板的前、后、右三面靠齐，肋板与底板的前后对称面重合，并和底板、立板相接触，位置已完全确定，所以不需注出其定位尺寸。

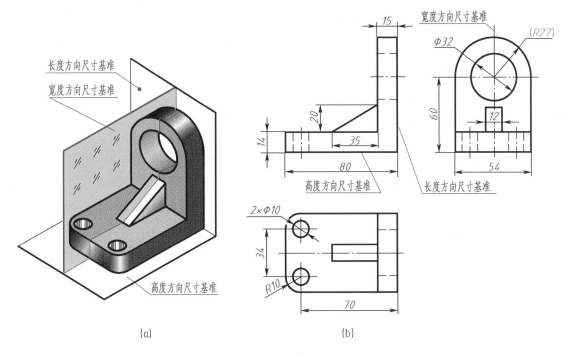

(a)   (b)

图 6-25 支架的尺寸分析

3. 总体尺寸

总体尺寸是表示组合体外形大小的总长、总宽、总高的尺寸。如图 6-25b 所示，底板的

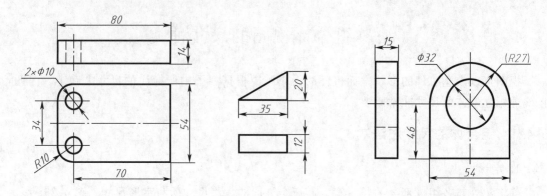

图 6-26　支架各组成部分的尺寸

长 80、宽 54 分别为支架的总长、总宽尺寸；其总高尺寸由 60 和 $R27$ 决定。组合体的一端或两端为回转体时，均应采取这种标注形式，否则就会出现重复尺寸。图 6-26 所示为支架各组成部分的尺寸。

6.4.2　尺寸基准

标注尺寸的起点称为尺寸基准。由于组合体有长、宽、高三个方向的尺寸，所以每个方向至少应有一个尺寸基准。一般可选择组合体的对称平面、底面、端面及回转体的轴线作为尺寸基准。基准确定后，主要尺寸就应从基准出发进行标注。如图 6-25b 所示，主、府视图中的尺寸 80、70、15 都是从支架右侧面这个长度方向的尺寸基准出发标注的；以支架的前后对称面作为宽度方向的尺寸基准，标注了 54、34、12 这三个尺寸；以底板的底面作为高度方向的尺寸基准，标出了尺寸 60 和 14。

6.4.3　标注尺寸的基本要求

1. 尺寸标注必须完整

标注的尺寸应能完整确定机件的形状和大小，**既不重复，也不遗漏。**

2. 尺寸标注必须清晰

（1）各基本形体的定形、定位尺寸不要分散，**要尽量标注在反映该形体特征和明显反映各形体相对位置的视图上。**

（2）为了使图形清晰，应尽量将尺寸注在视图外面。与两个视图有关的尺寸，最好注在这两个视图之间。

（3）尽量避免将尺寸注在虚线上。

（4）同心圆的直径尺寸，最好注在非圆视图上。

6.5　读组合体视图的方法

画图，是将物体画成视图来表达其形状；**读图**，是依据视图想象出物体的形状，显然读图的难度要大于画图。为了能够正确而迅速地读懂视图，必须掌握读图的**基本要领和基本方**

法，通过反复实践，**培养空间想象能力**，提高读图水平。

6.5.1　读图的基本要领

1. 将各个视图联系起来识读

组合体的形状一般是通过几个视图来表达的，每个视图只能反映物体一个方向的形状，仅由一个或两个视图不一定能唯一地确定组合体的形状。

识读三视图的过程，就是通过投影分析，想象出形体的空间形状的过程。掌握三视图的投影规律，是识读三视图的最基本的要领。另外，在识读三视图时，还必须注意以下几点：

（1）因为**一个视图不能反映物体的全部形状**，所以在识读三视图时，必须将三个视图联系起来看。如把主视图和左视图联系起来看高度；把主视图和俯视图联系起来看长度；把俯视图和左视图联系起来看宽度。再综合起来想象出物体的空间形状。

同时还必须注意到图形上的方位与形体上的方位的对应关系，如俯视图与左视图上远离主视图的部位是物体的前方，靠近主视图的部位是物体的后方。

（2）从三视图的形成可知，它是由空间物体的投影转化为平面上的表达过程，而识读三视图则是由平面上的图形想象出物体空间形状的过程，所以在识读三视图时必须运用双向思维的方法，反复分析和验证，才能最后确定空间物体的形状。如图 6-27a 所示的三视图，单由主视图可以想象出几个不同的形体，由主、左视图也不能确定唯一的形体，如图 6-27b 所示。如再结合俯视图的形状特征就可以确定该物体的形状，如图 6-27c 所示。然后再由三视图来验证想象出来的形体是否完全符合，若仍有部分不符合，需再反复地分析投影，最后想象出准确的形体和结构。

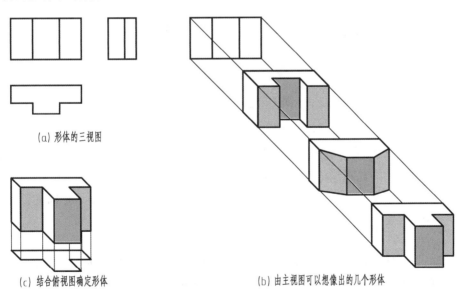

（a）形体的三视图

（c）结合俯视图确定形体　　（b）由主视图可以想象出的几个形体

图 6-27　识读三视图

2. 理解视图中线框和图线的含义

（1）视图中的每个封闭线框、通常都是物体的一个表面（平面或曲面）的投影。

图 6-28 为组合体的直观图，图 6-29 为该组合体的投影图。该组合体，主视图中有四个封闭线框，对照俯视图可知，线框 a'、b'、c' 分别是六棱柱前面的三个棱面 A、B、C 与其后面的对称棱面相重合的投影。

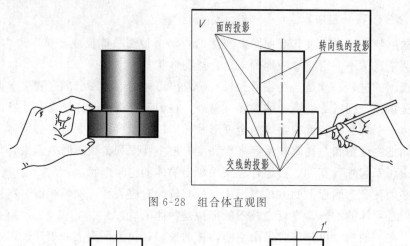

图 6-28　组合体直观图

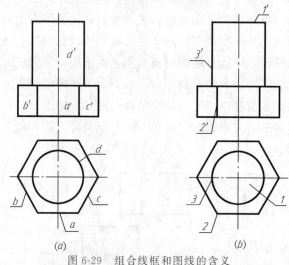

图 6-29　组合线框和图线的含义

线框 d' 则是圆柱体前半圆柱面与后半圆柱面相重合的投影。

（2）视图中每条图线，可能是物体表面有积聚性的投影，或者是两个表面的交线的投影，也可能是曲面转向轮廓线的投影。如图 6-29b 所示的主视图中的 $1'$ 是圆柱顶面有积聚性的投影，主视图中的 $2'$ 是六棱住两个棱面的交线的投影，主视图中的 $3'$ 是圆柱面正面投影的转向轮廓线的投影。

3. 善于构思物体的形状

为了提高读图能力，应注意不断培养构思物体形状的能力，从而进一步丰富空间想象能力，达到能正确和迅速地读懂视图的目的。因此，一定要多读图，多构思物体的形状。

6.5.2　读图的方法和步骤

1. 形体分析法

形体分析法是读图的主要方法。运用形体分析法读图，关键在于掌握分解复杂图形的方法。只有将复杂的图形分解出几个简单图形来，才能通过对简单图形的识读达到读懂复杂图形的目的。

（1）抓住形状特征视图想形状。最能反映物体形状特征的视图称为**形状特征视图**。如图 6-30a 所示，仅看主、左视图只能判断大致是一个长方体，至于顶、底面的形状及几条虚线的含义就不得而知了。如果将主、俯视图配合看，即使不要左视图，也能想象出它的形状。因此俯视图是该形体的形状特征视图。用同样方法进行分析，图 6-30b 中的主视图、图 6-30c中的左视图分别是形体形状特征视图。看图时应善于**抓住物体的形状特征视图想象出物体的形状。**

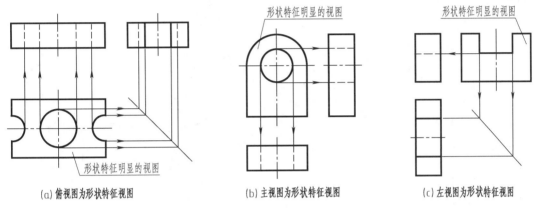

（a）俯视图为形状特征视图　　（b）主视图为形状特征视图　　（c）左视图为形状特征视图

图 6-30　形状特征视图

（2）抓住位置特征视图想位置。反映各形体之间相对位置最为明显的视图称为**位置特征视图**。如图 6-31a 所示，如果仅看主视图和俯视图不能确定形体 I 和 II 哪个是凸出的，哪个是凹进的。如果将主、左视图结合起来看，显然，形体 I 凸出，形体 II 凹进。因此，左视图是反映该形体位置特征最明显的视图，即位置特征视图；**主视图为形状特征视图。**

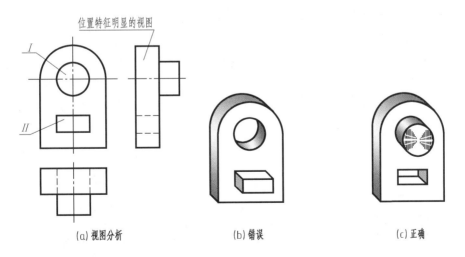

（a）视图分析　　　　　（b）错误　　　　　（c）正确

图 6-31　位置特征视图

（3）投影分析想形状，综合起来想整体。将形体分解为几个组成部分，从体现每部分特征的视图出发，**依据"三等"规律**在其他视图中找出对应投影，经过分析想象出每部分的形状。然后再根据三视图读懂形体间的相对位置、结合形式和表面连接关系等，综合想出物体的完整形状。

2. 线面分析法

用线面分析法看图，就是运用投影规律，通过识别线、面等几何要素的空间位置、形状，进而想象出物体的形状。**对于切割类形体的视图主要靠线面分析法。**

【例 6-5】看懂图 6-32a 所示的三视图。

分析：图 6-32a 所示组合体属于切割类，切割过程如图 6-32c 所示。对于该组合体看图时可采用线面分析法。

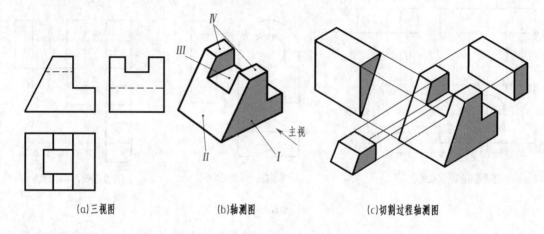

（a）三视图　　　　　　　　（b）轴测图　　　　　　　　（c）切割过程轴测图

图 6-32　用线面分析法看图

（1）依据线框分清面的性质，该组合体三视图可大致分为四个封闭线框：

① 线框 Ⅰ（1、1′、1″）在三视图中是**"一框对两线"**，故表示为正平面，如图 6-33a 所示；

② 线框 Ⅱ（2、2′、2″）在三视图中是**"一线对两框"**，故表示为正垂面，如图 6-33b 所示；

③ 线框 Ⅲ、Ⅳ 在三视图中是**"一框对两线"**，故表示为水平面，如图 6-33c、d 所示。

（2）综合归纳想象整体。切割类型体往往是由基本体经切割而形成的，在想象整个物体的形状时，应以基本体为基础，再将各个表面按其相对位置在基本体上归位，这样整个物体的形状便可想出，如图 6-32b 所示。

3. 看图举例

在看图练习中，常常要求补画视图中所缺的图线或由给出的两个视图补画第三视图，这是培养和检验读图能力的一种有效方法。

【例 6-6】看懂图 6-34a 所示主、俯视图，补画出左视图。

首先由主、俯视图构思出立体形状。先补画出左视图主要部分——底部半圆柱板和竖放半圆柱板，再补画形体的细节部分——切割底部半圆柱板，同时钻孔竖放半圆柱板，最后检查无误描深全图。补画左视图作图过程如图 6-34b～d 所示。

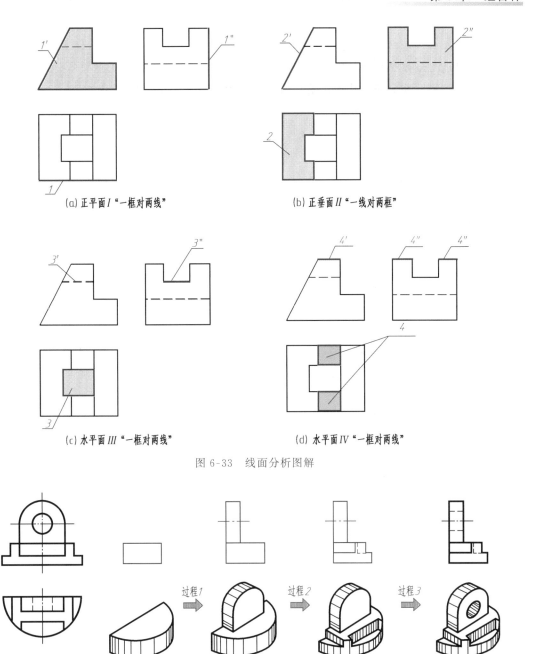

(a) 正平面 I "一框对两线"　　　(b) 正垂面 II "一线对两框"

(c) 水平面 III "一框对两线"　　　(d) 水平面 IV "一框对两线"

图 6-33　线面分析图解

(a)由视图构思立体形状　(b)画底部半圆柱板　(c)画竖放半圆柱板　(d)画底部半圆柱板切割形状　(e)画竖放半圆柱板的小孔,描深图线

过程1　过程2　过程3

图 6-34　已知主、俯视图补画左视图作图过程

复习思考题

1. 组合体的组合形式有几种? 各基本形体表面间的连接关系有哪些? 它们的画法各有

何特点？

2. 画组合体视图时，如何选择主视图？

3. 试述运用形体分析法画图、读图的方法与步骤。

4. 什么叫线面分析法？试述运用线面分析法看图的方法与步骤。

5. 组合体尺寸标注的基本要求是什么？

第7章 图样画法

生产实际中机械零件的形状多种多样。有些复杂的机件用三个视图也难以将其内外结构形状清楚地表达出来。因此，还必须增加表示方法，扩充表达手段。国家标准《技术制图》GB/T 17451～17453—1998 和《机械制图》GB/T4458.1—2002、GB/T4458.6—2002 中的相应规定满足了这一要求。本章将重点介绍视图、剖视图、断面图及局部放大图和图样简化画法等各种表示法。

本章重点

• 剖视图和断面图的画法及标注规定。

本章难点

• 视图、剖视图、断面图等基本表示法的应用。

知识链接 视图在生产中的应用

下图为我国中车集团株洲电力机车车辆厂生产的电力机车韶山型（代号 SS_9）的三视图，以及正在站内行驶的 SS_9 型电力机车照片。

电力机车三视图

行驶在站内的电力机车

7.1 视　图

视图是用正投影法将机件向投影面投射所得的图形。视图主要用来表示物体的外部形状，必要时才画出虚线表示出物体的内部形状。

视图画法要遵循 GB/T 17451—1998《技术制图　图样画法　视图》和 GB/T4458.1—2002《机械制图　图样画法　视图》的规定。视图分基本视图、向视图、局部视图和斜视图等四种。

7.1.1　基本视图

基本视图是机件向基本投影面投射所得的视图。

如图 7-1 所示，在原有 3 个投影面的基础上又增加了 3 个投影面，构成一个正六面体，正六面体的 6 个面称为基本投影面。将机件置于正六面体中间，分别向 6 个投影面作正投影，得到机件的 6 个基本视图。国家标准 GB/T 13361—2012《技术制图通用术语》规定了新的基本视图的投影顺序：

主视图 A（由前向后投射所得的视图），左视图 B（由左向右投射所得的视图），俯视图 C（由上向下投射所得的视图），右视图 D（由右向左投射所得的视图），仰视图 E（由下向上投射所得的视图），后视图 F（由后向前投射所得的视图）。

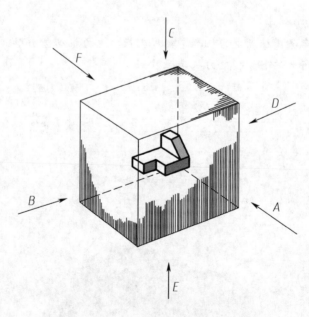

图 7-1　六个基本投射方向

按图 7-2 所示方法展开，展开后的 6 个基本视图的配置如图 7-3 所示。6 个基本视图按图 7-3 配置时，一律不标注视图名称，它们仍保持**"长对正、高平齐、宽相等"**的投影关系。

实际画图时，应根据机件的表达需要选用必要的基本视图，力求视图数量最少。

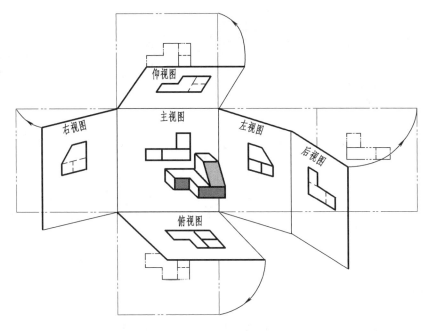

图 7-2　六个基本投影面的展开

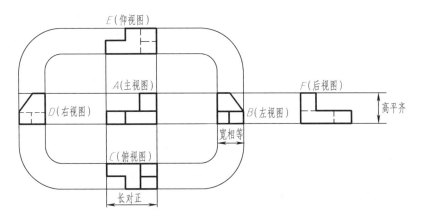

图 7-3　六个基本视图的名称及配置

7.1.2　向视图

向视图是可以自由配置的视图。为了便于看图，应在向视图上方用大写拉丁字母标注出该向视图的名称，并在相应视图的附近用箭头指明投射方向，标注相同的字母，如图 7-4 所示。

画向视图时应注意：向视图是未按投影对应关系配置的视图。当某视图不能按投影对应关系配置时，可按向视图绘制，如图 7-4 所示。绘制以向视图方式表达的后视图时，投射方向的箭头应画在左视图或右视图上，所获后视图与基本视图中后视图相一致，不致产生误解。

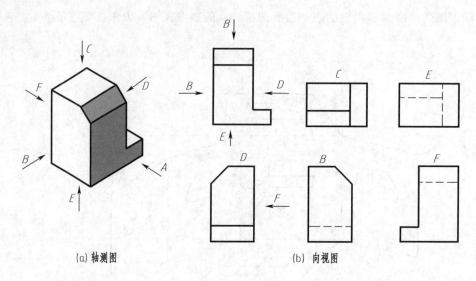

(a) 轴测图   (b) 向视图

图 7-4 向视图

7.1.3 局部视图

局部视图是将机件的某一部分向基本投影面投射所得的视图。

画局部视图时应注意：

（1）其断裂处的边界线应以波浪线（或双折线）表示，如图 7-5b 中的 A 向视图。当所表示的局部视图的外轮廓成封闭时，则不必画出波浪线，如图 7-5b 中的左视图所示。

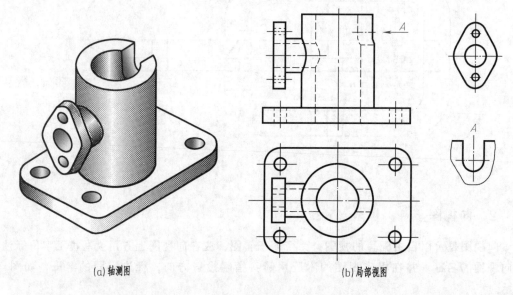

(a) 轴测图   (b) 局部视图

图 7-5 局部视图

（2）局部视图的配置可选用以下形式，并进行必要的标注。

① **按基本视图的配置形式配置，一般不必标注，如图 7-5b 中的左视图所示。**

② **按向视图的配置形式配置和标注，如图 7-5b 中的 A 向视图所示。**

③ **按第三角画法**①**配置在含所需表示的局部结构的视图附近，并用细点画线将两者相连，如图 7-6a 所示。无中心线的图形也可用细实线联系两图，如图 7-6b 所示，此时无须另行标注。**

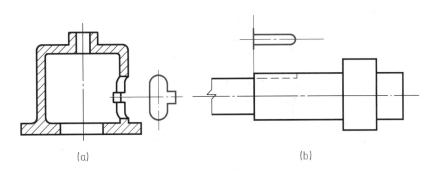

(a)　　　　　　　　　　　　　　(b)

图 7-6　按第三角画法配置的局部视图

（3）为简化作图，可将对称机件画成一半或 1/4 并在对称中心线的两端画出对称符号（两条与中心线垂直的平行细实线），如图 7-7 所示，这是局部视图的一种特殊画法。

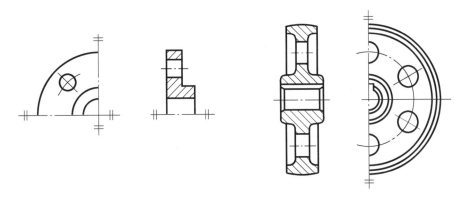

图 7-7　对称机件的局部视图

7.1.4　斜视图

斜视图是机件向不平行于基本投影面的平面投射所得的视图。斜视图的形成如图7-8所示。

画斜视图时应注意：

（1）斜视图通常用于表达机件上的倾斜结构。画出倾斜结构的实形后，机件的其余部分不必画出，用波浪线断开即可，如图 7-9 所示。

（2）画斜视图时，必须在视图的上方注明视图名称"×"，在相应视图附近用箭头指明投射方向，箭头应垂直于主体轮廓线，并注上相同字母，如图 7-9a 所示。

（3）画斜视图时，为方便看图，在不引起误解时，允许将图形旋转配置，如图 7-9b 所示。

---

① 关于第三角画法见国家标准 GB/T 13361—2012《技术制图通用术语》。

（4）旋转符号的规定画法与标注如图 7-10、图 7-11 所示。旋转符号为半径等于字体高度的半圆弧。表示该视图名称的字母应靠近旋转符号的箭头端，当需要注出旋转角度时，角度数值应写在视图名称字母之后，如图 7-11 所示。

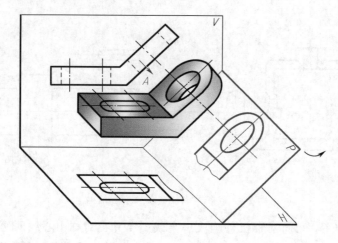

图 7-8　斜视图的形成

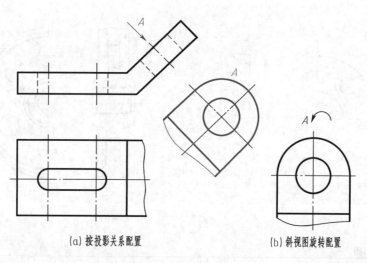

(a) 按投影关系配置　　　　　　(b) 斜视图旋转配置

图 7-9　斜视图

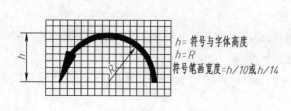

h= 符号与字体高度
h = R
符号笔画宽度=h/10或h/14

图 7-10　旋转符号

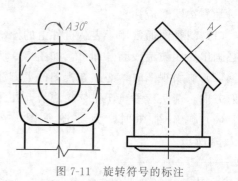

图 7-11　旋转符号的标注

7.2　剖　视　图

视图主要用来表达机件的外部形状。当机件的内部结构比较复杂时，视图中会出现较多的虚线，影响图形的清晰度，给读图、绘图及标注尺寸带来不便。为解决上述问题，国家标准 GB/T 17452—1998《技术制图　图样画法　剖视图和断面图》与 GB/T 4458.6—2002《机械制图　图样画法　剖视图和断面图》规定了剖视图的基本表示法。

7.2.1　剖视的概念

1. 剖视图的形成

假想用剖切面（平面或柱面）剖开机件，将处在观察者和剖切面之间的部分移去，而将其余部分向投影面投射所得的图形，称为**剖视图**，简称**剖视**，如图 7-12、图 7-13 所示。

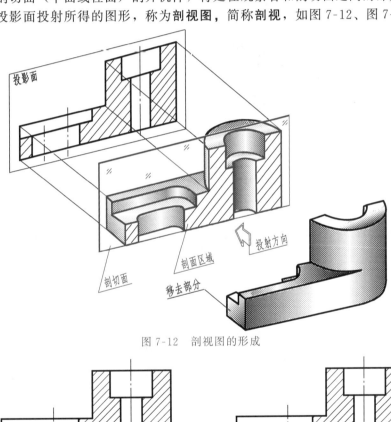

图 7-12　剖视图的形成

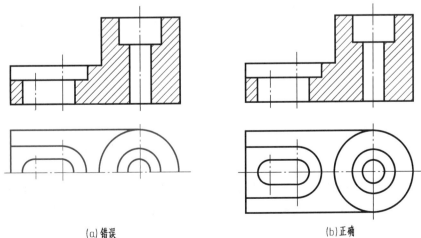

(a)错误　　　　　　　　　　　　　　(b)正确

图 7-13　剖视图画法

2. 剖面符号

剖视图中，剖切面与机件的接触部分，称为**剖面区域**，通常在剖面区域中应画出剖面符号，以便区别机件的实体与空心部分，如图 7-13b 中的主视图所示。国家标准 GB/T 4457.5—2013《机械制图 剖面区域的表示法》规定的剖面符号见表 7-1。

当不需要在剖面区域中表示材料类别时，可采用**通用剖面线**表示。通用剖面线为间隔相等的细实线，绘制时最好与图形主要轮廓线或剖面区域的对称线成 45°，如图 7-14 所示。

表 7-1 剖面符号（摘自 GB/T 4457.5—2013）

材料名称	剖画符号	材料名称	剖面符号
金属材料 （已有规定剖面符号者除外）	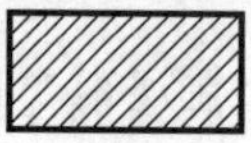	线圈绕组元件	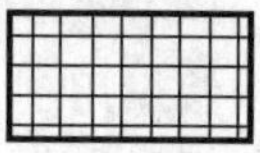
非金属材料 （已有规定剖面符号者除外）	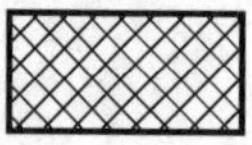	转子、变压器等的 迭钢片	
型砂、粉末冶金、陶瓷、 硬质合金等	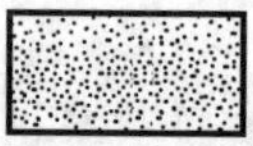	玻璃及其他透明材料	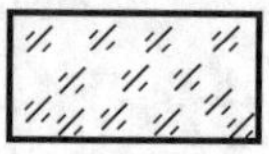
木质胶合板 （不分层数）		格 网 （筛网、过滤网等）	
木材	 纵剖面	液 体	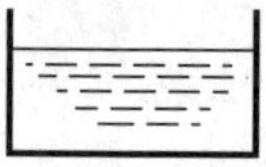
	 横剖面		

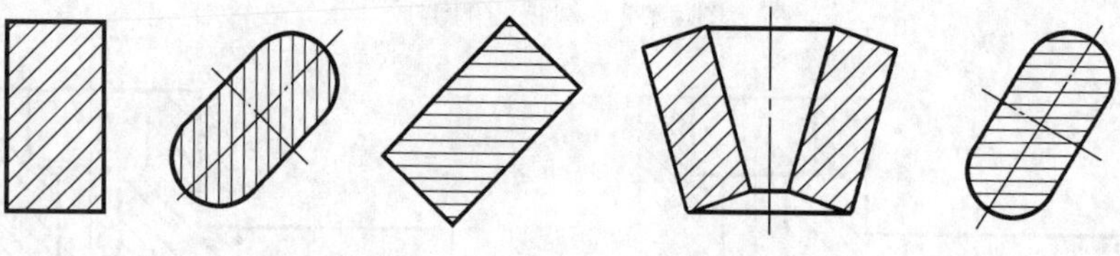

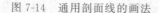

图 7-14 通用剖面线的画法

3. 画剖视图时应注意的几个问题

（1）如图 7-12 所示，确定剖切位置时一般应选择机件的内部孔、槽等结构的对称面或轴线。

（2）画剖视图时将机件剖开是假想的作图过程，当一个视图取剖视后，其他视图应仍按完整机件画出。剖切后，留在剖切面之后的部分应全部向投影面投射，不能漏线或画出多余的线，如图 7-13 所示。

（3）剖视图中，凡是已表达清楚的结构，**细虚线应省略不画**。若画出少量细虚线能减少视图数量时，也可画出必要的细虚线，如图 7-15 所示。

（4）剖视图的配置可按基本视图的形式配置，也可按向视图的形式配置（允许配置在其他适当位置），如图 7-16 所示。

（5）同一机件的各个剖面区域中的剖面线应间隔相等、方向一致，如图 7-17 所示。

当图形中主要轮廓线与水平线成 45°时，该图形的剖面线应画成与水平线成 30°或 60°的平行线，其倾斜方向仍应与其他图形的剖面线相一致，如图 7-18 所示。

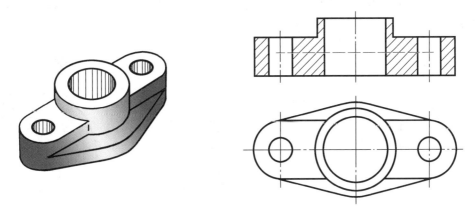

图 7-15　剖视图中可画出必要的虚线

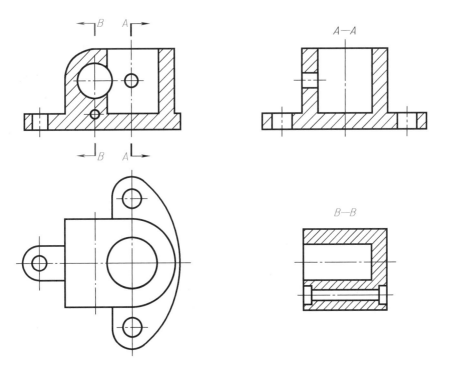

图 7-16　剖视图的标注与配置

4. 部视图的标注

部视图一般应标注下列内容（图 7-16）：

（1）**剖切线** 指示剖切面位置，用细点画线表示，剖视图中通常省略不画。

（2）**剖切符号和剖视图的名称** 指示剖切面起讫和转折位置（用粗短线表示）和投射方向（用箭头表示）。在剖切符号的起讫或转折处标注大写拉丁字母"×"，并在剖视图上方用同样字母标出剖视图的名称"×—×"。

下列情况可省略标注：

（1）当剖视图按投影关系配置、中间又无其他图形隔开时，可省略表示投射方向的箭头，如图 7-17、图 7-18 所示。

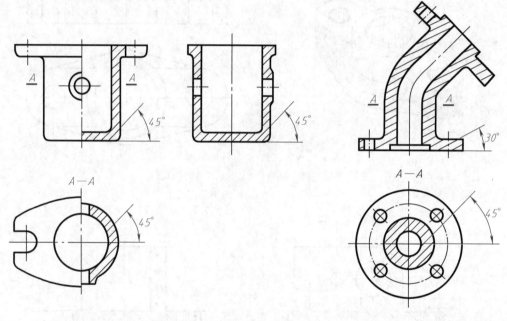

图 7-17　剖面线画法（一）　　　　　　　　图 7-18　剖面线画法（二）

（2）当单一剖切面通过机件的对称平面或基本对称平面，且剖视图按投影关系配置，中间没有其他图形隔开时，可不标注，如图 7-13、图 7-15 所示。

7.2.2　剖切面的选用

为满足机件的各种内部结构及其不同的表达需要，有三种剖切面可供选用。

1. 单一剖切面

单一剖切面通常指平面（也可用于柱面）。前面所介绍的图 7-13～图 7-18 均为采用平行于基本投影面的单一剖切平面剖切而获得的剖视图。

当机件上倾斜的内部结构形状需要表达时，可采用单一斜剖切平面剖切机件获得剖视图，如图 7-19 所示。

2. 几个平行的剖切平面

几个平行的剖切平面通常指两个或两个以上的平行的剖切平面，同时要求各剖切平面的转折处必须是直角，如图 7-20 所示。

画此类剖视图时，应注意以下几点：

（1）在剖视图上不应画出剖切平面各转折处的投影，如图 7-21所示。同时剖切平面转折处也不应与图中的轮廓线重合。

（2）画剖视图时，剖切平面的起讫和转折处应画出剖切符号，并注写同一字母。如图 7-20、图 7-21 所示。

3. 几个相交的剖切面

当机件的内部结构所处位置无法用上述两种剖切面来剖切时，可用**几个相交的剖切面剖开机件**。并将被剖开的结构及其有关剖分旋转到与选定的同一投影面平行后再进行投射，如图 7-22 所示。

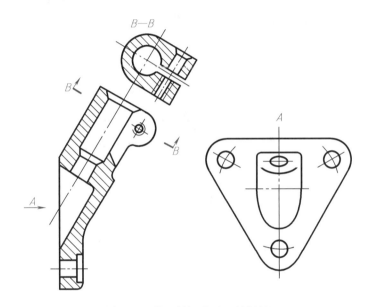

图 7-19　单一剖切平面（斜剖切）

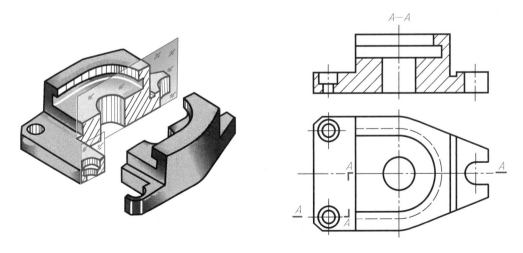

图 7-20　两个平行的剖切平面（一）

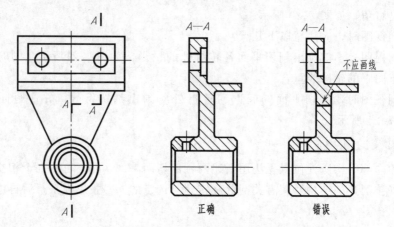

图 7-21　两个平行的剖切平面（二）

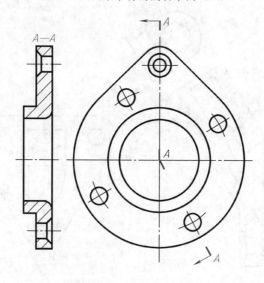

图 7-22　两个相交的剖切平面

画此类剖视图时，应注意以下几点：

（1）几个相交的剖切平面的交线必须垂直于某一投影面。

（2）应按"**先剖切、后旋转**"的方法绘制部视图，如图 7-23 所示。

（3）位于剖切面后面的结构，如图 7-24 中的油孔，一般仍按原来的位置投射。

（4）当采用三个以上相交的剖切面剖开机件时，剖视图应采用展开方法绘制，如图 7-25 所示。

用几个相交的剖切面剖切机件时，剖视图的标注如图 7-22～图 7-25 所示。

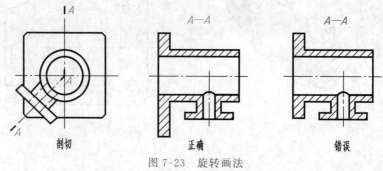

图 7-23　旋转画法

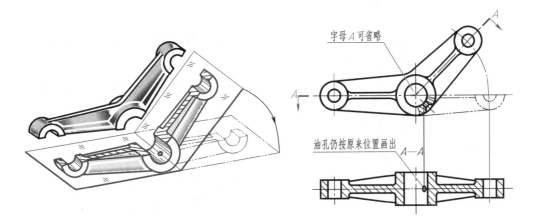

图 7-24　两相交剖切平面

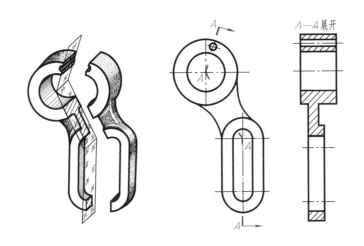

图 7-25　展开画法

7.2.3　剖视图的种类

运用上述各种剖切面，根据机件被剖切的范围，可将剖视图分为三类：**全剖视图、半剖视图和局部剖视图**。

1. 全剖视图

用剖切面完全地剖开机件所得的剖视图，称为全剖视图。全剖视图适用于表达外形比较简单而内部结构复杂且不对称的机件，如前面图例出现的剖视图都属于全剖视图。

2. 半剖视图

当机件具有对称平面时，以对称平面为界，一半画成剖视图，另一半画成视图，这种图形称为半剖视图。半剖视图适用于内外形状都需要表达的对称机件，如图 7-26 所示。

画半剖视图时，应注意以下几点：

（1）半个视图与半个剖视图的分界线是对称中心线而不应画成粗实线，如图 7-26 所示。

（2）在表示外形的半个视图中，一般不画虚线，但对于孔、槽应画出中心线位置。对于那些在半剖视图中未表达清楚的结构，可以在半个视图中作局部剖视，如图 7-26 所示。

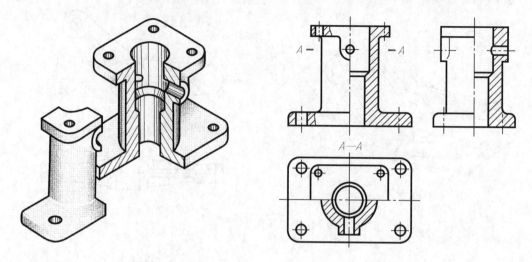

图 7-26　半剖视图

3. 局部剖视图

用剖切面局部地剖切机件所得的剖视图，称为局部剖视图，如图 7-27 所示。

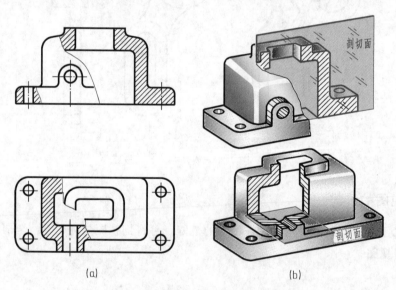

(a)　　　　　　　　　　　　(b)

图 7-27　局部剖视图（一）

局部剖视图的剖切位置和剖切范围根据需要而定，是一种比较灵活的表达方法，运用得好可使图形表达得简洁清晰。

画局部剖视图时，应注意以下几点：

（1）画局部剖视图时，剖开部分与原视图之间用波浪线分开。波浪线不应和其他图线重合，也不应超越被切开部分的外形轮廓线，如图 7-28 所示。

（2）如果对称机件轮廓线与对称中心线重合时，此时不宜采用半剖视图，应采用局部剖视图，如图 7-29 所示。

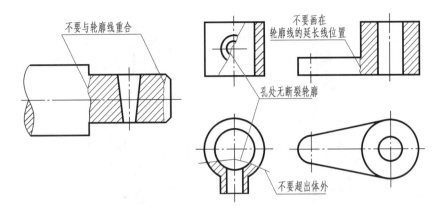

图 7-28　局部剖视图中波浪线画法

位置明显的采用单一剖切平面剖切的局部视图，可省略标注，如图 7-27 和图 7-29 所示。

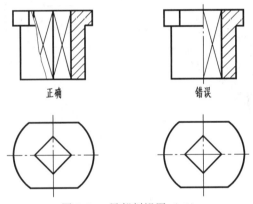

正确　　　　　　　　　错误

图 7-29　局部剖视图（二）

助记口诀

外形简单宜全剖，形状对称用半剖。
一个剖面切不到，采用阶梯旋转剖。
局部剖视最灵活，哪里需要哪里剖。

7.3　断　面　图

为表达图 7-30 所示吊钩，若采用前面讲过的表达方法，即便画出六个基本视图，也无法反映出吊钩各部分的断面形状。若用表达内形的剖视图来反映其断面形状也不恰当，因此国家标准 GB/T 17452—1998、GB/T 4458.6—2002 规定了断面形状的表示法——断面图。

7.3.1　断面图的概念

假想用剖切面将机件的某处切断，仅画出该剖切面与机件的接触部分的图形，称为断面图（简称断面），如图 7-31 所示。

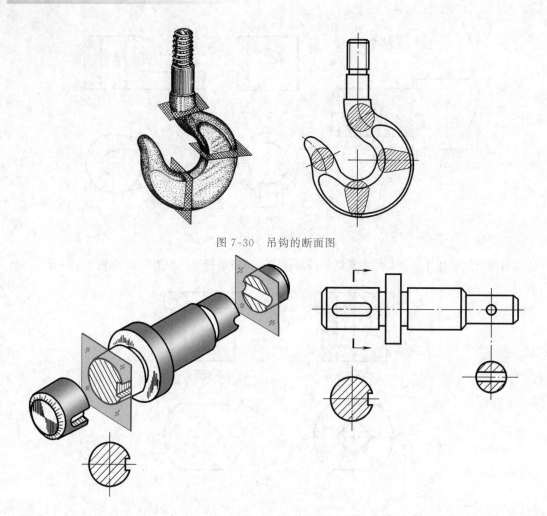

图 7-30　吊钩的断面图

图 7-31　断面图的形成

　　断面图实际上就是使剖切平面垂直于结构要素的中心线（轴线或主要轮廓线）进行剖切，投射后**只画出切口断面的形状**，切口后面的投影省略不画。用这种方法表达机件上某一局部的断面形状更为**清晰、简洁**，便于标注尺寸。

　　断面图按其图形所画位置不同，分为**移出断面图**和**重合断面图**两种。

7.3.2　移出断面图

　　画在视图轮廓线外面的断面图形，称为移出断面图，移出断面图的轮廓线用粗实线绘制。

1. 移出断面图的配置

　　（1）移出断面图通常配置在剖切符号或剖切线的延长线上，如图 7-32a 所示。必要时也可配置在其他适当的位置，如图 7-32b 中的 $A-A$ 和 $B-B$ 所示。

　　（2）当断面图形对称时，移出断面图可配置在视图的中断处，如图 7-33 所示。

　　（3）移出断面图在不致引起误解时，允许将图形旋转，如图 7-34 所示。

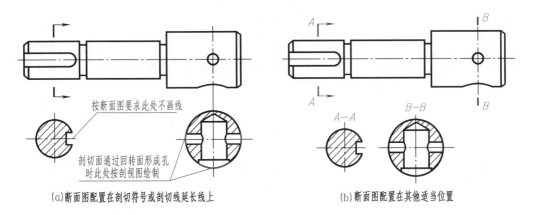

(a)断面图配置在剖切符号或剖切线延长线上

(b)断面图配置在其他适当位置

图 7-32 移出断面图

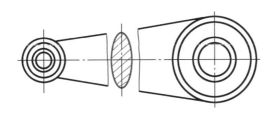

图 7-33 画在视图中断处的断面图

2. 移出剖面图的画法

（1）当剖切面通过回转面形成的孔或凹坑的轴线时，这些结构应按剖视图绘制，如图 7-32b 中的 $B-B$ 所示。

（2）当剖切面通过非圆孔导致出现完全分离的两个断面时，则这些结构应按剖视图绘制，如图 7-34 中 $A-A$ 断面所示。

（3）由两个或多个相交的剖切平面剖切所得到的移出断面图中间应用波浪线断开绘制，如图 7-35 所示。

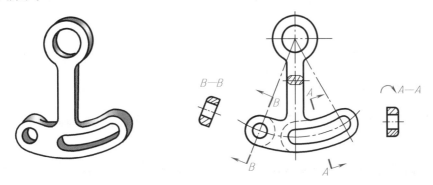

图 7-34 剖切平面通过非圆孔的断面画法

3. 移出断面的配置与标注方法

移出断面的配置与标注方法见表 7-2。

表 7-2　移出断面的配置与标注

断面图　　　　断面形状　　　断面位置	对称的移出断面	不对称的移出断面
配置在剖切线或剖切符号延长线上	 不必标出字母和剖切符号	 不必标注字母
按投影关系配置	 不必标注箭头	 不必标注箭头
配置在其他位置	 不必标注箭头	 应标注剖切符号（含箭头）和字母

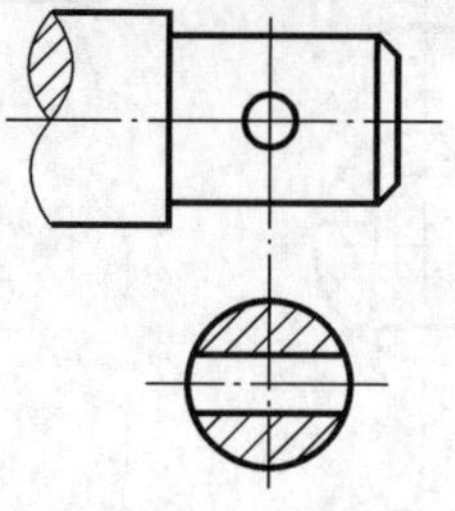

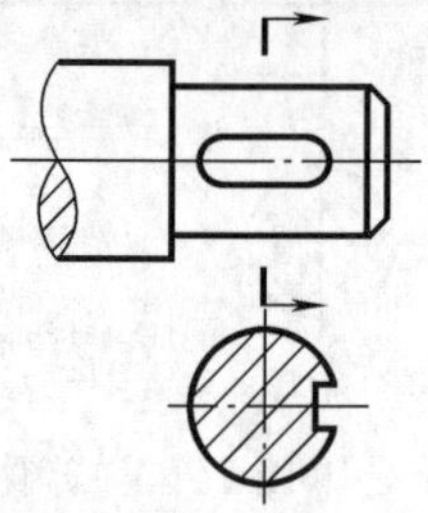

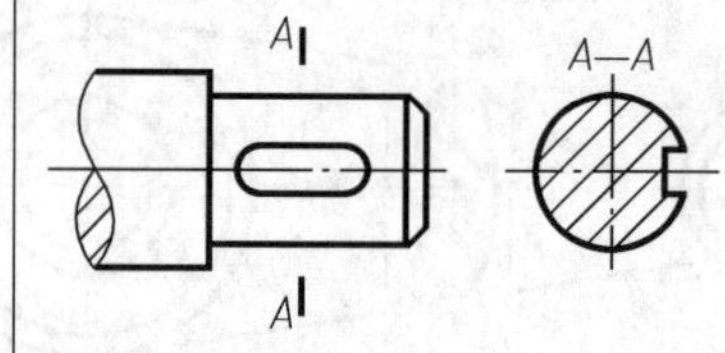

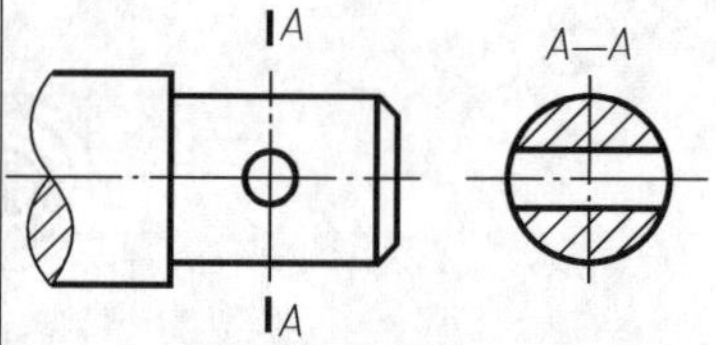

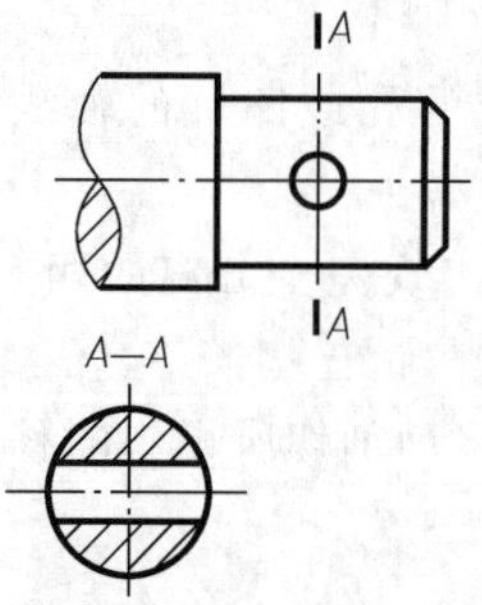

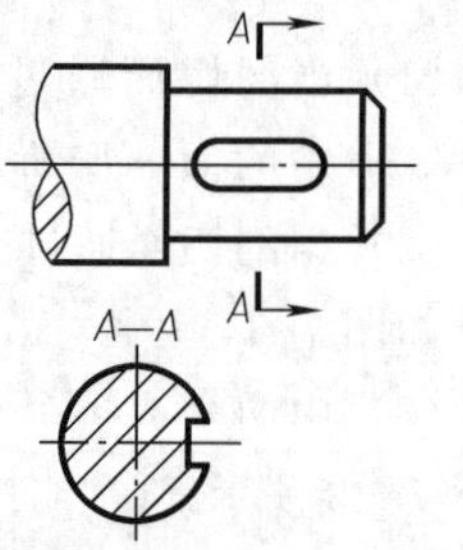

7.3.3　重合断面图

剖切后将断面图形重叠在视图上，这样得到的断面图称为重合断面图。

1. 重合断面图的画法

重合断面图的轮廓线用细实线绘制，当视图中轮廓线与重合断面图的图形重叠时，视图中的轮廓线仍应连续画出，不可间断，如图 7-30、图 7-36 所示。

2. 重合断面图的标注

对称的重合断面图**不必标注**（图 7-36）；不对称的重合断面图，在不致引起误解时**可省略标注**，如图 7-37 所示。

112

图 7-35　用两个相交剖切平面
剖切的断面图

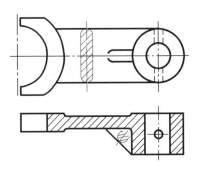

图 7-36　重合断面（一）

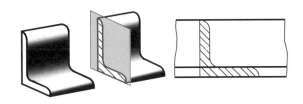

图 7-37　重合断面（二）

7.4　其他表达方法

为使图形清晰和画图简便，国家标准规定了**局部放大图**和**简化画法**，供绘图时选用。

7.4.1　局部放大图（GB/T 4458.1—2002）

将机件的部分结构用大于原图形所采用的比例画出的图形，称为**局部放大图**，如图 7-38所示。

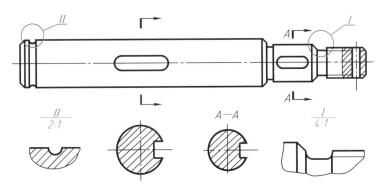

图 7-38　局部放大图

局部放大图可以画成视图、剖视、断面的形式，与被放大部分的表示形式无关，并应尽量配置在被放大部位的附近。

如图 7-38 所示，绘制局部放大图时，除螺纹牙型、齿轮和链轮的齿形外，应用细实线圈出被放大的部位；当同一机件上有几个被放大的部分时，应用罗马数字依次标明被放大的部分，并在局部放大图的上方标注出相应的罗马数字和所采用的比例。

7.4.2 简化画法（GB/T 16675.1—2012、GB/T 4458.1—2002）

为提高设计制图的效率和图样的清晰度，国家标准规定了简化技术图样的画法，现介绍几种常用的**简化画法**。

（1）剖视图中的简化画法。当回转体机件均匀分布的肋、轮辐、孔等结构不处于剖切平面上时，可将这些结构旋转到剖切平面上画出，如图 7-39 所示。

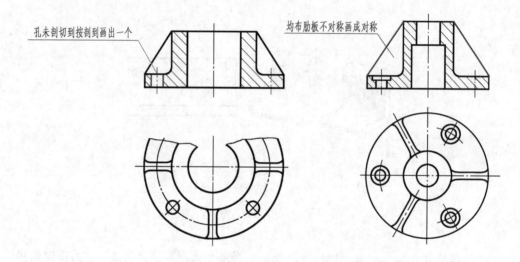

孔未剖切到按剖到画出一个　　　　　　　　均布肋板不对称画成对称

图 7-39　均匀分布孔和肋的规定画法

（2）相同结构要素的简化画法。当机件具有若干相同结构（如齿、槽等）时，只需画出几个完整的结构，其余用细实线连接，并注明该结构的总数，如图 7-40、图 7-41 所示。

（3）当回转体机件上的平面在图形中不能充分表达时，可用两条相交的细实线表示这些平面，如图 7-42 所示。

（4）机件上的滚花部分，通常采用在轮廓线附近用粗实线局部画出的方法表示，也可省略不画，而在零件上或技术要求中注明其具体要求，如图 7-43 所示。

（5）折断的画法。较长的机件（轴、杆、型材等）沿长度方向的形状一致或按一定规律变化时，可断开后缩短绘制，如图 7-44 所示。

（6）倾斜角度小于或等于 30°的斜面上的圆或圆弧，其投影可用圆或圆弧代替，如图7-45 所示。

（7）型材（角钢、工字钢、槽钢等）中小斜度的结构，可按小端厚度画出，如图 7-46 所示。

（8）相贯线过渡线在不致引起误解时，可用圆弧或直线代替非圆曲线。相贯线也可采用模糊画法表示，过渡线应用细实线绘制，且不宜与轮廓线相连（详见第 6 章图 6-19、图 6-20）。

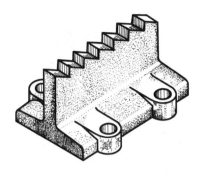

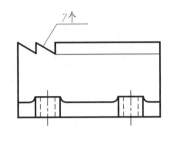

图 7-40　相同结构的简化画法（一）

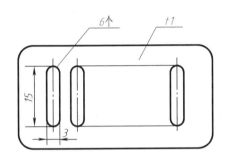

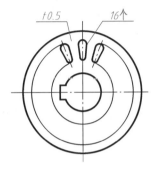

图 7-41　相同结构的简化画法（二）

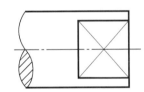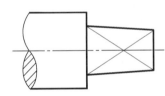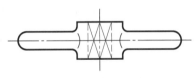

图 7-42　平面的简化画法

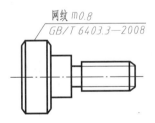

图 7-43　滚花的简化画法

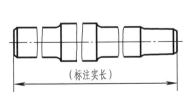

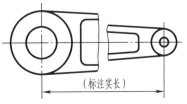

图 7-44　折断的规定画法

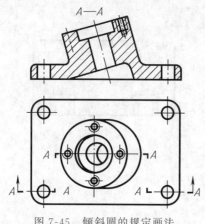

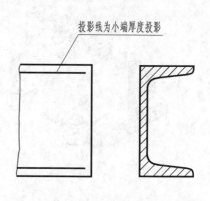

图 7-45　倾斜圆的规定画法　　　　　　图 7-46　小斜度结构的规定画法

7.5　表达方法分析示例

前面介绍了表达机件结构形状的各种方法，画图时应针对机件的具体形状选择适当的表达方法完整、清晰、简练地表达出机件的形状。

一个机件一般可先定出几个表达方案，通过分析、比较确定一个最佳方案。

选择最佳方案原则：**表达完整、搭配适当、图形清晰、绘图简便、利于看图。**

为了进一步掌握视图、剖视图、断面图以及局部放大和简化表示法等表达方法。下面以支架、支座为例分析机件表达方法的选择。

【例 7-1】支架表达方案的选择。

（1）形体分析。如图 7-47 所示，支架由圆筒、底板和连接这两部分的十字形肋板组成。支架前后对称、底板主要表面与圆筒轴线成 60°倾角，底板上有四个通孔。

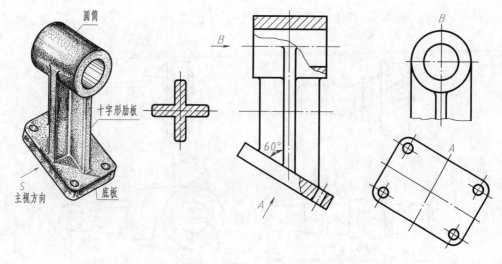

图 7-47　支架的表达方案

（2）选择主视图。主视图应选择能明显地反映出机件的内外主要形状特征的那个面，同时还应兼顾其他视图表达的清晰性。在图 7-47 中经过分析认为主视图选择 S 投射方向为最好。主视图中圆筒的轴线水平放置，圆筒和底板圆孔均采用局部剖视。这样，即表达了肋板、圆筒和底板的外部结构形状，又表达了圆筒和底板圆孔的内部形状。

（3）确定其他视图。当主视图选定后，首先应考虑俯、左视图的选择，同时还要兼顾其他视图表达的清晰性。

由于底板平面和圆筒轴线倾斜 60°角，因此不宜选用俯视图；为表达底板平面实形，采用 A 向斜视图；为表达圆筒与肋板的形状和连接关系，左视图采用了局部视图；为表达十字形肋板的断面形状，采用了移出断面。

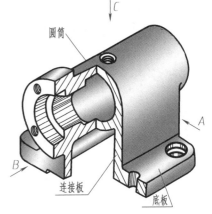

图 7-48　支座

通过以上表达方案的选择，使每个视图都有表达的重点，目的明确，既起到了相互配合和补充的作用，又满足了视图数量适当的要求。

【例 7-2】支座表达方案的选择。

（1）形体分析。如图 7-48 所示，支座由圆筒、底板和连接板三部分组成。

（2）选择主视图。为了反映支座的主要特征，将底板平放并以图 7-48 所示的 A 投射方向为主视方向。同时主视图采用全剖可以充分反映支座的内部结构形状。

（3）确定其他视图。主视图的方案选定之后，再选用其他视图。如图 7-49 所示，俯视图选为外形图，主要反映圆筒外形和圆筒上螺纹孔的位置。同时也反映出底板的形状和安装孔、销孔的位置。

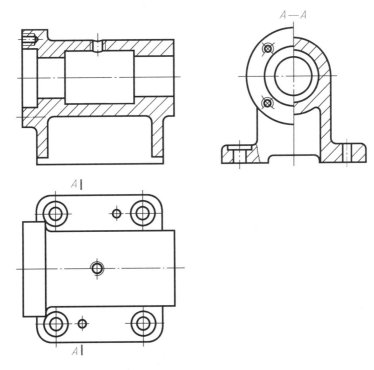

图 7-49　支座的表达方案

左视图利用支座前后对称的特点，采用半剖视图。从"*A*－*A*"的位置剖切，既反映了圆筒、连接板和底板之间的连接关系，又表现了底板上销孔的位置。左连外形视图上主要表达圆筒端面上螺孔的数量和分布位置；局部剖视表示出底板安装孔的情况。

以上表达方案不但完整地反映了支座的内外形状，且视图数量少，简单清晰。

通过以上两个例子说明要选择好机件的表达方案，必须全面掌握机件各种表达方法的知识，才能灵活、清晰地表达出机件的形状特征。

复习思考题

1. 基本视图有哪几个？它们的名称是什么？如何配置？

2. 国家标准中除基本视图外还规定了哪几种视图作为基本视图的补充？

3. 什么叫向视图？向视图在图中如何配置和标注？

4. 斜视图和局部视图在图中如何配置和标注？

5. 剖视图与断面图有何区别？

6. 国家标准规定剖视图有几种？如何绘制？剖视图中的剖切面国家标准是如何规定的？

7. 剖视图如何配置？剖视图标注的一般原则是什么？什么情况下可省略标注？什么情况下可省略箭头？

8. 剖切平面纵向通过零件的肋、轮辐及薄壁时，这些结构该如何画出？

9. 半剖视图中，外形视图和剖视图之间的分界线为何图线？能否画成粗实线？

10. 断面图有几种？断面图在图中应如何配置和标注？在什么情况下可省略标注？

11. 国家标准规定了许多简化画法和规定画法，相贯线是怎样简化的？过渡线应采用哪种线型？

第8章　标准件、常用件及规定画法

在各种机械设备的装配与安装中，广泛使用螺纹紧固件（螺栓、双头螺柱、螺钉及螺母、垫圈等）；在机械的传动、支承、减震等方面，广泛使用齿轮、键、销、滚动轴承、弹簧等部件。国家标准中，将结构与尺寸全部标准化的零部件称为标准件；将结构与尺寸实行部分标准化的零部件称为常用件。设计、安装和维护机器设备时，可方便地按标准和规格选用。

本章主要介绍螺纹、螺纹紧固件、齿轮、键和销、滚动轴承、弹簧的基本知识、规定画法、标记及标注方法。

本章重点

- 螺纹及螺纹紧固件的连接画法。螺纹标记的含义及其标注方法。
- 圆柱齿轮及其啮合的画法。

本章难点

- 螺纹紧固件的连接画法。
- 圆柱齿轮的模数、分度圆（节圆）和齿形角的概念。

知识链接　标准件、常用件

下图为常用的一些标准件和常用件。

六角头螺栓连接件

煤气罐减压阀（左旋管螺纹）

双头螺柱

普通平键（A、B、C 型）

相关链接 标准件、常用件

啮合的锥齿轮

啮合的直齿轮

圆柱滚子轴承

深沟球轴承

机车走行部分的压缩弹簧（局部放大图）

压缩弹簧实例

8.1 螺　　纹

8.1.1 螺纹的基本知识

1. 螺纹的种类

我国的螺纹标准按用途将螺纹分为四大类，每大类螺纹还可细分。各种螺纹的名称则是依据螺纹具有代表性的特征来命名的，如梯形螺纹，就是按其牙型而得名。这种方法的最大优点在于：凡是用到的螺纹都能在分类表中找到，如图 8-1 所示。

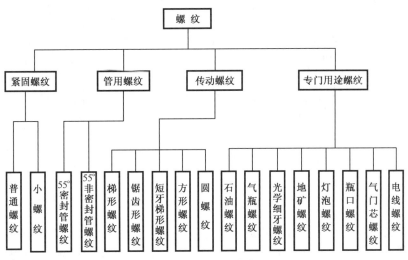

图 8-1 螺纹的分类

2. 螺纹的加工

螺纹都是根据螺旋原理加工而成的。螺纹的加工通常采用机械化批量生产。小批量、单件产品可采用车床加工外螺纹或内螺纹，如图 8-2a、b 所示。对于不适合在车床上加工的内螺纹，可先在工件上钻孔，再用丝锥攻制而成，如图 8-2c 所示。

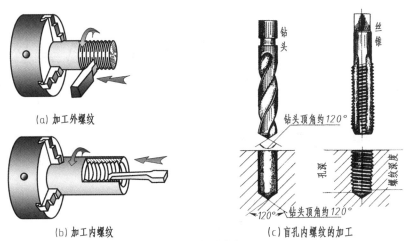

(a) 加工外螺纹

(b) 加工内螺纹

(c) 盲孔内螺纹的加工

图 8-2 螺纹的加工

3. 螺纹的基本要素（GB/T 14791—2013）

为保证一对内外螺纹能正常地旋合，必须使内外螺纹的基本要素保持一致。

（1）螺纹牙型。螺纹牙型指在螺纹轴线平面内的螺纹轮廓形状。相邻牙侧间的材料实体，称为**牙体**；连接两个相邻牙侧的牙体顶部表面，称为**牙顶**；连接两个相邻牙侧的牙槽底部表面，称为**牙底**。螺纹牙型常见的有**三角形**、**梯形**、**锯齿形**、**矩形等**。其中矩形螺纹尚未标准化，其余牙型的螺纹一般均为标准螺纹。

（2）直径。与牙型部分有关的螺纹的直径有公称直径、大径、小径、中径、顶径和底径，如图 8-3 所示。

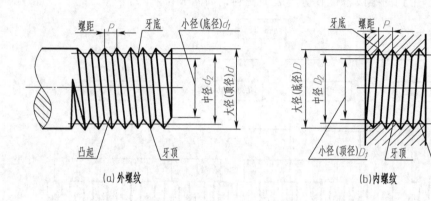

图 8-3　螺纹的直径

大径（d、D）——与外螺纹牙顶或内螺纹牙底相切的假想圆柱或圆锥面的直径。

小径（d_1、D_1）——与外螺纹牙底或内螺纹牙顶相切的假想圆柱或圆锥面的直径。

中径（d_2、D_2）——中径圆柱或中径圆锥的直径。该圆柱（或圆锥）母线通过圆柱（或圆锥）螺纹上牙厚与牙槽宽相等的地方。

公称直径——代表螺纹尺寸的直径，通常指螺纹大径的基本尺寸对紧固螺纹和传动螺纹，其大径基本尺寸是螺纹的代表尺寸。

此外，外螺纹的大径及内螺纹的小径又可统称为顶径；外螺纹的小径及内螺纹的大径又可统称为底径。

（3）线数。只有一个起始点的螺纹，称为单线螺纹；具有两个或两个以上起始点的螺纹，称为多线螺纹。如图 8-4、图 8-5 所示。螺旋线的条数称为线数，线数用字母 n 表示。

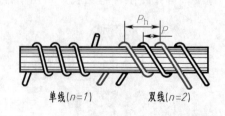

图 8-4　螺纹的线数

（4）螺距和导程。螺纹上相邻两牙体上的对应牙侧与中径线相交两点间的轴向距离 P 称为螺距。螺纹上最邻近的两同名牙侧与中径线相交两点间的轴向距离 P_h 称为导程（图 8-5）。

$$螺纹导程＝螺距×线数$$

即

$$P_h = P \cdot n$$

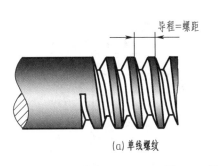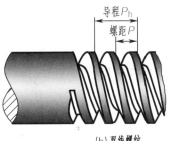

图 8-5　螺距与导程

（5）旋向。顺时针旋转时旋入的螺纹称右旋螺纹，逆时针旋转时旋入的螺纹称左旋螺纹，如图 8-6 所示。工程上常用右旋螺纹。

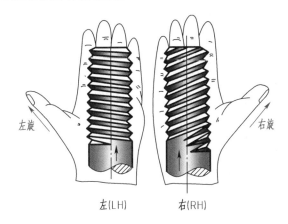

图 8-6　旋向

8.1.2　螺纹的规定画法

螺纹一般不按真实投影作图，而是采用规定画法以简化作图过程。

1. 外螺纹画法

螺纹牙顶（大径）及螺纹终止线用粗实线表示；牙底（小径）用细实线表示（画图时一般可近似地取 $d_1 = 0.85d$）。当需要表示螺纹收尾时，尾部的牙底用与轴线成 30° 的细实线绘制。在投影为圆的视图中，表示牙底圆的细实线只画约 3/4 圈，轴端上的倒角圆省略不画，如图 8-7 所示。

当外螺纹被剖切时，剖切部分的螺纹终止线只画到小径处，剖面线画到表示牙顶的粗实线处（图 8-7b）。

2. 内螺纹画法

内螺纹通常采用剖视画法，牙顶（小径）用粗实线表示，牙底（大径）用细实线表示，螺纹终止线用粗实线表示，剖面线应画到粗实线。在投影为圆的视图上表示牙底的细实线圆只画约 3/4 圈，倒角圆省略不画（图 8-8a）。当螺孔不穿通时，一般应将钻孔深度与螺孔深度分别画出，钻孔深度应比螺孔深度约深 $0.5d$，并且钻孔底部应画出 120° 的锥顶角。

不可见螺纹的所有图线都画成虚线（图 8-8b）。

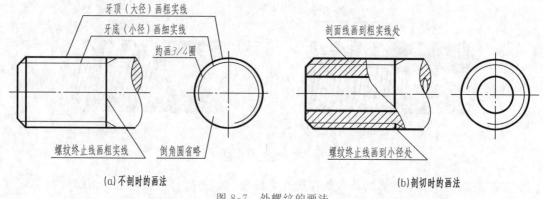

图 8-7　外螺纹的画法

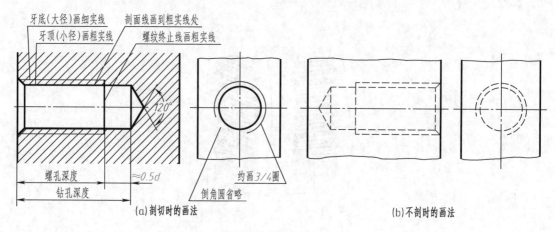

图 8-8　内螺纹的画法

3. 螺纹连接画法

　　要素相同的内外螺纹方能连接。内、外螺纹连接通常采用剖视图表示。旋合部分按外螺纹绘制，未旋合部分按各自的画法表示（图 8-9）。画图时必须注意，内、外螺纹的牙底、牙顶粗、细实线应对齐，以表示相互连接的螺纹具有相同的大径和小径。

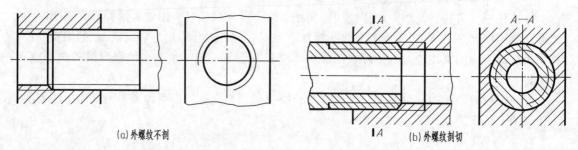

图 8-9　螺纹连接画法

8.1.3　常用螺纹的标记与标注

　　由于螺纹的规定画法不能表示螺纹的种类和螺纹要素，因此为了区别不同的螺纹，必须用规定的标记和相应代号进行标注。

1. 普通螺纹的标记

根据 GB/T 197—2003 规定，普通螺纹的完整标记由螺纹特征代号、尺寸代号、公差带代号、旋合长度代号和旋向代号组成。现以一多线的左旋普通螺纹为例，说明其标记中各部分代号的含义及注写规定。

普通螺纹标记内容及格式：

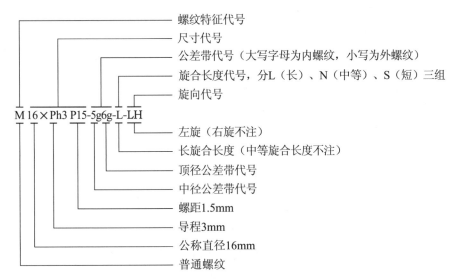

上述示例是普通螺纹的完整标记，当遇有以下情况时，其标记可以简化：

（1）普通粗牙螺纹不注螺距，细牙螺纹则应注出。

（2）中径与顶径的公差带相同时，只注写一个公差带代号。

（3）最常用的中等公差精度（公称直径≤1.4mm 的 5H、6h 和公称直径≥1.6mm 的 6H 和 6g），不标注公差带代号。普通螺纹的公差等级及基本偏差代号规定详见附录表 A-2、表 A-3。

例如：公称直径为 8mm，细牙，螺距为 1mm，中径和顶径公差带均为 6H 的单线右旋普通螺纹，其标记为 M8×1；若该螺纹为粗牙时，则标记为 M8。

2. 管螺纹的标记

管螺纹主要用于管件的连接，管螺纹的数量仅次于普通螺纹，是使用数量最多的螺纹之一。由于管螺纹具有结构简单、装拆方便的特点，所以广泛应用于建筑、化工、石油、冶金、纺织等行业。

管螺纹分为 **55°密封管螺纹、55°非密封管螺纹**和 **60°密封管螺纹**等。

管螺纹标注示例：

（1）**55°密封管螺纹**标记内容及格式为

| 螺纹特征代号 | 尺寸代号 | 旋向代号 |

注：尺寸代号与旋向代号中间无半字线。

——螺纹特征代号：R_C——圆锥内螺纹；

R_P——圆柱内螺纹；

R_1——与 R_P 相配合的圆锥外螺纹；

R_2——与 R_C 相配合的圆锥外螺纹。

——尺寸代号：用½，¾，1，1½，…表示。

——旋向代号：右旋省略标注，左旋标"LH"。

例如：

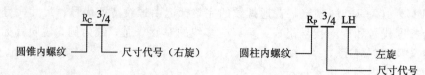

（2）**55°非密封管螺纹**标记内容及格式为

$$\boxed{螺纹特征代号}\ \boxed{尺寸代号}\ \boxed{公差等级代号}-\boxed{旋向代号}$$

注：公差等级代号与旋向代号中间有半字线

——螺纹特征代号：G。

——尺寸代号：用½，¾，1，1½，…表示。

——公差等级代号：外螺纹分 A、B 两个粗度等级，须注此项代号；内螺纹不注。

——旋向代号：右旋省略不注，左旋标"LH"。

例如：

管螺纹标注中的"尺寸代号"并非螺纹大径数值，作图时可根据尺寸代号查出螺纹大径尺寸，如尺寸代号为1½时，螺纹大径为 47.803mm。

3. 梯形和锯齿形螺纹的标记

标记内容及格式：

$$\boxed{螺纹特征代号}\ \boxed{公称直径}\times\begin{matrix}\boxed{螺距（单线）}\\ 或\\ \boxed{导程（P 螺距）（多线）}\end{matrix}\ \boxed{旋向}-\boxed{中径公差带代号}-\boxed{旋合长度代号}$$

梯形螺纹特征代号用 T_r 表示，锯齿形螺纹特征代号用 B 表示。右旋螺纹不标旋向代号，左旋螺纹标"LH"。梯形螺纹与锯齿形螺纹只注中径公差带，旋合长度只分中（N）和长（L）两种，中等旋合长度 N 省略标注。单线螺纹只注螺距，多线螺纹需标注导程与螺距。常用螺纹的种类及标注见表 8-1。

表 8-1　常用标准螺纹的标注

序号	螺纹类别（标准编号）	特征代号	牙　型	标记示例	说　明
1	普通螺纹（粗、细）牙（GB/T 193—2003）	M	60°	M8×1-LH M8 M16×P_h6P2-5g6g-L	粗牙不注螺距，左旋时末尾加"-LH"； 中等公差精度（如 6H、6g）不注公差带代号； 中等旋合长度不注 N（下同）； 多线时注 P_h（导程）、P（螺距）

序号	螺纹类别（标准编号）	特征代号	牙型	标记示例	说明
2	梯形螺纹 （GB/T 5796—2005）	T$_r$	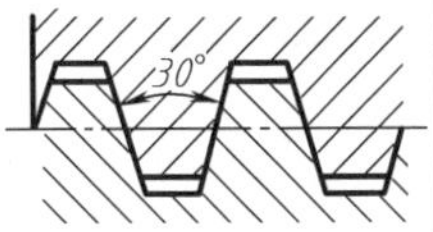	T$_r$40×14（P7） LH－7e	表示公称直径为 40 mm，导程为 14 mm，螺距为7 mm 的双线、左旋梯形外螺纹，中径公差带为 7e
3	锯齿形螺纹 （GB/T 13576—2008）	B		B32×7－7e	表示公称直径为 32 mm，螺距为 7 mm 的右旋锯齿形外螺纹，中径公差带代号为 7e 中等旋合长度
4	55°密封管螺纹 （GB/T 7306—2000）	圆锥内螺纹 R$_C$	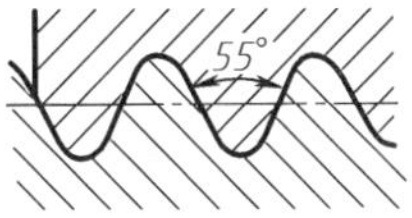	R$_C$1½	R$_1$ 表示与圆柱内螺纹相配合的圆锥外螺纹； R$_2$ 表示与圆锥内螺纹相配合的圆锥外螺纹； 内、外螺纹均只有一种公差带，故省略不注。表示螺纹副时，尺寸代号只注写一次 　例：R$_C$/R$_2$¾　R$_P$/R$_1$3
		圆柱内螺纹 R$_P$		R$_P$½	
		圆锥外螺纹 R$_1$		R$_1$3	
		R$_2$		R$_2$¾	
5	55°非密封管螺纹 （GB/T 7307—2001）	G	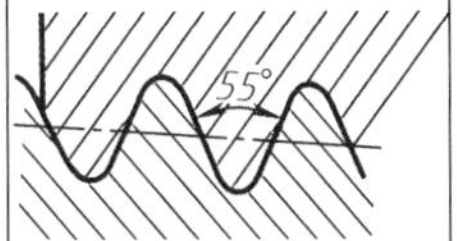	G1½A G1½B G1½－LH	外螺纹公差等级分 A 级和 B 级两种；内螺纹公差等级只有一种。表示螺纹副时，仅需标注外螺纹的标记，例：G1½A
6	60°密封管螺纹 （GB/T 12716—2011）	圆锥管螺纹（内、外）NPT	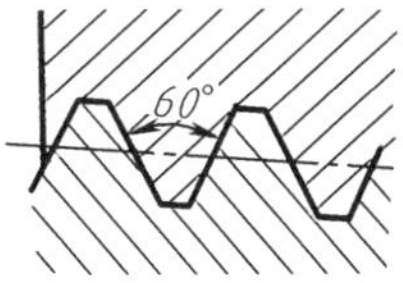	NPT6	左旋时末尾加"－LH"
		圆柱内螺纹 NPSC		NPSC¾	

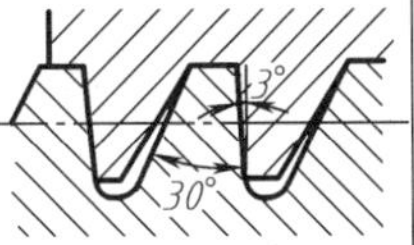

4. 螺纹在图样上的标注方法

公称直径以 mm 为单位的螺纹（如普通螺纹、梯形螺纹和锯齿形螺纹），其标记应直接注在大径的尺寸线上或引出线上，如图 8-10 所示。

图 8-10　普通螺纹标注

管螺纹的标记一律注在引出线上，引出线应由螺纹大径处引出，或由对称中心处引出，如图 8-11 所示。

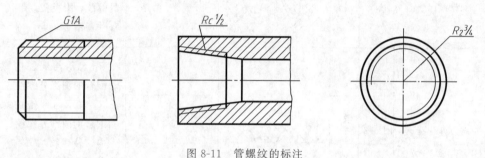

图 8-11　管螺纹的标注

非标准的螺纹应画出螺纹的牙型，并注出所需要的尺寸及有关要求，如图 8-12c 所示。

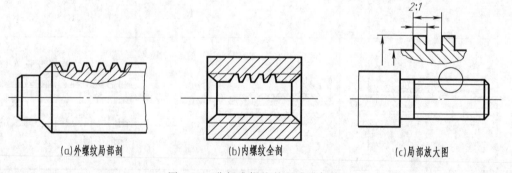

图 8-12　非标准螺纹的画法及标注

8.2　螺纹紧固件

螺纹紧固件连接是工程上应用最广泛的连接方式，属于可拆连接。

8.2.1　常见的螺纹紧固件

螺纹紧固件的种类很多，常见的螺纹紧固件有**螺栓、双头螺柱、螺钉、螺母、垫圈**等，如图 8-13 所示。这些零件一般都是标准件，不需要单独画零件图，只需按规定进行标记，根据标记可以从相应的国家标准中查到它们的结构形式和尺寸。

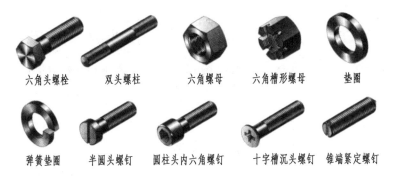

六角头螺栓　　双头螺柱　　六角螺母　　六角槽形螺母　　垫圈

弹簧垫圈　　半圆头螺钉　　圆柱头内六角螺钉　　十字槽沉头螺钉　　锥端紧定螺钉

图 8-13　常用的螺纹紧固件

螺纹紧固件的规定标记为

| 名称 | 标准编号 | 螺纹规格、公称尺寸 | — | 性能等级及表面热处理 |

标记的简化原则：

(1) 名称和标准年代号允许省略；

(2) 当产品标准中只规定一种形式、精度、性能等级或材料及热处理、表面处理时，允许省略。表 8-2 中是几种常见的螺纹紧固件的标记示例。

表 8-2　常见螺纹紧固件及标记示例

序号	名称及标准编号	图例及规格尺寸	标记示例
1	六角头螺栓—A 和 B 级 (GB/T 5782—2016)	M8　40	螺纹规格 $d=$ M8，公称长度 $l=$ 40 mm，A 级的六角头螺栓： 螺栓 GB/T 5782　M8×40
2	双头螺柱 (GB/T 897～900—1988)	M8　35	两端均为粗牙普通螺纹，$d=$ M8，$l=35$ mm，B 型，$b_m=$ 1.25d 的双头螺柱： 螺柱 GB/T 898　M8×35
3	开槽沉头螺钉 (GB/T 68—2016)	M8　45	螺纹规格 $d=$ M8、公称长度 $l=$ 45 mm 的开槽沉头螺钉： 螺钉 GB/T 68　M8×45
4	1 型六角螺母—A 和 B 级 (GB/T 6170—2015)	M8	螺纹规格 $D=$ M8、A 级 1 型六角螺母： 螺母 GB/T 6170　M8

序号	名称及标准编号	图例及规格尺寸	标记示例
5	平垫圈—A 级 （GB/T 97.1—2002）	公称尺寸8mm	标准系列、公称尺寸 $d=8$ mm、性能等级为 140HV（硬度）级、不经表面处理的平垫圈： 垫圈 GB/T 97.1　8
6	标准型弹簧垫圈 （GB/T 93—1987）	规格8mm	规格 8 mm、材料为 65Mn、标准型弹簧垫圈： 垫圈 GB/T 93　8

8.2.2　常用螺纹紧固件连接的画法

螺纹紧固件连接形式有螺栓连接、双头螺柱连接和螺钉连接，如图 8-14 所示。绘图时，其各部分尺寸应根据其规定标记从标准中查表确定。但为了方便作图通常各部分尺寸可按螺纹公称直径（d、D）的一定比例画出，如图 8-15 所示。

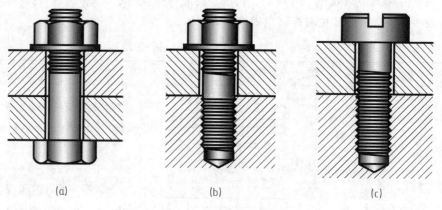

(a)　　　　　　　　　(b)　　　　　　　　　(c)

图 8-14　螺栓、螺柱、螺钉连接

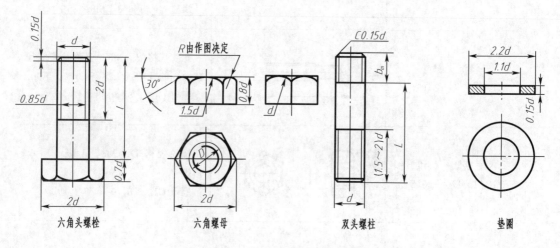

图 8-15　常用螺纹紧固件比例画法

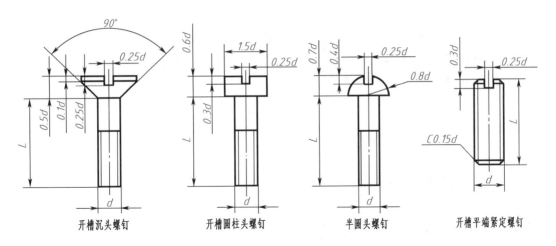

图 8-15（续）　常用螺纹紧固件比例画法

1. 螺栓连接

螺栓连接适用于两个不太厚并允许钻成通孔的零件连接（图 8-14a）。连接时将螺栓从一端插入孔中，另一端再加上垫圈，拧紧螺母即构成了螺栓连接。

螺栓连接通常采用近似画法（图 8-16a），在装配图中采用简化画法（图 8-16b）。

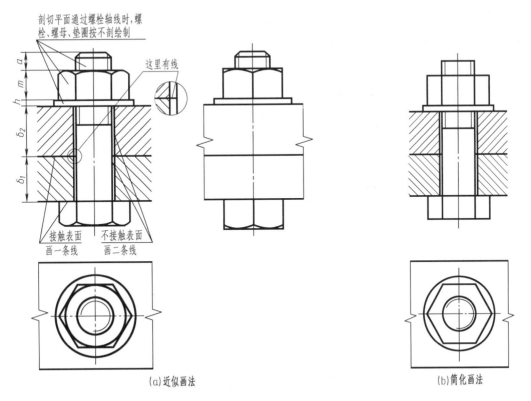

图 8-16　螺栓连接画法

近似画法如下：

（1）首先了解螺栓的连接形式、大径（d）和被连接件的厚度（δ_1、δ_2）。

（2）按比例关系计算出各紧固件的各部分尺寸。

（3）螺栓的公称长度 l 计算公式为

$$l \geqslant \delta_1 + \delta_2 + h + m + a$$

式中　δ_1、δ_2——被连接零件的厚度（mm）；

　　　h——垫圈厚度（mm）；

　　　m——螺母厚度（mm）；

　　　a——螺栓伸出螺母长度（mm），$a = (0.3 \sim 0.5)\,d$。

根据上式算出的螺栓长度，从标准长度系列中选取接近的标准长度，见附录表 B-1。

画图时应注意以下几点：

① 螺栓及螺母头部加工出的倒角（30°）所产生的截交线可用圆弧代替近似画出，如图 8-17 所示。

② 螺栓连接采用全剖视图时，螺栓、螺母及垫圈等均按不剖绘制。

③ 在剖视图中，两相邻零件剖面线方向应相反。但同一零件在各个剖视图中，其剖面线方向和间距应相同。

④ 两零件的接触面只画一条粗实线。凡不接触的表面，不论间隙多小，在图上都应画出两条线。例如，螺栓与连接孔之间应画出间隙。

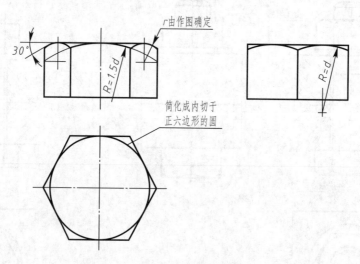

图 8-17　六角头曲线的简化作图方法

2. 双头螺柱连接

当被连接件之一比较厚，或因结构的限制不宜用螺栓连接时，常采用双头螺柱连接，如图 8-14b 所示。

在装配图中，双头螺柱连接通常采用近似画法或简化画法，如图 8-18 所示。

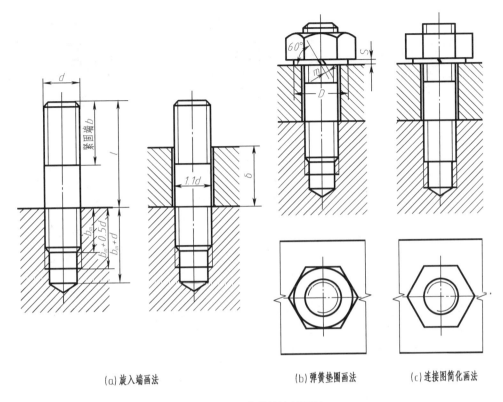

(a) 旋入端画法　　　(b) 弹簧垫圈画法　　　(c) 连接图简化画法

图 8-18　双头螺柱连接画法

画双头螺柱连接图时应注意以下几点：

（1）旋入端的螺纹终止线应与结合面平齐，表示旋入端已拧紧（图 8-18a）。旋入端长 b_m 应根据被连接件的材料而定（钢 $b_m=d$；铸铁或铜 $b_m=1.25d\sim1.5d$；轻金属 $b_m=2d$）。

（2）螺柱的公称长度 $l=\delta+S+m+a$，其中 $a=（0.3\sim0.4）d$。

根据上式算出的螺柱公称长度，查附录表 B-2 双头螺柱，从标准长度系列中选取接近的标准长度。

（3）旋入端螺孔深取 $b_m+0.5d$，钻孔深取 b_m+d，如图 8-18a 所示。

（4）弹簧垫圈常根据下列数据作图：$D=1.5d$，$S=0.2d$，$m=0.1d$；或用约两倍粗实线宽的粗线绘制。弹簧垫圈开槽方向与水平成左斜 60°，如图 8-18b 所示。

（5）双头螺柱简化连接图中，螺柱末端的倒角、螺母的倒角可省略不画，螺孔中螺纹终止线允许画到孔底，如图 8-18c 所示。

3. 螺钉连接画法

螺钉按其用途，有连接螺钉和紧定螺钉之分。螺钉可单独使用，也可与垫圈一起使用。

（1）连接螺钉的连接画法。连接螺钉用于受力不大和经常拆卸的场合。装配时，将螺钉直接穿过被连接零件上的通孔，再拧入基体零件上的螺孔中，靠螺钉头部压住连接零件。图 8-19 为采用比例画法简化画出的几种常用连接螺钉的连接图。

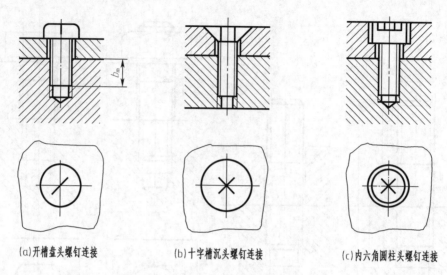

(a)开槽盘头螺钉连接　　　　(b)十字槽沉头螺钉连接　　　　(c)内六角圆柱头螺钉连接

图 8-19　连接螺钉的连接画法

（2）紧定螺钉的连接画法。紧定螺钉通常起固定位置的作用，可以使一零件相对于另一零件不致产生位移或脱落现象。图 8-20 中，齿轮在轴上的位置便是用一个锥端紧定螺钉固定的。绘图时，紧定螺钉的上端面一般与旋入处的螺孔口画成平齐。

需要说明的是，图 8-20b 所示的装配结构中，紧定螺钉的作用主要是防止齿轮从轴的右端脱落。欲使轴与齿轮能同时负载转动，尚需借助键来传递扭矩。

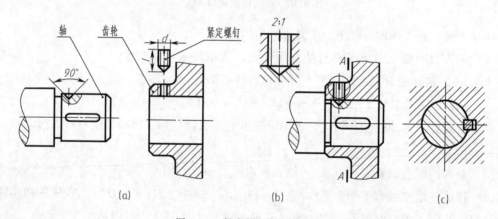

图 8-20　紧定螺钉的连接画法

8.3　齿　　轮

齿轮作为传动零件，在机器（或部件）中被广泛应用。它能将一根轴的动力传递给另一根轴，也可改变轴的转速和转向，常用的齿轮有圆柱齿轮、锥齿轮、蜗杆与蜗轮等。

如图 8-21 所示，常见的齿轮传动形式（摘自 GB/T 3374—2010）有三种：圆柱齿轮副——两平行轴间的传动；锥齿轮副——两相交轴间的传动；蜗杆副——两交错轴间的传动。

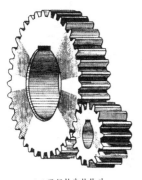
(a)平行轴齿轮传动

(b)相交轴齿轮传动

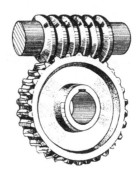
(c)交错轴齿轮传动

图 8-21　齿轮传动

8.3.1　圆柱齿轮

圆柱齿轮的齿形有直齿、斜齿和人字齿等。如图 8-22 所示，其中常用的是直齿圆柱齿轮（简称直齿轮）。

(a)直齿

(b)斜齿

(c)人字齿

图 8-22　圆柱齿轮

圆柱齿轮外形是圆柱形，结构一般由轮体（轮毂、轮辐、轮缘）及轮齿组成。轮齿的齿廓曲线可以是渐开线形、摆线形或圆弧形，常见的是渐开线形。

1. 直齿圆柱齿轮各部分名称、代号及尺寸关系（图 8-23）

（1）齿数 z ——一个齿轮的轮齿总数。

（2）顶圆、根圆和分度圆：

顶圆（齿顶圆）——在圆柱齿轮上，其齿顶圆柱面与端平面的交线称为**齿顶圆**，其直径用 d_a 表示。

根圆（齿根圆）——在圆柱齿轮上，其齿根圆柱面与端平面的交线称为**齿根圆**，其直径用 d_f 表示。

分度圆——圆柱齿轮的分度圆柱面与端平面的交线称为**分度圆**，其直径用 d 表示。

分度圆是设计、制造齿轮时计算各部分尺寸所依据的圆，也是分齿的圆。当一对标准齿轮啮合时，两个齿轮的分度圆是相切的，此时分度圆称为**节圆**，切点 P 称为**节点**。

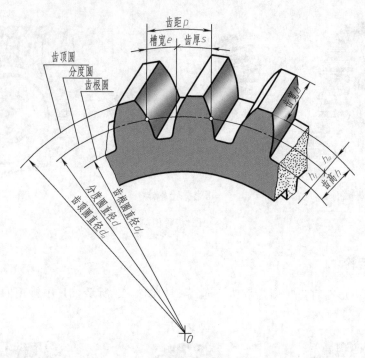

图 8-23　齿轮各部分名称

（3）齿距、齿厚和槽宽：

①齿距 p——在齿轮上两个相邻而同侧的端面齿廓之间的分度圆弧长，称为端面齿距，简称**齿距**。

②齿厚 s——在齿轮端平面上，一个齿的两侧端面齿廓之间的分度圆弧长，称为**齿厚**。

③槽宽 e——在齿轮端平面上，一个齿槽的两侧齿廓之间的分度圆弧长，称为**槽宽**。

对标准齿轮有

$$s = e = \frac{p}{2}, \qquad p = s + e$$

（4）齿高和齿宽：

①齿顶高 h_a——齿顶圆与分度圆之间的径向距离。

②齿根高 h_f——齿根圆与分度圆之间的径向距离。

③齿高 h——齿顶圆与齿根圆之间的径向距离，$h = h_a + h_f$。

④齿宽 b——齿轮的有齿部位沿分度圆柱面的直母线方向量度的宽度。

（5）齿形角（压力角）α——两相啮合轮齿齿

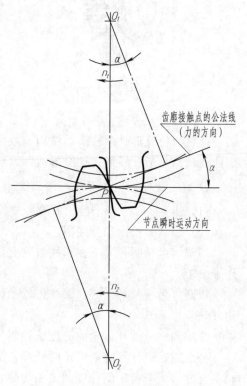

图 8-24　齿轮传动图

廓曲线在 P 点的公法线与两节圆的公切线所夹的锐角称为齿形角。标准齿轮的齿形角等于 20°，如图 8-24 所示。

（6）模数 m——设齿轮的齿数为 z，则齿轮分度圆周长 $p \cdot z = \pi \cdot d$，则 $d = z \cdot \dfrac{p}{\pi}$，式中 π

为无理数，为了计算方便，令 $\dfrac{p}{\pi} = m$，该值即为齿轮的**模数**。

模数是设计、制造齿轮的基本参数，模数大，轮齿就大，齿轮各部分尺寸也按比例增大。由于不同模数的齿轮要用不同规格的刀具，为便于齿轮的设计和加工，减少刀具的数量，国家标准已将模数系列化，我国规定的标准模数的部分数值见表 8-3。

表 8-3　标准模数（摘自 GB/T 1357—2008，等同采用 ISO 标准）

第一系列	1，1.25，1.5，2，2.5，3，3.5，4，5，6，8，10，12，16，20，25，32，40，50
第二系列	1.75，2.25，2.75，（3.25），3.5，（3.75），4.5，5.5，（6.5），7，9，（11），14，18，22，28，35，45

注：优先采用第一系列，括号内的模数尽可能不用。

（7）中心距 a——两圆柱齿轮轴线之间的最短距离。

直齿轮各部分尺寸关系见表 8-4。

表 8-4　直齿圆柱齿轮各部分的尺寸关系

名称及代号	公　式	名称及代号	公　式
模数　m	$m = p/\pi = d/z$	齿顶圆直径　d_a	$d_a = d + 2h_a = m\,(z+2)$
齿顶高　h_a	$h_a = m$	齿根圆直径　d_f	$d_f = d - 2h_f = m\,(z-2.5)$
齿根高　h_f	$h_f = 1.25m$	齿距　p	$p = \pi \cdot m$
齿高　h	$h = h_a + h_f = 2.25m$	中心距　a	$a = (d_1 + d_2)/2$ $= m\,(z_1 + z_2)/2$
分度圆直径　d	$d = m \cdot z$		

2. 直齿圆柱齿轮的规定画法

（1）单个齿轮的画法。直齿轮的规定画法如图 8-25 所示。齿顶圆和齿顶线用粗实线绘制；分度圆和分度线用点画线绘制；齿根圆和齿根线用细实线绘制，也可省略不画。在剖视图中，轮齿一律按不剖处理，齿根线用粗实线绘制。如需要表示齿形（斜齿、人字齿），可在外形视图上用三条与齿线方向一致的细实线表示。直齿不必表示。

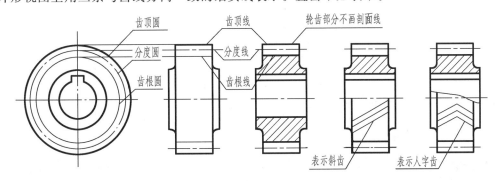

图 8-25　直齿轮的规定画法

（2）两齿轮啮合的画法：

①当主视图采用外形视图（不剖）时，啮合区只画出一条节线（用粗实线）。非啮合区的节线仍用点画线绘制，如图 8-26a 所示。

②当主视图采用剖视图时，在啮合区内，将一个齿轮的轮齿用粗实线绘制，另一个齿轮的轮齿被遮挡的部分用虚线绘制（图 8-26b），也可省略不画。

③当左视图投影为圆时，在啮合区内，两个齿轮的齿顶圆可用粗实线画出，节圆用点画线画出（图 8-26b）。为了使视图清晰，两个齿轮的齿顶圆在啮合区内也可省略不画（图 8-26a）。

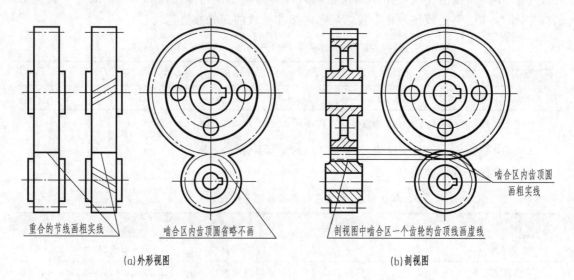

重合的节线画粗实线　　　　啮合区内齿顶圆省略不画　　　剖视图中啮合区一个齿轮的齿顶线画虚线　　啮合区内齿顶圆画粗实线

(a) 外形视图　　　　　　　　(b) 剖视图

图 8-26　直齿轮啮合画法

一对啮合的直齿轮，如图 8-27 所示，齿顶与齿根之间有 $0.25m$ 的间隙（m 为模数）。

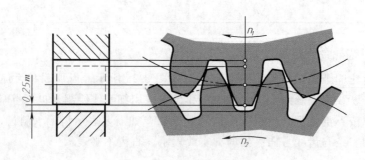

图 8-27　两个齿轮啮合的间隙

3. 直齿轮的测绘

直齿轮的测绘是指根据现有直齿轮，通过测量与计算后确定其主要参数及各部分尺寸，按测绘后确定的尺寸绘制齿轮图。

测绘步骤如下：

① 数出齿数 z。

② 量出 d_a。偶数齿可直接量出，如图 8-28a 所示；奇数齿应先测出孔径 D_1 及孔壁到齿

顶间距离 H，则 $d_a = 2H + D_1$，如图 8-28b 所示。

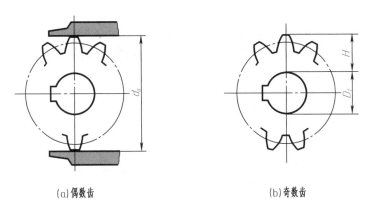

(a) 偶数齿　　　　　　　　　　　　(b) 奇数齿

图 8-28　齿顶圆 d_a 的测量

③算出 m。根据 $m = \dfrac{d_a}{z+2}$ 可得 m，再根据标准值校核，取接近的标准模数。

④计算轮齿各部分尺寸。根据标准模数和齿数，按表 8-4 公式计算出 d、d_a、d_f 等。

⑤测量齿轮各部分结构尺寸。

⑥绘制直齿轮零件工作图。

图 8-29 为直齿圆柱齿轮零件图示例。

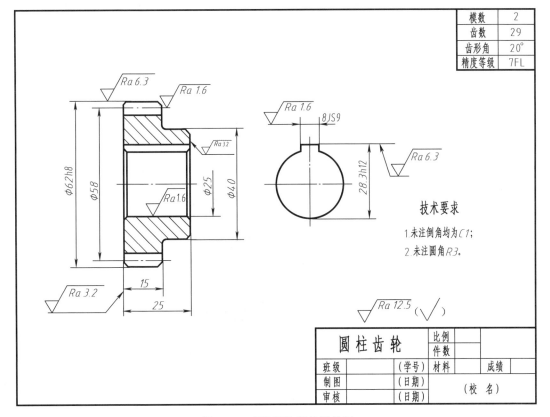

图 8-29　直齿圆柱齿轮零件图

8.3.2 锥齿轮

分度曲面为圆锥面的齿轮，称为锥齿轮。锥齿轮用于相交两轴间的传动（通常两轴相交90°，如图 8-21b 所示），由于轮齿分布在圆锥面上，所以锥齿轮在齿宽范围内有大端、小端之分。标准规定，锥齿轮以大端参数为准。

1. 锥齿轮各部分名称、代号及尺寸关系

锥齿轮各部分名称、代号如图 8-30 所示，各部分尺寸关系及计算见表 8-5。

表 8-5 锥齿轮各部分尺寸计算

名　称	代　号	计算公式	名　称	代　号	计算公式
齿顶高	h_a	$h_a = m$	锥距	R_e	$R_e = \dfrac{mz}{2\sin\delta}$
齿根高	h_f	$h_f = 1.2m$	齿顶角	θ_a	$\tan\theta_a = \dfrac{2\sin\theta}{z}$
分度圆锥角（δ）（当 $\delta_1+\delta_2=90°$时）	δ_1（小齿轮）δ_2（大齿轮）	$\tan\delta_1 = \dfrac{z_1}{z_2}$ $\tan\delta_2 = \dfrac{z_2}{z_1}$	齿根角	θ_f	$\tan\theta_f = \dfrac{2.4\sin\delta}{z}$
			安装距	A	按结构确定
大端分度圆直径	d_e	$d_e = mz$	齿宽	b	$b \leqslant R_e/3$
齿顶圆直径	d_a	$d_a = m(z+2\cos\delta)$	轮冠距	H	设计而定
齿根圆直径	d_f	$d_f = m(z-2.4\cos\delta)$			

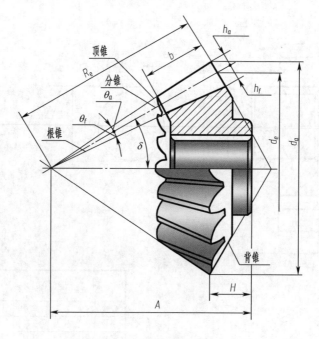

图 8-30　锥齿轮各部分名称

锥齿轮标准模数表，见表 8-6。

表 8-6　锥齿轮标准模数表（摘自 GB/T 12368—1990）

锥齿轮 （大端端面模数） m	1，1.125，1.25，1.375，1.5，1.75，2，2.25，2.5，2.75，3，3.25，3.5，3.75，4，4.5，5.5，6，6.5，7，8，9，10，11，12，14，16，18，20，22，25，28，30，32，36，40

2. 锥齿轮的规定画法

（1）单个锥齿轮的画法。如图 8-31 所示，主视图取剖视，轮齿仍按不剖处理。端视图规定用粗实线画出大端和小端的顶圆，用点画线画出大端的分度圆（大端、小端根圆及小端分度圆均不画出）。齿轮其余结构部分按投影绘制。

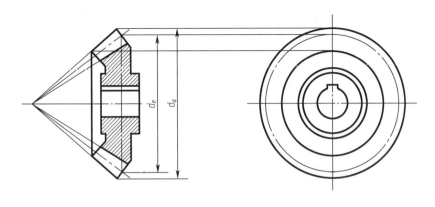

图 8-31　单个锥齿轮的规定画法

（2）锥齿轮的啮合画法。一对相互啮合的锥齿轮应模数相等，节锥相切。啮合区画法同于直齿轮啮合画法，如图 8-32 所示。

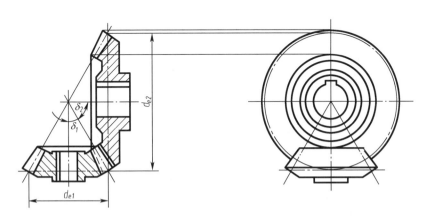

图 8-32　锥齿轮的啮合画法

8.3.3　蜗杆、蜗轮简介

蜗杆、蜗轮常用于垂直交叉轴之间的传动，其结构紧凑、传动平稳，但传动效率低。

蜗杆和蜗轮的齿向是螺旋形的，蜗杆轴向断面类似梯形螺纹的轴向断面，有单头、多头和左、右旋之分；蜗轮的轮齿顶面常制成环形面，以增加与蜗杆的接触面。蜗杆与蜗轮各部分的名称如图 8-33 所示。

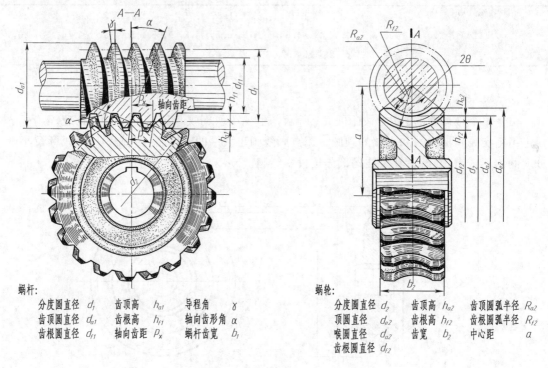

蜗杆：

分度圆直径	d_1	齿顶高	h_{a1}	导程角	γ
齿顶圆直径	d_{a1}	齿根高	h_{f1}	轴向齿形角	α
齿根圆直径	d_{f1}	轴向齿距	p_x	蜗杆齿宽	b_1

蜗轮：

分度圆直径	d_2	齿顶高	h_{a2}	齿顶圆弧半径	R_{a2}
顶圆直径	d_{e2}	齿根高	h_{f2}	齿根圆弧半径	R_{f2}
喉圆直径	d_{a2}	齿宽	b_2	中心距	a
齿根圆直径	d_{f2}				

图 8-33 蜗杆、蜗轮各部分名称

蜗杆、蜗轮的规定画法如下：

（1）蜗杆一般只画主视图，轴线水平放置，它的齿顶线画粗实线，齿根线画细实线，也可省略不画。在剖视图中，齿根线画粗实线。为了表达蜗杆的齿形，常用局部剖视或局部放大图表示，如图 8-34a 所示。

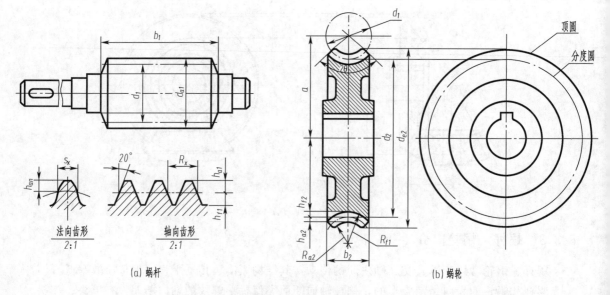

(a) 蜗杆   (b) 蜗轮

图 8-34 蜗杆、蜗轮的画法

（2）蜗轮的画法与圆柱齿轮基本相同，如图 8-34b 所示。但在端视图中只画出分度圆和顶圆，而喉圆和齿根圆不需要画出。

（3）蜗杆、蜗轮的啮合画法。

①剖视画法，如图 8-35a 所示。主视图采用全剖，啮合部分的蜗杆画成可见的，齿顶圆与齿根圆画实线圆，轮齿不剖。蜗轮的轮齿被遮挡部分不必画出；左视图（蜗轮投影为圆）中啮合部分采用局部剖视，蜗轮的节圆应与蜗杆节线相切。

②外形画法，如图 8-35b 所示。

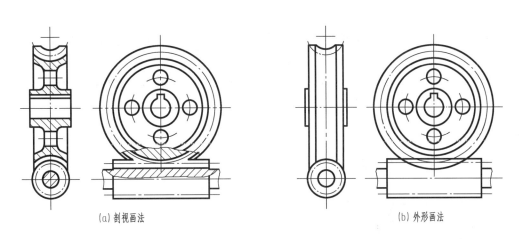

（a）剖视画法　　　　　　　　　　　　　　　（b）外形画法

图 8-35　蜗杆、蜗轮啮合画法

8.4　键　与　销

8.4.1　键连接

键通常用来连接轴和装在轴上的零件，起**传递扭矩**的作用，如图 8-36 所示。

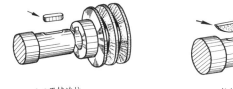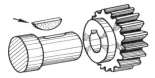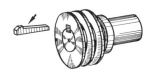

（a）平键连接　　　　　　　　（b）半圆键连接　　　　　　　　（c）钩头楔键连接

图 8-36　常用键的连接形式

1. 常用键的种类和标记

键的种类很多，常用的有**普通平键、半圆键**和**钩头楔键**三种，如图 8-37 所示。
键作为标准件，其规定标记为

$$标准号\quad 键\quad 类型代号\quad b \times h \times L$$

普通平键 A 型可省略型号"A"，B 型和 C 型则均要注出型号。

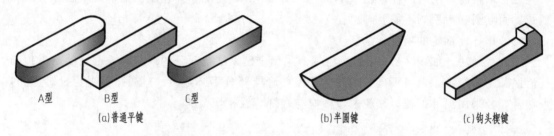

A型　B型　C型

(a)普通平键　　　　　　(b)半圆键　　　　　(c)钩头楔键

图 8-37　常用键

例如：宽度 $b=16$ mm、高度 $h=10$ mm、长度 $L=100$ mm 的普通 A 型平键的标记为

GB/T 1096　键 16×10×100

宽度 $b=16$ mm、高度 $h=10$ mm、长度 $L=100$ mm 的普通 B 型平键的标记为

GB/T 1096　键 B16×10×100

知识链接　链槽的加工

键槽的加工方法很多，轮上的键槽可在插床或拉床上加工，而轴上的键槽可由不同的铣刀进行加工，见下图。

齿轮键槽加工　　　　　　铣削轴上半圆键键槽　　　　　铣削轴上平键槽

2. 键槽的画法及尺寸标注

因为键是标准件，故一般不画出零件图，但要画出零件上与键相配合的键槽形状并标出相关的尺寸，如图 8-38 所示。

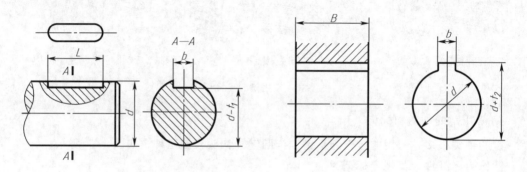

图 8-38　键槽的画法与尺寸标注

键槽的宽度 b 可查表确定，轴上的槽深 t_1 和轮毂上的槽深 t_2 可从键的标准中查得，键的长度 L 应小于或等于轮毂的长度。

普通平键的尺寸和键槽的断面尺寸可在本书附录表 B-7 中查得。

3. 常用键连接画法

图 8-39 是普通平键连接的装配图画法，主视图中为了表示键在轴上的装配情况，轴的键槽部分采用了局部剖视，键按不剖处理。左视图中键被剖切面横向剖切，键要画剖面线（剖面线方向及间隔应与孔、轴相区别）。

由于平键的两个侧面是工作表面，键的底面与轴的键槽底面接触，所以画一条线。而键槽的顶面不与轮毂槽底面接触，因此应画两条线。

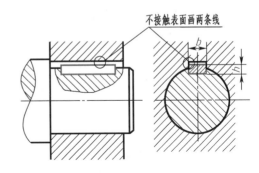

不接触表面画两条线

图 8-39　普通平键连接装配图

8.4.2　销连接

销是标准件，主要起定位作用，也可用于**连接**和**锁紧**。常用的销有**圆柱销**、**圆锥销**和**开口销**等。销的有关标准见本书附录表 B-8、表 B-9。

开口销用在带孔螺栓和带槽螺母上，将其插入槽形螺母的槽口和带孔螺栓的孔，并将销的尾部叉开，以防止螺母与螺栓松脱。

销的规定标记如下：

$$销　标准号　类型代号　d \times L$$

例如：公称直径 $d=10$ mm、长度 $L=50$ mm 的 A 型圆锥销的标记为

$$销　GB/T 117　10 \times 5$$

圆锥销的公称直径是指小端直径。

销连接的画法如图 8-40 所示。

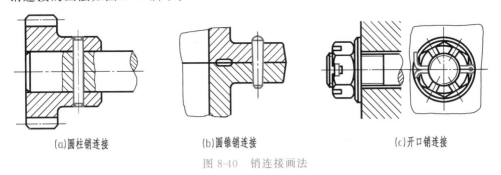

(a)圆柱销连接　　　　　　(b)圆锥销连接　　　　　　(c)开口销连接

图 8-40　销连接画法

8.5　滚动轴承

滚动轴承是支承轴的一种标准组件。由于结构紧凑，摩擦阻力小，能在较大载荷转速下工作，因此得到广泛应用。滚动轴承的规格、型号较多，但都已标准化，需要时可查阅相关标准。

8.5.1 滚动轴承的构造、类型

1. 滚动轴承的构造

滚动轴承由内圈、外圈、滚动体、隔离圈（或保持架）等零件组成，如图 8-41 所示。

2. 滚动轴承的类型

（1）径向轴承——主要承受径向载荷，如**深沟球轴承**（GB/T 276—2013）（图 8-41a）。

（2）推力轴承——只承受单向轴向载荷，如**推力球轴承**（GB/T 301—2015）（图 8-41b）。

（3）径向推力轴承——能承受径向载荷与一个方向的轴向载荷，如**圆锥滚子轴承**（GB/T 297—2015）（图 8-41c）。

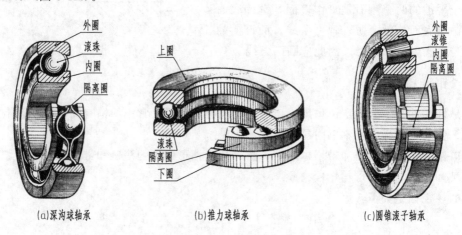

(a)深沟球轴承   (b)推力球轴承   (c)圆锥滚子轴承

图 8-41　滚动轴承的类型

8.5.2 滚动轴承代号的构成

按照 GB/T 272—1993 规定，滚动轴承代号由基本代号、前置代号和后置代号构成，其排列方式如下：

| 前置代号 | 基本代号 | 后置代号 |

当轴承结构形状、尺寸和技术要求等有改变时，需要添加补充代号（前置代号或后置代号），补充代号的规定可由国家标准中查得。

基本代号（滚针轴承除外）表示轴承的基本类型、结构和尺寸，是轴承代号的基础。它由轴承类型代号、尺寸系列代号和内径代号构成，其排列方式如下：

| 类型代号 | 尺寸系列代号 | 内径代号 |

（1）类型代号。轴承类型代号用数字或字母（大写拉丁字母）来表示，见表 8-7。

表 8-7　轴承类型代号（摘自 GB/T 272—1993）

代　号	0	1	2	3	4	5	6	7	8	N	U	QJ
轴承类型	双列角接触球轴承	调心球轴承	调心滚子轴承	推力调心滚子轴承	圆锥滚子轴承	双列深沟球轴承	推力球轴承	深沟球轴承	角接触球轴承	推力圆柱滚子轴承	圆柱滚子轴承	外球面球轴承	四点接触球轴承

（2）尺寸系列代号。尺寸系列代号由轴承的宽（高）度系列代号和直径系列代号组合而成，均用两位数字表示。它的主要作用是区别内径相同而宽（高）度和外径不同的轴承。尺寸系列代号可从 GB/T 272—1993 中查取。

（3）内径代号。内径代号表示轴承的公称内径，用两位数字表示。当内径不小于20 mm时，内径代号数字为轴承公称内径（22、28、32 除外）除以 5 的商数，如果商数为一位数，需在左边加"0"；当内径小于 20 mm 时，则另有规定。

轴承基本代号标记示例：

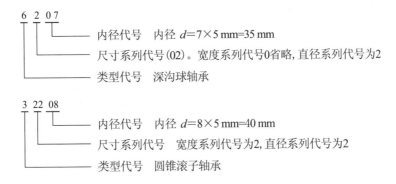

8.5.3　**滚动轴承表示法**（GB/T 4459.7—1998）

滚动轴承的轮廓按外径 D、内径 d、宽度 B 等实际尺寸绘制。表示滚动轴承时，可采用简化画法（通用画法或特征画法），也可采用规定画法，见表 8-8。

绘制滚动轴承的基本规则：

（1）滚动轴承的各种符号、矩形线框和轮廓线均用粗实线绘制。

（2）矩形线框或外形轮廓的大小应与滚动轴承的外形尺寸一致。

（3）采用规定画法绘制滚动轴承的剖视图时，其滚动体不画剖面线，轴承的内圈、外圈等应画出方向的间隔相同的剖面线，见表 8-8。在不致引起误解时，也允许省略不画。

表 8-8　常用滚动轴承的表示法

轴承类型	通用画法	特征画法	规定画法	承载特征
深沟球轴承 （GB/T 276—2013） 60000 型				主要承受径向载荷
圆锥滚子轴承 （GB/T 297—2015） 30000 型				可同时承受径向和一个方向的轴向载荷
推力球轴承 （GB/T 301—2015） 51000 型				承受单方向的轴向载荷

1. 简化画法

在装配图中滚动轴承可采用简化画法中的通用画法。但在同一图样中一般只能采用一种画法。

（1）通用画法。在剖视图中，当不需要确切地表示滚动轴承的外形轮廓、载荷特征、结构特征时，可用矩形线框及位于线框中央正立的十字形符号来表示。十字形符号不应与矩形线框接触。通用画法的各部分尺寸关系见表 8-8。

（2）特征画法。在剖视图中，如需较形象地表示出滚动轴承的结构特征，可采用在矩形线框内画出其结构要素符号表示结构特征。特征画法的各部分尺寸关系见表 8-8。

2. 规定画法

在滚动轴承的产品图样、产品样本、产品标准、用户手册和使用说明书中可采用规定画法绘制。在装配图中，规定画法一般绘制在轴的一侧、另一侧按通用画法绘制，见表 8-8。

8.6　弹　簧

弹簧主要用于**减震**、**夹紧**、**测力**、**储存**和**输出能量**，它是一种常用件。弹簧种类很多，这里仅介绍最常用的圆柱螺旋弹簧的表示法，其他弹簧可查阅相关标准的有关规定。

圆柱螺旋弹簧分为**压缩弹簧**（Y 型）、**拉伸弹簧**（L 型）与**扭转弹簧**（N 型）三种形式，如图 8-42 所示。

(a) 压缩弹簧　　　　(b) 拉伸弹簧　　　　(c) 扭转弹簧

图 8-42　圆柱螺旋弹簧

1. 弹簧术语、代号及尺寸关系（GB/T 2089—2009、GB/T 1805—2009）

圆柱螺旋压缩弹簧各部分的尺寸代号如图 8-43 所示。

（1）材料直径 d。弹簧材料截面直径，一般取标准值。

（2）弹簧直径（外径、内径和中径）。弹簧外径 D_2 即弹簧的最大直径；弹簧内径 $D_1 = D_2 - 2d$；弹簧中径 D 指弹簧内径和外径的平均值，$D = D_1 + d = D_2 - d$。

（3）节距 t。螺旋弹簧两相邻有效圈截面中心线的轴向距离。

（4）支承圈数 n_z。弹簧端部用于支承或固定的圈数。为了使弹簧受压时受力均匀、工作平稳，制造时需将弹簧两端的几圈并紧、磨平。并紧、磨平的这几圈不参与弹簧的受力变形，只起支承或固定作用，故称支承圈。支承圈有1.5圈、2圈和2.5圈三种。如图8-43所示，弹簧两端各并紧1/2圈，磨平3/4圈，所以 $n_z = 2.5$ 圈。

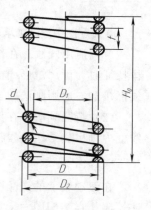

（5）有效圈数 n。除支承圈外，保持相等节距的圈数称为有效圈数，它是计算弹簧刚度时使用的圈数。

（6）总圈数 n_1。沿螺旋轴线两端间的螺纹圈数。

$$n_1 = n + n_z$$

（7）自由高度（长度）H_0。弹簧无负荷时的高度（长度）。

$$H_0 = nt + (n_z - 0.5)d$$

图 8-43　压缩弹簧的尺寸

当 $n_z = 1.5$ 时，$H_0 = nt + d$（线径 $d > 8$ mm 时，$n_z = 1.5$，两端各磨平 3/4 圈）；

当 $n_z = 2$ 时，$H_0 = nt + 1.5d$（线径 $d \leqslant 8$ mm 时，$n_z = 2$，两端各磨平 3/4 圈）；

当 $n_z = 2.5$ 时，$H_0 = nt + 2d$ 。

（8）弹簧的展开长度。弹簧展开后的钢丝长度，其计算方法为

当 $d \leqslant 8$ mm 时，$L = \pi D (n+2)$；

当 $d > 8$ mm 时，$L = \pi D (n+1.5)$。

2. 普通圆柱螺旋压缩弹簧的标记

标记方法：

弹簧的标记由类型代号、规格、精度代号、旋向代号和标准号组成，规定如下：

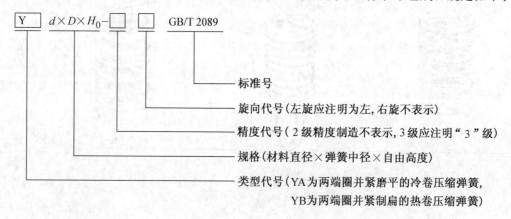

标记示例：

示例1：

YA 型弹簧，材料直径为 1.2 mm，弹簧中径为 8 mm，自由高度 40 mm，精度等级为 2 级，左旋的两端圈并紧磨平的冷卷压缩弹簧。

标记：YA 1.2×8×40 左 GB/T 2089

示例2：

YB 型弹簧，材料直径为 30 mm，弹簧中径为 160 mm，自由高度 200 mm，精度等级为 3 级，右旋的并紧制扁的热卷压缩弹簧。

标记：YB 30×160×200-3　GB/T 2089

3. 圆柱螺旋压缩弹簧的规定画法（GB/T 4459.4—2003）

圆柱螺旋压缩弹簧可画成视图、剖视图或示意图（图 8-44）。

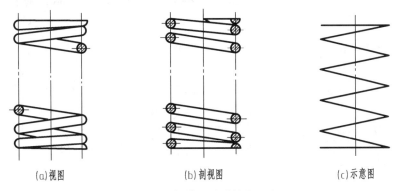

(a) 视图　　　　　　(b) 剖视图　　　　　　(c) 示意图

图 8-44　螺旋压缩弹簧的画法

圆柱螺旋压缩弹簧的作图步骤如图 8-45 所示。

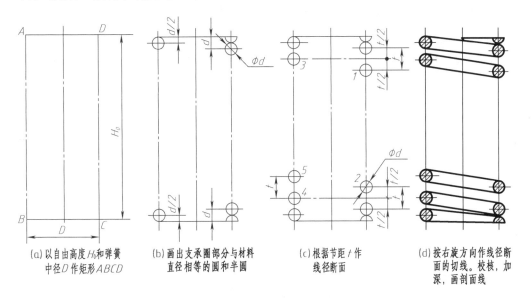

(a) 以自由高度 H_0 和弹簧　　(b) 画出支承圈部分与材料　　(c) 根据节距 t 作　　(d) 按右旋方向作线径断
中径 D 作矩形 $ABCD$　　　直径相等的圆和半圆　　　线径断面　　　　面的切线。校核，加
　　　　　　　　　　　　　　　　　　　　　　　　　　　　　　　　　深，画剖面线

图 8-45　弹簧的画图步骤

画弹簧图时应注意：

（1）弹簧平行于轴线的投影面上的图形，其各圈的轮廓应画成直线。

（2）当有效圈数 n 大于 4 圈时，允许两端只画 2 圈，中间部分可省略不画，长度也可适当地缩短。

（3）螺旋弹簧无论左旋或右旋，在图样上均可画成右旋；对左旋弹簧不论画成左旋还是右旋，均需加注代号 LH。

（4）两端并紧且磨平的压缩弹簧，不论其支承圈的圈数多少及端部并紧情况，都可按图 8-46 画出，即按支承圈数为 2.5 圈、磨平圈数为 1.5 圈画出。

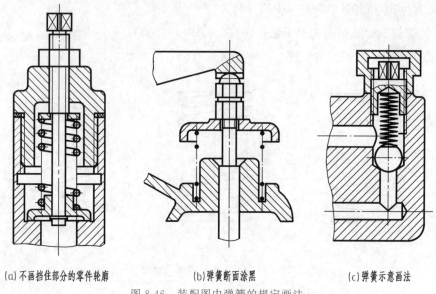

(a)不画挡住部分的零件轮廓   (b)弹簧断面涂黑   (c)弹簧示意画法

图 8-46　装配图中弹簧的规定画法

4. 装配图中螺旋压缩弹簧的简化画法

　　装配图中弹簧被看作实心物体，因此被弹簧挡住的结构一般不画出（图 8-46a）。当弹簧被剖切时，如果材料直径 d 在图形上小于或等于 2 mm，可用涂黑表示（图 8-46b），也可采用示意画法（图 8-46c）。

　　图 8-47 为弹簧零件图。图形上方的性能曲线用于表达弹簧负荷与长度之间的变化关系。如负荷 F_j＝725.2N 时，弹簧相应的长度为 50 mm。

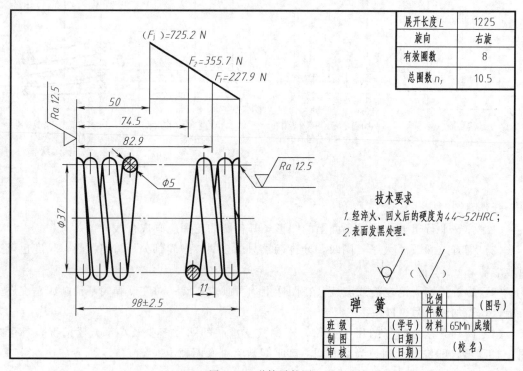

图 8-47　弹簧零件图

复习思考题

1. 螺纹的要素有哪几个？它们的含义是什么？

2. 表示牙底的细线圈应画多少圈？

3. M10×1 的含义是什么？

4. R_c½ 和 G1A 分别表示哪种螺纹？标注管螺纹时，引出线从什么地方画出？

5. 不可见螺纹若要表示时，如何画出？

6. 常用的螺纹紧固件（如六角头螺栓、六角螺母、平垫圈、螺钉、双头螺柱）如何标记？

7. 直齿圆柱齿轮的基本要素是什么？如何根据这些基本要素计算齿轮各部分尺寸？

8. 试述直齿圆柱齿轮及其啮合的规定画法。

9. 普通平键、圆柱销、滚动轴承如何标记？

10. 常用的圆柱螺旋压缩弹簧的规定画法有哪些？装配图中的螺旋压缩弹簧可如何简化绘制？

第9章 零件图

任何一台机器或一个部件都是由若干零件按一定的装配关系和设计，使用要求装配而成的。表达单个零件的图样称为零件图，它是制造和检验零件的主要依据。

本章主要介绍零件图的识读和绘制的基本方法，依据零件在机器中的作用和要求来决定零件图的视图、尺寸标注和技术要求（工艺结构、极限与配合、几何公差、表面粗糙度）等内容。通过典型零件的分析培养识读零件图的能力。

本章重点

- 零件表达方案的选择与尺寸标注。
- 正确识读四种典型零件的零件图。

本章难点

- 掌握表面粗糙度、极限与配合及几何公差的基本概念，符号和代号在图样上的标注。
- 了解零件上一般常见的工艺结构的作用、画法。

知识链接 典型零件加工与检测

机械零件的形状多种多样，通过归纳大致可分为四种：轴套类、盘盖类、叉架类、箱体类。制造方法有铸造、冲压、压铸和用去除材料的方法（车、磨、铣、刨等）加工成型。下图中电机外壳用铸造方法加工而成。管路连接阀采用压铸成型方法加工而成。轴类零件的加工大部分采用车床、磨床加工。零件加工后的检测方法很多，下图中直齿轮检测为直齿轮齿廓形状的检测。

电机外壳

管路连接阀

轴类零件在车床上加工

直齿轮检测

9.1　零件图的概述

机器或部件（统称装配体）都为由若干零件按一定的技术要求装配而成的。图 9-1 所示为由 17 种零件（其中有标准件 7 种）装配而成的齿轮油泵。齿轮油泵是机器润滑、供油系统中的一个部件，因其体积小、传动平稳而被广泛使用。图 9-2 为该油泵右端盖的零件图。

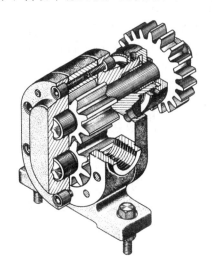

图 9-1　齿轮油泵轴测装配图

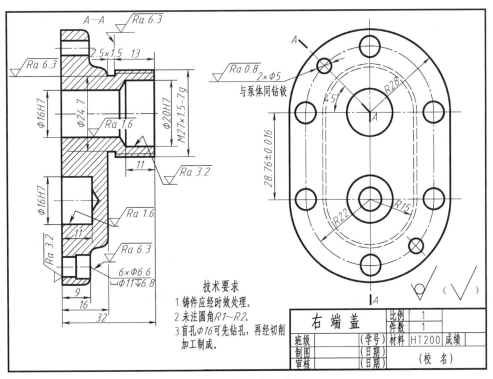

图 9-2　右端盖零件图

零件图是表示零件结构、大小及技术要求的图样。它是生产过程中进行加工制造与检验零件质量的重要技术文件。

以图 9-2 为例，一张完整的零件图应包括以下基本内容：

（1）一组图形。用视图、剖视、断面及其他画法，正确、完整、清晰地表达出零件结构和形状。

（2）完整的尺寸。正确、完整、清晰、合理地注出零件所需的全部尺寸。

（3）技术要求。用规定的代号、数字、字母或文字简明准确地给出零件在制造、检验或使用时应达到的各项技术要求及标准。如表面粗糙度、尺寸公差、几何公差及热处理等。

（4）标题栏。标题栏中一般应写明零件名称、材料、件数、比例以及设计、审核、批准人员的签名和签名时间（年、月、日）等。

9.2 零件图的视图选择

视图是零件图的主体内容，视图选择的正确与否直接影响着画图速度和生产质量，因此在选择视图时要做到简明扼要，既满足生产上的需要，又便于画图和看图。在充分表达零件各部分结构、形状的条件下，尽量减少视图数量。为此，必须通过对零件的了解合理地选择主视图和其他视图，确定一个较好的表达方案。

9.2.1 主视图的选择

1. 形状特征原则

主视图是一组图形的核心，应选择**形状特征**信息量最多的那个视图作为主视图。选择时通常应先确定零件的**安放位置**，再确定主视图**投射方向**。

2. 工作位置原则

选择主视图要尽量考虑零件在机器中的**工作位置**，这样能较容易地想像出该零件的工作情况，便于**画图与看图**。图 9-3 中的吊钩和前拖钩的主视图就是根据它们的**形状特征**和**工作位置**选择的。

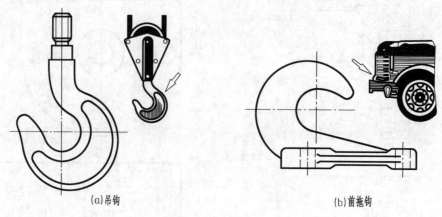

(a)吊钩　　　　　　　　　　　　(b)前拖钩

图 9-3　吊钩与前拖钩主视图的选择

3. 加工位置原则

盘盖、轴套等以回转体构形为主的零件，主要在车床或外圆磨床上加工，应尽量按照零件的主要**加工位置**，即轴线水平放置，此原则为**加工位置原则**。这样，在加工时可以直接图、物对照，便于看图，如图 9-4 所示。

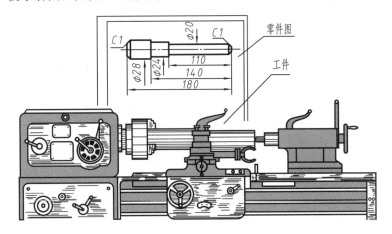

图 9-4　按加工位置选择主视图

9.2.2　其他视图的选择

其他视图用于补充主视图尚未表达清楚的结构，选择时应考虑以下几点：

（1）优先考虑基本视图并在基本视图上考虑剖视、断面的表达。根据零件内外形状的复杂程度，所选的其他视图都应有一个表达的重点。

（2）合理选用其他辅助视图（如**向视图**、**局部视图**、**斜视图**等），在表达清楚的情况下应采用较少的视图。同时要考虑合理的布置视图位置，使视图清晰匀称又便于看图。

下面以阀体为例，说明其他视图的选择。从阀体轴测图（图 9-5）可看出阀体由法兰盘 1、法兰盘 2、法兰盘 3 和主体 4 四部分组成，其工作位置如图所示。

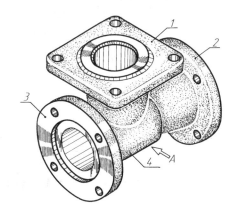

图 9-5　阀体轴测图

根据形状特征分析，主视图选择 A 投射方向，同时采用全剖，由此，可清楚地表示出阀体的内部结构形状。阀体三个方向的法兰盘结构可通过俯、左视图来表达。俯视图采用

K 向视图，可清晰表达出方形法兰盘的结构形状。左视图采用半剖视图，可分别表示出法兰盘2、法兰盘3的结构形状，如图9-6所示。

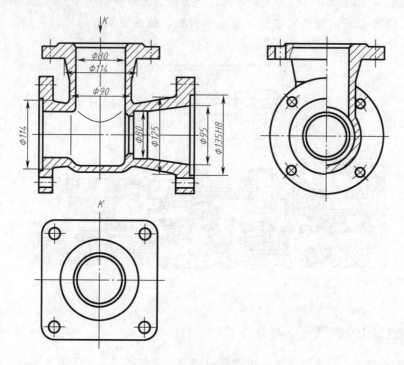

图 9-6　阀体零件的视图选择

　　总之，零件视图的选择，应通过看图、画图的实践，并在积累生产实际知识的基础上逐步提高。初学者选择视图时，应致力于**表达完整**，在此前提下力求**视图简练**。

9.3　零件图上的尺寸标注

　　零件图上的尺寸是加工和检验零件的重要依据，因此标注尺寸是零件图的重要内容之一。前面所讲的尺寸注法侧重于尺寸标注的基本规则和标注方法的规定。本节着重介绍零件图中尺寸标注的合理性，即所标注的尺寸必须符合**设计要求**和**生产工艺**的要求。

9.3.1　尺寸基准的选择

　　标注尺寸时，应先确定**尺寸基准**。零件有三个方向（长、宽、高）的尺寸，每个方向至少要有一个尺寸基准。通常选择零件上一些重要的平面（如安装底面、对称平面、主要端面、零件与零件之间的结合面）及主要轴线作为**尺寸基准**。

　　根据尺寸的作用的不同，尺寸基准可分为**设计基准**和**工艺基准**两类。设计基准是主要基准，工艺基准为**辅助基准**。

1. 设计基准

　　根据零件的结构和设计要求所选定的基准称为**设计基准**。通常选择零件结构中一些重要的几何要素作为设计基准，如中心线、轴线、端面、底面等。

如图 9-7 所示，轴承座选择底面作为高度方向设计基准，顶面作为**辅助基准**。选择左右方向的对称平面作为长度方向设计基准，选择前后方向的对称平面作为宽度方向设计基准。

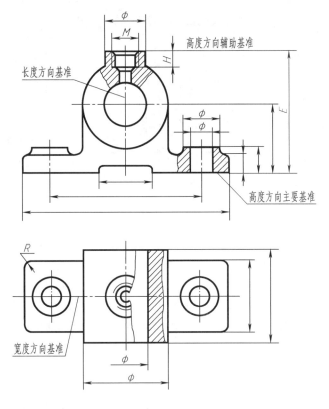

图 9-7　轴承座的尺寸基准

2. 工艺基准

为便于零件结构的加工和测量而选定的基准，称为**工艺基准**。

如图 9-8 所示的阶梯轴，在车床上加工外圆时，车刀的最终位置是以右端面为基准来测定的，因此，右端面即是轴向尺寸的**工艺基准**。

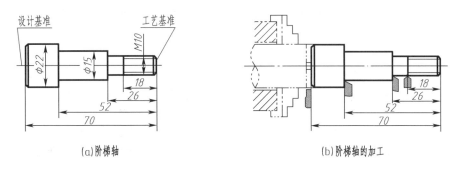

(a)阶梯轴　　　　　　　　　　　　　(b)阶梯轴的加工

图 9-8　设计基准与工艺基准

又如图 9-9a 所示的法兰盘，在车床上加工时需要以左端面作为基准面，为此轴向尺寸以此面为基准注出，此面称为**工艺基准**。

在选择零件的尺寸基准时，最好是把设计基准与工艺基准统一起来。这样，既能满足设计要求，又能满足工艺要求。如两者不能统一，应以保证设计要求为主。

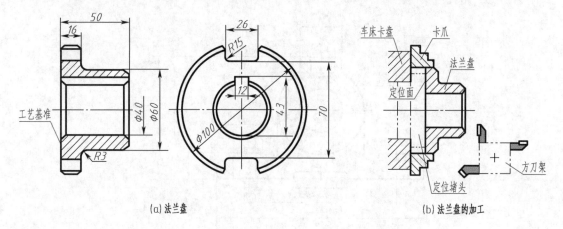

(a) 法兰盘　　　　　　　　　　　　(b) 法兰盘的加工

图 9-9　法兰盘的工艺基准

3. 辅助基准

为了保证零件在制造加工中的精度要求，零件在某一个方向上的尺寸往往不可能都从一个尺寸基准注出，还常常设有**辅助基准**。例如图 9-7 中轴承座顶部的螺孔尺寸，为了加工和测量方便，应从顶面量取尺寸，因此，顶面称为辅助基准。同时辅助基准与主要基准之间则由联系尺寸 E 相联系。

9.3.2　尺寸标注的三种形式

（1）链式注法。如图 9-10a 所示，同一方向的尺寸逐段首尾相接地注出，后一个尺寸以前一尺寸的终端为基准。其主要优点：前段加工尺寸的误差并不影响后段加工尺寸。其主要缺点：总尺寸有**加工累计误差**。

（2）坐标式注法。如图 9-10b 所示，所有尺寸从同一基准注起。其主要优点：任一尺寸的加工精度只决定于本段加工误差，不受其他尺寸误差的影响。其主要缺点：某些加工工序的**检验不太方便**。

（3）综合式注法。如图 9-10c 所示，综合式注法是链式和坐标式注法的综合，它具备了上述两种方法的优点，在尺寸标注中应用最广。

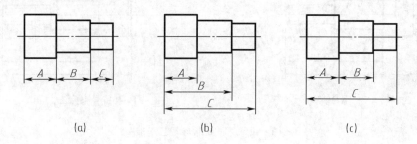

(a)　　　　　　　　　(b)　　　　　　　　　(c)

图 9-10　尺寸标注的三种形式

9.3.3　标注尺寸的一般原则

1. 设计中重要尺寸的标注

设计中的重要尺寸要从基准出发直接注出来，以保证**设计要求**。

2. 标注尺寸应避免出现封闭的尺寸链

封闭尺寸链是指尺寸线首尾相接，绕成一整圈的一组尺寸。

在图 9-11 中，尺寸 A、B、C 与 L 互相衔接构成了一个封闭的尺寸链。在这个封闭的尺寸链中，总有一个尺寸是其他尺寸加工完毕后自然得到的尺寸，称为**封闭环**。其他各尺寸则称为**组成环**。

如果在图中 A、B、C 与 L 都注上尺寸而成为封闭形式，则称为**封闭尺寸链**。由于各段尺寸加工都有一定误差，如各组成环 A、B、C 的误差分别是 ΔA、ΔB、ΔC，则封闭环 L 的误差 $\Delta L = \Delta A + \Delta B + \Delta C$ 是各组成环误差的总和，而且封闭环的误差将随着组成环的增多而加大，导致不能满足设计要求。因此，通常将尺寸链中不重要的尺寸作为**封闭环**，不注尺寸或注上尺寸后加括号作为**参考尺寸**，使制造误差集中到封闭环上，从而保证重要尺寸的精度。

例如：图 9-12a 中注成封闭尺寸链是错误的；图 9-12b 中选择一段不重要的尺寸空出不注，使轴避免注成封闭的尺寸链，这种标注是正确的。

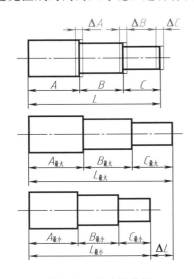

图 9-11　尺寸链分析

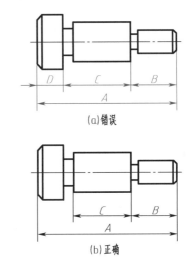

图 9-12　避免注成封闭的尺寸链

3. 标注尺寸时要考虑加工方便

为使不同工种的工人看图方便，应将零件上的加工面尺寸与非加工尺寸尽量分别注在图形的两边，加工面与非加工面之间只能有一个尺寸联系，如图 9-13 所示。对同一工种的加工尺寸要适当集中，如图 9-14 所示，以便于加工时查找。

4. 标注尺寸考虑测量方便

在生产中，为便于测量，所注尺寸应尽量使用普通量具测量。图 9-15a 中的尺寸不便于测量，应按图 9-15b 的形式标注。

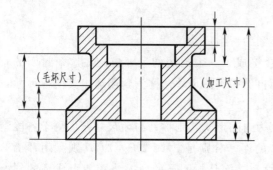

图 9-13　加工面与非加工面的尺寸注法

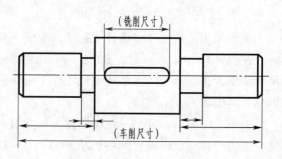

图 9-14　同工种加工的尺寸注法

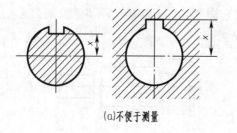

(a)不便于测量

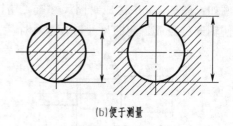

(b)便于测量

图 9-15　考虑测量方便

📚知识链接　键槽尺寸的注法

　　零件上长圆形孔，由于作用和加工方法的不同，而有不同的尺寸注法。一般情况下，如键槽、散热孔等采用第一种注法，这样可以使加工、检验方便。当长圆孔是装入螺栓时，中心距就是允许螺栓变动的距离，也是钻孔的定位尺寸，此时应采用第二种注法。

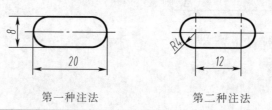

第一种注法　　　　　　第二种注法

5. 标注尺寸应符合加工顺序要求

按加工顺序标注尺寸符合加工过程，便于加工和测量，如图 9-16、图 9-17 所示。

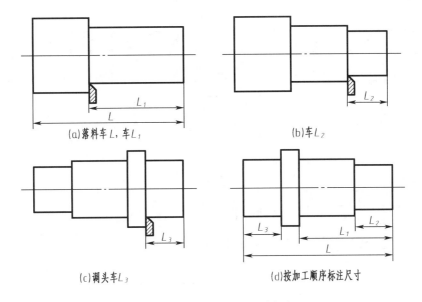

图 9-16　轴加工顺序和尺寸标注

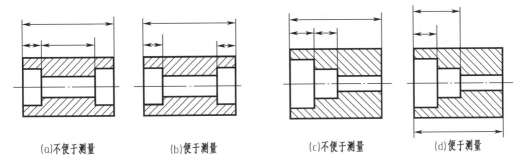

图 9-17　阶梯孔的尺寸标注

9.3.4　零件上常见结构要素的标注

零件上的螺孔、光孔、沉孔等结构的尺寸注法见表 9-1。

表 9-1　常见结构要素的尺寸注法

零件结构类型		标注方法	简 化 注 法	说　　明
光孔	一般孔	4×φ5 EQS　10	4×φ5-7H▽10 EQS　　　4×φ5-7H▽10 EQS	▽为深度符号；4×φ5 表示有规律分布的 4 个直径为 5 的光孔；孔深可与孔径连注，也可分开注出
	锥销孔	锥销孔φ5 配作	锥销孔φ5 配作	φ5 为与锥销孔相配的圆锥销小头直径。锥销孔通常是相邻两零件装配后一起加工的

续表

零件结构类型		标注方法	简化注法	说　明
螺孔	通孔	3×M6-7H EQS	3×M6-7H EQS　3×M6-7H EQS	EQS 表示均布 3×M6 表示有规律分布的 3 个直径为 6 的螺孔；可以旁注，也可直接注出
	不通孔	3×M6 10 12	3×M6▽10 孔▽12　3×M6▽10 孔▽12	需要注出钻孔深时，应明确标注钻孔深尺寸
沉孔	锥形沉孔	90° φ13 6×φ7	6×φ7 ▽φ13×90°　6×φ7 ▽φ13×90°	▽ 为埋头孔符号 6×φ7 表示有规律分布的 6 个直径为 7 的孔。锥形部分尺寸可以旁注，也可直接注出
	柱形沉孔	φ10 3.5 4×φ6	4×φ6 ⊔φ10▽3.5　4×φ6 ⊔φ10▽3.5	⊔ 为沉孔及锪平孔符号 4×φ6 的意义同上。柱形沉孔的直径为 10，深度为 3.5，均需注出
	锪平面	⊔φ16 4×φ7	4×φ7 ⊔φ16　4×φ7 ⊔φ16	锪平孔φ16 的深度不需标注，一般锪平到不出现毛面为止

9.4　表面粗糙度

国家标准 GB/T 131—2006 表面结构的表示法中，定义表面结构是表面粗糙度、表面波纹度、表面缺陷、表面纹理和表面几何形状的总称。

GB/T 131—2006 表面结构的表示法，完全代替了 GB/T 131—1993 标准。在技术内容上有很大变化，标准中的某些标注已全部重新解释。

知识链接 新标准简介 ————————

产品几何技术规范（GPS）技术产品文件中表面结构的表示法 GB/T 131—2006/ISO 1302：2002 标准与原标准术语变动情况如下：

（1）本标准代替 GB/T 131—1993《机械制图 表面粗糙度符号，代号及其注法》。

（2）新标准中参数代号 Ra、Rz 为大小写斜体书写。

（3）新标准 Ra 代替原来的 R_a，原标准中的表面粗糙度参数 R_z（十点高度）已经不再被认可为标准代号，新的 Rz 为原 R_y 的定义，原 R_y 的符号不再使用。

（4）最重要的变化是检测粗糙度所使用的仪器由高斯滤波器代替了 $2RC$ 滤波器。高斯滤波器在多年实际应用中，与 $2RC$ 滤波器相比，它的测量精度高，是国家认定的主要检测仪器之一。

高斯滤波器

9.4.1 基本概念及术语

1. 表面粗糙度

零件表面经加工后看起来很光滑，但在显微镜下观察，则会看到图 9-18 所示的许多高低不平的粗糙痕迹。这种零件表面上所存在的较小间距和峰谷组成的微观几何特性称为**表面粗糙度**。表面粗糙度与加工方法、刀刃形状等各种因素有关。

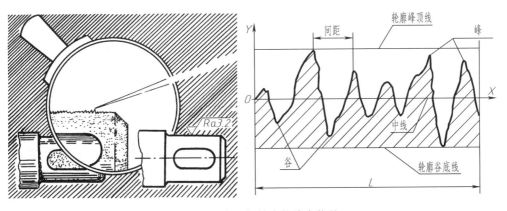

图 9-18 表面粗糙度的放大状况

表面粗糙度是在微观上评定零件表面质量的一项重要技术指标、对零件的**耐磨性、耐腐蚀性、疲劳强度**等都有较大影响。因此，应在满足零件功能要求的前提下，合理地选取粗糙度参数值。

2. 表面波纹度

在机械加工过程中，由于机床、工件和刀具系统的振动，在工件表面所形成的间距比粗糙度大得多的表面不平度称为**波纹度**。零件表面的波纹度是影响零件使用寿命和引起振动的重要因素。

表面粗糙度、表面波纹度以及表面几何形状总是同时生成并存在于同一表面，如图 9-19 所示。

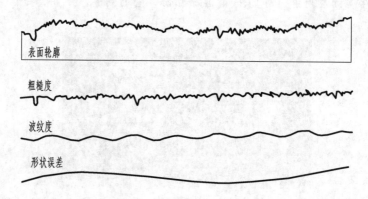

图 9-19　表面轮廓的构成

在测量与评定以上参数时，必须先将表面轮廓在特定仪器（如高斯滤波器）上滤波分离，然后得到**原始轮廓**（P）、**粗糙度轮廓**（R）和**波纹度轮廓**（W）后再求出极限判断其是否合格。

3. 评定表面结构常用的轮廓参数

对于零件表面结构的状况，可由轮廓参数、图形参数、支承率曲线参数加以评定。我国机械图样中目前最常用的评定参数为轮廓参数（R 轮廓）的两个**高度参数** Ra 和 Rz。

（1）算术平均偏差 Ra。指在一个取样长度内，纵坐标 $z(x)$ 绝对值的自述平均值，如图 9-20 所示。

（2）轮廓的最大高度 Rz。指在同一取样长度内，最大轮廓峰高与最大轮廓谷深之和的高度，如图 9-20 所示。

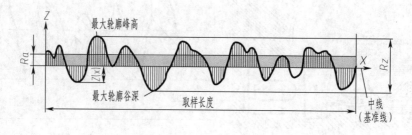

图 9-20　算术平均偏差 Ra 和轮廓的最大高度 Rz

表面粗糙度高度参数中算术平均偏差 Ra，其数值见表 9-2。

表 9-2 Ra 数值与加工方法的关系及应用举例

$Ra/\mu m$	表面特征	主要加工方法	应用举例
50	明显可见刀痕	粗车、粗铣、粗刨、钻、粗纹锉刀和粗砂轮加工	最粗糙的加工表面，一般很少应用
25	可见刀痕		
12.5	微见刀痕	粗车、刨、立铣、平铣、钻	不接触表面、不重要的接触面，如螺钉孔、倒角、机座底面等
6.3	可见加工痕迹	精车、精铣、精刨、铰、镗、粗磨等	没有相对运动的零件接触面，如箱、盖、套筒要求紧贴的表面，键和键槽工作表面；相对运动速度不高的接触面，如支架孔、衬套、带轮轴孔的工作表面
3.2	微见加工痕迹		
1.6	看不见加工痕迹		
0.8	可辨加工痕迹方向	精车、精铰、精拉、精镗、精磨等	要求很好的接触面，如与滚动轴承配合的表面、锥销孔等；相对运动速度较高的接触面，如滑动轴承的配合表面、齿轮轮齿的工作表面等
0.4	微辨加工痕迹方向		
0.2	不可辨加工痕迹方向		
0.1	暗光泽面	研磨、抛光、超级精细研磨等	精密量具的表面、极重要零件的摩擦面，如汽缸的内表面、精密机床的主轴颈、坐标镗床的主轴颈等
0.05	亮光泽面		
0.25	镜状光泽面		
0.012	雾状镜面		
0.008	镜面		

4. 有关检验规范的基本术语

检验评定表面结构的参数值必须在特定条件下进行。国家标准规定，图样中注写参数代号及其数值要求的同时，还应明确其检验规范。

有关检验规范方面的基本术语有**取样长度**和**评定长度**、**轮廓滤波器和传输带**以及**极限值**判断规则。

（1）取样长度和评定长度。以粗糙度高度参数的测量为例，由于表面轮廓的不规则性，测量结果与测量段的长度密切相关。当测量段过短时，各处的测量结果会产生很大差异；当测量段过长时，测量的高度值中将不可避免地包含波纹度的幅值。因此，应在 X 轴（即基准线）上选取一段适当长度进行测量，这段长度称为**取样长度**（Lr）。

在每一取样长度内的测得值通常是不等的，为取得表面粗糙度最可靠的值，一般取几个连续的取样长度进行测量，并以各取样长度内测量值的平均值作为测得的参数值。这段在 X 轴方向上用于评定轮廓的、包含着一个或几个取样长度的测量段称为**评定长度**（Ln）。

当参数代号后未注明取样长度个数时，评定长度即默认为 5 个取样长度，否则应注明个数。例如，$Rz0.4$、$Ra3\ 0.8$、$Rz1\ 3.2$ 分别表示评定长度为 5 个（默认）、3 个、1 个取样长度。

（2）轮廓波器和传输带。粗糙度等三类轮廓各有不同的波长范围，它们又同时叠加在同一表面轮廓上（图 9-19），因此，在测量评定三类轮廓上的参数时，必须先将表面轮廓在特定仪器上进行滤波，以及分离获得所需波长范围的轮廓。这种可将轮廓分成长波和短波成分的仪器称为**轮廓滤波器**。由两个不同截止波长的滤波器分离获得的轮廓波长范围则称为**传输带**。

按滤波器的不同截止波长值，由小到大顺次分为 λs、λc 和 λf 三种，粗糙度等三类轮廓就是分别应用这些滤波器修正表面轮廓后获得的：应用 λs 滤波器修正后形成的轮廓称为**原始轮廓**（P 轮廓）；在 P 轮廓上再应用 λc 滤波器修正后形成的轮廓即为**粗糙度轮廓**（R 轮廓）；对 P 轮廓连续应用 λf 和 λc 滤波器修正后形成的轮廓称为**波纹度轮廓**（W 轮廓）。

（3）极限值判断规则。完工零件的表面按检验规范测得轮廓参数值后，需与图样上给定的极限值比较，以判断其是否合格。极限值判断规则有两种，**16% 规则**和**最大规则**。

① **16% 规则**。运用本规则时，当被检表面测得的全部参数值中超过极限值[①]的个数不多于总个数的 16% 时，该表面是合格的，标注如图 9-21 所示。

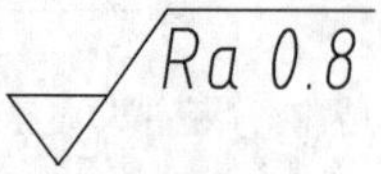

$$\sqrt{Ra\ 0.8}$$

图 9-21　当应用 16% 规则（默认传输带）时参数的标注

② **最大规则**。运用本规则时，被检的整个表面上测得的参数值都不应超过给定的极限值。

16% 规则是所有表面结构要求标注的默认规则，即当参数代号后未注写"max"字样时，均默认为应用 16% 规则（如 $Ra\,0.8$）。反之，则应用最大规则（如 $Ra\ \text{max}\ 0.8$），标注如图 9-22 所示。

$$\sqrt{Ra\ max\ 0.8}$$

图 9-22　当应用最大规则（默认传输带）时参数的注法

9.4.2　图形符号及结构代号

1. 标注表面结构的图形符号

标注表面结构要求时的图形符号见表 9-3。

表 9-3　标注表面结构要求时的图形符号

符号名称	符　　号	含　　义
基本图形符号	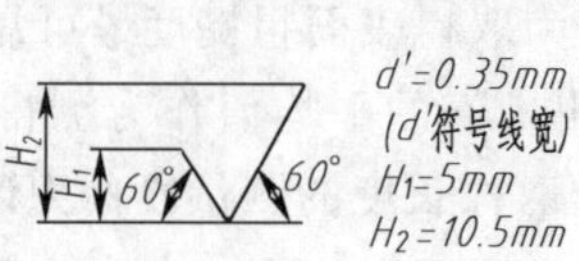 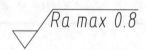 $d'=0.35mm$（d' 符号线宽）$H_1=5mm$ $H_2=10.5mm$	未指定工艺方法的表面，当通过一个注释解释时可单独使用

---

① 超过极限值有两种含义：当给定上限时，超过是指大于给定值；当给定下限值时，超过是指小于给定值。

符号名称	符 号	含 义
扩展图形符号		用去除材料方法获得的表面，仅当其含义是"被加工表面"时可单独使用
		不去除材料的表面，也可用于保持上道工序形成的表面，不管这种状况是通过去除或不去除材料形成的
完整图形符号	文本中：（APA）（MRR）（NMR）	在以上各种符号的长边上加一横线，以便注写对表面结构的各种要求 APA—允许任何工艺 MRR—去除材料 NMR—不去除材料

注：表中 d'、H_1 和 H_2 的大小是当图样中尺寸数字高度选取 $h=3.5$ mm 时按 GB/T 131—2006 的相应规定给定的。表中 H_2 是最小值，必要时允许加大。

当图样中某个视图上构成封闭轮廓的各表面有相同的表面结构要求时，在完整图形符号上加一圆圈，标注在封闭轮廓线上，如图 9-23 所示。

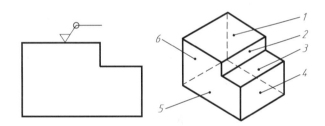

图 9-23　对周边各面有相同的表面结构要求的注法

注：图示的表面结构符号是指对图形中封闭轮廓的六个面的共同要求（不包括前后面）。

2. 表面结构要求在图形符号中的注写位置

为了明确表面结构要求，除了标注表面结构参数和数值外，必要时应标注补充要求，包括传输带、取样长度、加工工艺、表面纹理及方向、加工余量等。这些要求在图形符号中的注写位置如图 9-24 所示。

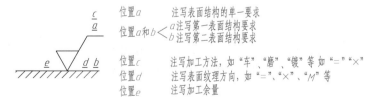

位置 a　　注写表面结构的单一要求
位置 a 和 b　a 注写第一表面结构要求　b 注写第二表面结构要求
位置 c　　注写加工方法，如"车"、"磨"、"镀"等如"$=$""$\times$"
位置 d　　注写表面纹理方向，如"$=$"、"$\times$"、"M"等
位置 e　　注写加工余量

图 9-24　补充要求的注写位置（$a \sim e$）

3. 表面结构代号

表面结构符号中注写了具体参数代号及数值等要求后即称为表面结构代号。表面结构代号的示例及含义见表9-4。

表 9-4　表面结构代号的示例及含义

序号	代号示例	含义/解释	补 充 说 明
1	$\sqrt{Ra\ 08}$	表示不允许去除材料，单向上限值，默认传输带，R 轮廓，算术平均偏差为 $0.8\mu m$，评定长度为 5 个取样长度（默认），"16%规则"（默认）	参数代号与极限值之间应留空格。本例未标注传输带，应理解为默认传输带，此时取样长度可在 GB/T 10610 和 GB/T 6062 中查取
2	$\sqrt{Rz\ 0.4}$	表示不允许去除材料，单向上限值默认传输带，粗糙度的最大高度 $0.4\mu m$，评定长度为 5 个取样长度（默认），"16%规则"（默认）	参数代号与极限值之间应留空格。本例未标注传输带应理解为默认传输带
3	$\sqrt{Rz\ max\ 0.2}$	表示去除材料，单向上限值，默认传输带，R 轮廓，粗糙度最大高度的最大值为 $0.2\mu m$，评定长度为 5 个取样长度（默认），"最大规则"	示例 1~4 均为单向极限要求，且均为单向上限值，则均可不加注 "U"；若为单向下限值，则应加注 "L"
4	$\sqrt{0.008\text{-}0.8/Ra\ 3.2}$	表示去除材料，单向上限值，传输带 0.008-0.8 mm，R 轮廓，算术平均偏差 $3.2\mu m$，评定长度为 5 个取样长度（默认），"16%规则"（默认）	传输带 "0.008-0.8" 中的前后数值分别为短波和长波滤波器的截止波长（λs 和 λc），以示波长范围，此时取样长度等于 λc，即 $lr = 0.8$ mm
5	$\sqrt{-0.8/Ra3\ 3.2}$	表示去除材料，单向上限值，传输带：取样长度 $0.8\mu m$（λs 默认 0.0025 mm），算术平均偏差为 $3.2\mu m$，评定长度包含 3 个取样长度，"16%规则"（默认）	传输带仅注出一个截止波长值（本例 0.8 表示 λc 值）时，另一截止波长值 λs 应理解为默认值，由 GB/T 6062 中查知 $\lambda s = 0.0025$ mm
6	$\sqrt{\begin{array}{l} U\ Ramax\ 3.2 \\ L\ Ra\ 0.8 \end{array}}$	表示不允许去除材料，双向极限值，两极限值均使用默认传输带，R 轮廓，上限值：算术平均偏差为 $3.2\mu m$，评定长度为 5 个取样长度（默认），"最大规则"。下限值：算术平均偏差为 $0.8\mu m$，评定长度为 5 个取样长度（默认），"16%规则"（默认）	本例为双向极限要求，用 "U" 和 "L" 分别表示上限值和下限值，在不致引起歧义时，可不加注 "U"、"L"

术　语	定义及解释	图　例
被测要素	给出形状或位置公差的要素	（直线度公差） 被测要素
基准要素	用来确定被测要素方向或位置的要素	被测要素 （平行度公差） 基准要素

9.6.2　形位公差在图样上的标注

1. 被测要素的标注

用带箭头的指引线将框格与被测要素相连，按以下方式标注：

（1）当公差涉及轮廓线或轮廓面时，如图 9-48 所示，应将箭头指向该要素的轮廓线或其延长线上（应与尺寸线明显错开）。

（2）当指向实际表面时，箭头可指向引出线的水平线，引出线引自被测面，如图 9-49 所示。

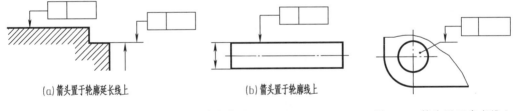

(a) 箭头置于轮廓延长线上　　　　　　　　(b) 箭头置于轮廓线上

图 9-48　箭头与尺寸线分开　　　　　　　图 9-49　箭头置于参考线上

（3）当公差涉及要素的中心线、中心面或中心点时，箭头应位于相应尺寸线的延长线上，如图 9-50 所示。

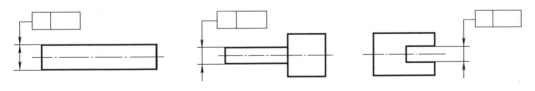

图 9-50　箭头与尺寸线的延长线重合

2. 基准要素的标注

（1）当基准要素是轮廓线或轮廓面时，基准三角形放置在要素的轮廓线或其延长线上（但应与尺寸线明显地错开），如图 9-51 所示。另外基准符号还可放置在该轮廓面引出线的水平线上，如图 9-52 所示。

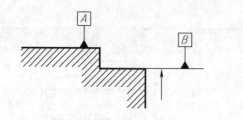

图 9-51 基准符号与尺寸线错开

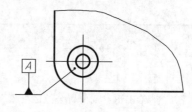

图 9-52 基准符号置于参考线上

（2）当基准是尺寸要素确定的轴线，中心平面或中心点时，基准三角形应放置在该尺寸线的延长线上；如果没有足够的位置标注基准要素尺寸的两个尺寸箭头，则其中一个箭头可用基准三角形代替，如图 9-53 所示。

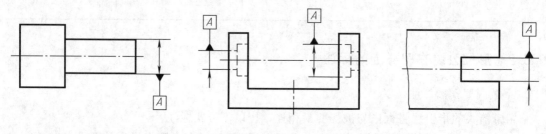

图 9-53 基准符号与尺寸线一致

3. 形位公差的简化标注

（1）当多个被测要素有相同的形位公差时，可以从一个框格内的同一端引出多个指示箭头与各被测要素相连，如图 9-54 所示。当同一个被测要素有多项形位公差要求而标注形式又一致时，可以在一条指引线上画出多个公差框格，如图 9-55 所示。

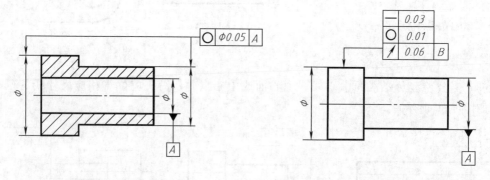

图 9-54 单项形位公差简化标注

图 9-55 多项形位公差简化标注

（2）对于由两个或两个以上要素组成的公共基准，如公共轴线（图 9-56）、公共中心平面（图 9-56），其基准字母应用横线连起来，并写在公共框格的同一格内。

（3）任选基准的标注方法，如图 9-57 所示。

4. 几何公差标注示例

图 9-58 为滚动轴承座圈的有关形位公差，相关公差的含义如下：

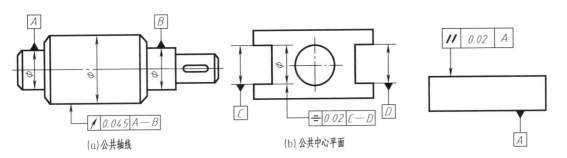

图 9-56　公共基准的简化标注　　　　　　　　　图 9-57　任选基准的标注

（1）$\boxed{\nearrow\ 0.015\ B}$ 表示**径向圆跳动公差带**是在垂直于基准线的任一测量平面内，半径差为 0.015mm，且圆心在基准轴线上的同心圆之间的区域。

（2）$\boxed{\bigcirc\ 0.004}$ 表示**圆度公差带**是在同一正截面上，半径差为公差值 0.004mm 的两同心圆之间的区域。

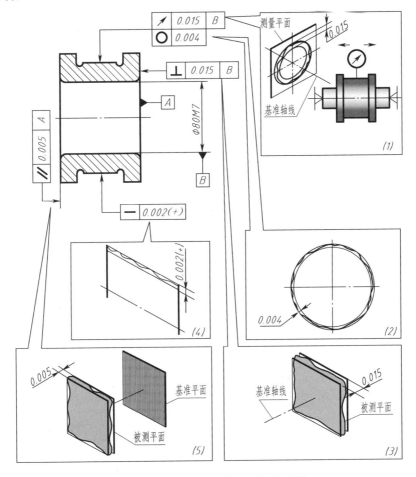

图 9-58　轴承内座圈形位公差标注示例

（3）$\boxed{\perp\ 0.015\ B}$ 表示**垂直度公差带**是距离为公差值 0.015mm 且垂直于基准线的两平行平面之间的区域。

（4）$\boxed{-}\ \boxed{0.002(+)}\ \boxed{B}$ 表示**直线度公差带**是在给定平面内，公差带是距离为公差值 0.002mm 的两平行直线之间的区域。

（5）$\boxed{/\!/}\ \boxed{0.005}\ \boxed{A}$ 表示**平行度公差带**是距离公差值 0.005mm 且平行于基准平面的两平行平面之间的区域。

9.7 零件的工艺结构

零件的结构形状除应满足设计要求外，同时应考虑到加工与制造的方便和可能。尤其在现代工业产品设计中越来越重视产品外观的审美效果，力求设计具有较好的视觉美感，以增强产品的竞争力。

9.7.1 铸造工艺结构

1. 机件的铸造过程

将熔化的金属浇入具有与零件形状相适应的铸型空腔内，使其冷却凝固后获得铸件的加工方法称为**铸造**。大部分机器零件均先铸造成毛坯件，然后再对某些表面进行切削加工。传统的铸造生产流程如图 9-59 所示。

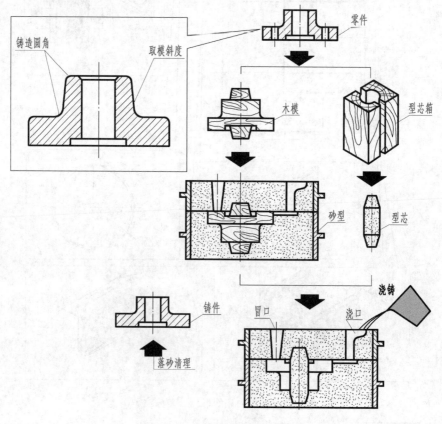

图 9-59 砂型铸造的流程简图

2. 铸造圆角

为防止铸件浇铸时在转角处的落砂现象及避免金属冷却时产生缩孔和裂纹，在铸件各表面相交的转角处都应做成圆角，圆角半径可取 $R3 \sim R5$。设计零件时圆角半径应从有关手册中查找。

3. 取模斜度

造型时为便于取模，铸件壁上应沿着起模方向设计出**取模斜度**。木模常为 $1° \sim 3°$；金属模用手工造型时为 $1° \sim 2°$，用机械造型时为 $0.5°$。斜度不大的结构允许省略不画。

4. 铸件壁厚均匀

铸造零件设计时应尽量使其**壁厚均匀**，防止冷却速度不一致，产生裂纹和缩孔。当必须有厚薄不均时，应采用逐渐过渡的方式，如图 9-60 所示。

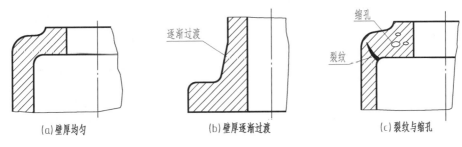

图 9-60　铸件壁要均匀

9.7.2　机械加工结构

1. 倒角和倒圆

为了便于装配且保护零件表面不受损伤，常将其加工成 $45°$ 或 $30°$**倒角**；在轴肩处为避免应力集中，采用圆角过渡，称为**倒圆**。倒角、倒圆的尺寸标注形式如图 9-61 所示。

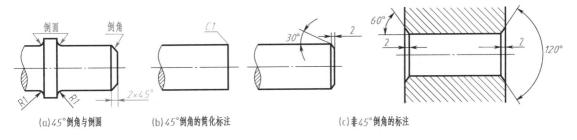

图 9-61　倒角与倒圆

2. 退刀槽和砂轮越程槽

切削时（主要是轴、孔加工），为了便于退出刀具或砂轮，常在轴肩处预先车出**退刀槽**或**砂轮越程槽**，如图 9-62、图 9-63 所示。

3. 凸台和凹坑

为了使零件表面接触良好和减少加工面积，常在铸件上铸出**凸台**、**凹坑**或**台阶孔**，如图 9-64 所示。

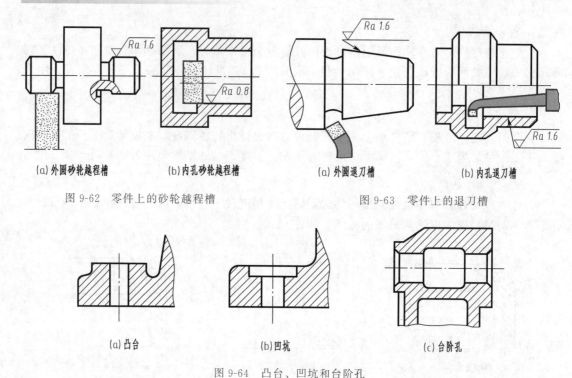

(a) 外圆砂轮越程槽　　(b) 内孔砂轮越程槽　　　　　　(a) 外圆退刀槽　　　　(b) 内孔退刀槽

图 9-62　零件上的砂轮越程槽　　　　　　　图 9-63　零件上的退刀槽

(a) 凸台　　　　　　　　(b) 凹坑　　　　　　　　(c) 台阶孔

图 9-64　凸台、凹坑和台阶孔

4. 钻孔结构

零件上孔的结构多时，其获得的方法如图 9-65 所示。用钻头钻孔时，要求钻头轴线尽量垂直于被钻孔的端面（图 9-66）应避免钻头单边工作，以防钻头折断。在斜面上钻孔时，应当在孔端预制出与钻头垂直的凸台、凹坑或小平面，如图 9-66 所示。

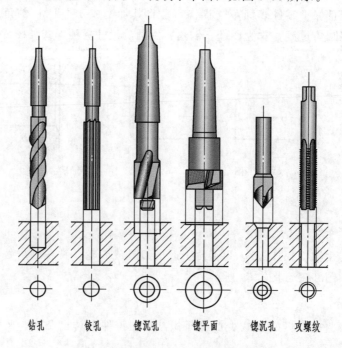

钻孔　　　铰孔　　　锪沉孔　　　锪平面　　　锪沉孔　　攻螺纹

图 9-65　不同孔的加工

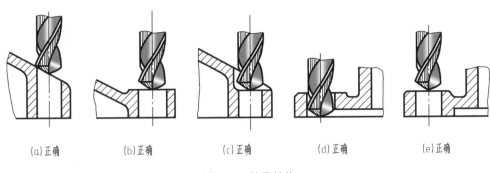

图 9-66　钻孔结构

9.8　识读零件图

9.8.1　读图的要求

读零件图的要求：了解零件的名称、所用材料和它在机器或部件中的作用，同时应全面分析、理解设计意图，拟定合理的加工方案。通过读零件图应熟悉和掌握零件各部分的形状和相对位置关系及其加工工艺和技术要求。

9.8.2　读图的方法和步骤

1. 概况了解

首先看**标题栏**，了解零件的**名称**、**材料**、**比例**等，初步认定属于哪一类零件及其外观特征、大致用途，并通过装配图查阅相关技术资料，进一步了解该零件用途以及与其他零件的关系。

2. 分析视图，想像形状

纵览全图，详细分析视图，想像出零件的形状。先看主要部分，再看次要部分。应用**形体分析法**抓特征部分，分别将组成零件的各个形体的形状想像出来。对于局部看不懂的地方，采用**线面分析法**仔细分析，辨别清楚。最后综合起来想整体。

3. 分析尺寸和技术要求

根据零件类型分析尺寸标注的基准及标注形式，找出**定形尺寸**、**定位尺寸**和**总体尺寸**，分析尺寸的标注是否完整。

看技术要求时，要弄清楚零件各部分的**表面粗糙度**要求，配合部分的**加工精度**要求，以便在加工时采取保证措施。

9.8.3　典型零件分析

零件图是制造和检验零件的依据，是反映零件结构、大小及技术要求的载体。零件的形状虽然多种多样，通过比较归纳可大体划分为以下几种典型零件：**轴套类**零件、**盘盖类**零件、**叉架类**零件、**箱体类**零件等。

下面主要介绍各类零件的结构特点、表达方式、尺寸标注及技术要求的一般规律，供看、画同类零件图时参考。

1. 轴套类零件

图 9-67 所示零件图是铣刀头中的阶梯轴。

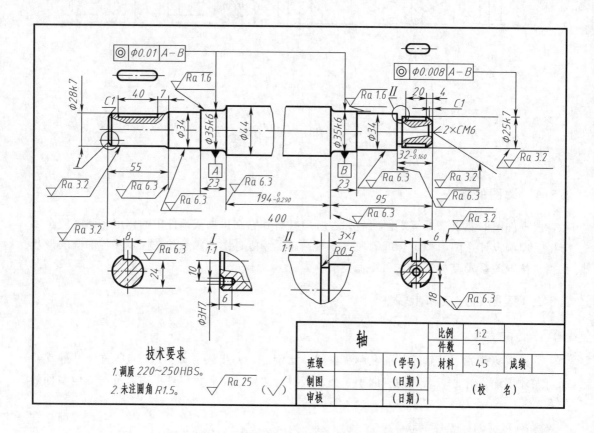

图 9-67　轴套类（铣刀头轴）零件图

（1）结构分析。轴的左端通过普通平键与 V 带轮连接，右端通过双键与铣刀盘连接。轴上有两个安装端盖的轴段和两个安装滚动轴承的轴段。同时轴上还加工有**键槽**、**螺纹**、**挡圈槽**、**倒角**、**倒圆**、**中心孔**等结构。这些局部结构都是为了满足**设计**和**工艺**上的要求。

（2）表达分析。轴套类零件多在车床、磨床上加工，为便于操作人员对照图样加工，一般按**加工位置**确定主视图方向，零件水平放置，只采用一个视图（主视图）来表达轴上各段的形状特征。

其他结构如**键槽**、**退刀槽**、**中心孔**等可用剖视、断面、局部放大和简化画法等表达方法画出。当轴较长时，可采用**折断方法**画出。

（3）尺寸分析。轴类零件的主要性能尺寸必须直接标注出来，其余尺寸可按加工顺序标注。轴类零件上的标准结构，如**倒角**、**退刀槽**、**越刀槽**、**键槽**、**中心孔**等，其尺寸应根据相应的标准查表，按规定标注。

（4）技术要求分析：

①有配合要求或有相对运动的轴段，都应给出具体的**表面粗糙度**、**尺寸公差**和**形位公差**的数值，如图 9-67 所示。此外，对需要特殊保证的尺寸，如两轴承定位的轴肩距离也应给出公差值。

②技术要求栏中应注明零件**热处理**的内容，如**表面淬火**、**渗碳**、**渗氮**以及**调质处理**等。热处理的名词解释参见附录表 E-5。

2. 盘盖类零件

图 9-68 所示为铣刀头端盖的零件图，此零件具有盘盖类零件的典型结构。

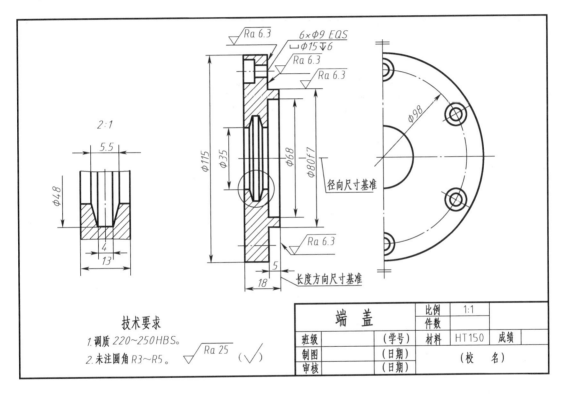

图 9-68 盘盖类（端盖）零件图

（1）结构分析。盘盖类零件一般包括法兰盘、端盖、盘座等，在机器中主要起支承、轴向定位及密封作用。此类零件的基本形状是扁平的盘状，有圆形、方形等多种形状。零件上常见的结构有**凸台**、**凹坑**、**螺孔**、**销孔**和**肋板**等。

（2）表达分析。大多数盘盖类零件在车床上加工，因此主视图应按加工位置选择。

盘盖类零件一般采用主、左（俯）两个视图，主视图采用全剖，左（俯）视图多表示其外形。零件上其他细小结构常采用**局部放大**和**简化画法**，如图 9-68 所示。

（3）尺寸分析。盘盖类零件主要是**径向尺寸**和**轴向尺寸**。径向尺寸的设计基准为轴线，轴向尺寸的设计基准为端面或经加工的较大结合面。零件各部分的**定形尺寸**和**定位尺寸**比较明显，标注尺寸时应注意同心圆上均布孔的标注和结构的内外形尺寸分开标注等。

（4）技术要求分析：

① 零件上有配合关系的表面（内、外表面）和起轴向定位作用的端面，其表面粗糙度的要求较高。

② 零件上有配合关系的孔、轴尺寸应给出相应的尺寸公差，如图 9-68 中的 φ80f7 所示。同时，重要的端面与孔、轴中心线应给出垂直度要求，平行的两轴孔间还应给出平行度的要求。

3. 叉架类零件

铣刀头中支架与箱体成为一整体，为了对叉架类零件特点有所了解，现以图 9-69 所示叉架类（杠杆）零件图为例说明。

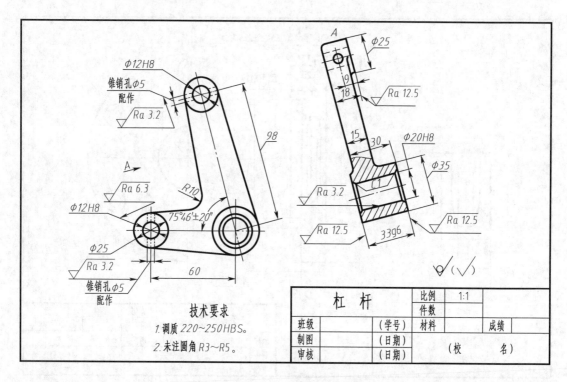

图 9-69　叉架类（杠杆）零件图

（1）结构分析。叉架类零件形式多样，结构较复杂，多为铸件、锻件，如拨叉、连杆和各种支架等。拨叉主要用在机床、内燃机等机构上，起操纵、调速作用。支架主要起支承和连接作用。

此类零件一般都具有**铸造圆角、取模斜度、凸台、凹坑、圆孔**和**肋板**等常见的工艺结构，如图 9-69 所示。

（2）表达分析。叉架类零件的加工位置难以分出主次，工作位置也不尽相同，因此在选主视图时，应将能较多地反映零件结构形状和相对位置的方向作为主视图方向，零件正放。

视图一般采用两个以上，如图 9-69 所示，杠杆的某些结构不平行于基本投影面，因此，采用斜视图（局部剖）反映形体的外形和局部内形。

（3）尺寸分析。叉架类零件的尺寸基准一般为孔的轴线、中心线、对称面，如图 9-69 所示。此类零件定形尺寸和定位尺寸较多，应运用形体分析的方法合理地标注出尺寸。同时还应考虑尺寸的精度与制模的方便。

（4）技术要求分析。叉架类零件，一般对**表面粗糙度**、**尺寸公差**、**形位公差**没有特别要求，但对孔径、某些角度或某部分的尺寸长度有一定的公差要求，如图 9-69 所示。

4. 箱体类零件

图 9-70 所示零件为铣刀头座体，此零件为箱体类零件。

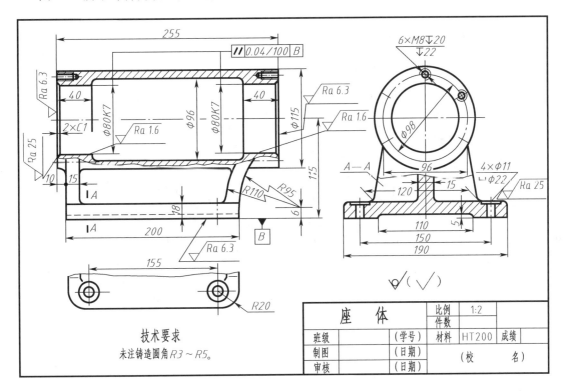

图 9-70　箱体类（铣刀头座体）零件图

（1）结构分析。箱体类零件的主要结构是由均匀的薄壁围成的不同形状的空腔，起容纳和支承作用。泵体、阀体、减速机的机体等都属于这类零件。此类零件一般为铸件经机械加工而成，零件上具有**加强肋**、**凸台**、**凹坑**、**铸造圆角**和**取模斜度**等常见结构，如图 9-70 所示。

（2）表达分析。箱体类零件结构复杂，加工位置变化较多，所以一般以工作位置和最能反映形体特征的一面作为主视图。通常采用三个以上基本视图。并结合剖视、断面等表达方法，表达出零件的内外形状特征。

（3）尺寸分析。箱体类零件长、宽、高三个方向的主要基准多为孔的轴线、零件的对称面和较大的加工平面。

箱体类零件定位尺寸多，各孔中心线之间的距离应直接标注出来，箱体上与其他零件有配合关系或装配关系的尺寸应注意零件间尺寸的协调，如底板上安装孔的中心距、座体与端盖的六个螺孔的中心距等，如图 9-70 所示。

（4）技术要求分析：

①对于铸造的箱体类零件，其铸件毛坯都要进行时效处理。

②轴孔是箱体类零件进行机械加工的重点部位，因此，零件图上应标注或写清楚对表面

粗糙度、尺寸公差、几何公差的具体要求。

9.9 绘制零件图

根据已有零件，凭目测徒手画出零件的草图，然后以零件草图为依据画出零件图，这个过程称为零件测绘。

在无图样的情况下改造、修配某些机器或部件时，都需要进行零件的测绘。

9.9.1 零件测绘的方法和步骤

下面以球阀上的阀盖（图 9-71）为例，说明零件测绘的方法和步骤。

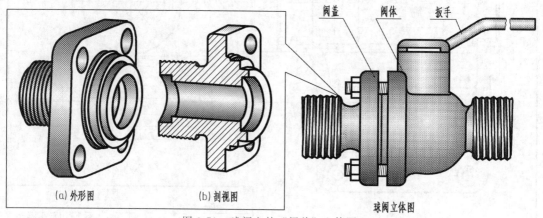

图 9-71 球阀上的"阀盖"立体图

1. 分析零件

首先应了解零件的名称、用途、材料以及在部件中的位置、作用和与相邻零件的关系。

阀盖为铸钢件，其内凸缘与阀体配合，用四个双头螺柱将阀盖与阀体连接起来，以形成流体通道，并起密封作用；阀盖外凸缘车制有外螺纹，与带有内螺纹的圆管相接形成管路系统。

2. 确定表达方案

根据零件的结构形状特征分析确定主视图及选择其他视图，并综合考虑是否需用剖视、断面和简化画法等表达方法，将零件清晰、简练地表示出来。据此，确定阀盖的合适的表达方案，应当是采用两个基本视图：主视图采用全剖（内外结构表达清晰），左视图不剖，如图 9-72b 所示。

3. 画零件草图

零件草图是绘制零件图的依据，因此，它应具备零件图的全部内容和要求。所画零件草图应做到投影关系正确、尺寸完整、字体工整、线型粗细分明。

画零件（阀盖）草图的步骤如图 9-72 所示。

4. 根据零件草图画零件图

根据零件草图整理后绘制出阀盖零件图，如图 9-73 所示。

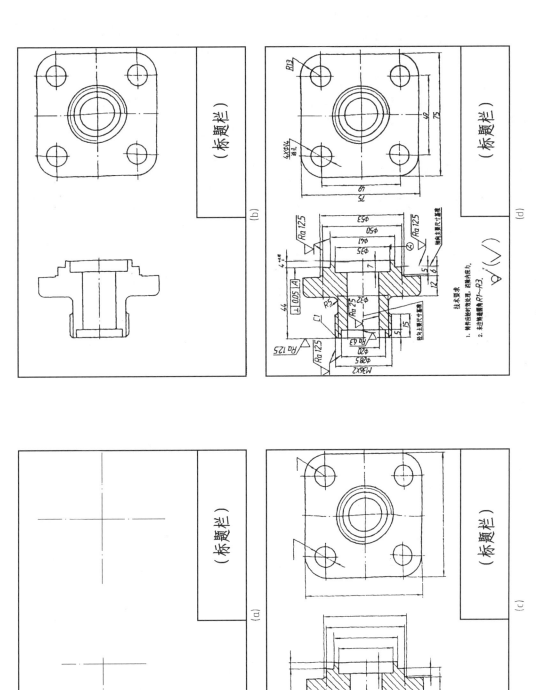

图9-72　画零件（阀盖）草图的步骤

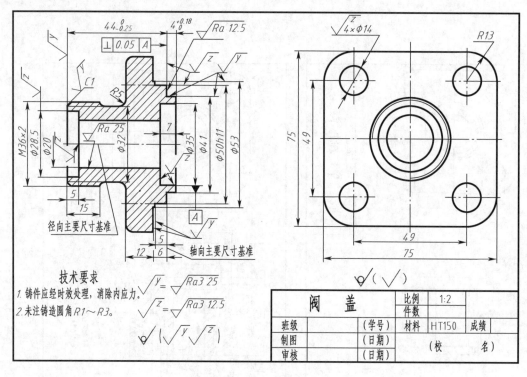

图 9-73　阀盖零件图

9.9.2　常用测量工具及测量方法

1. 常用量具

图 9-74 所示为几种常用量具。对于精度要求不高的尺寸可用**钢直尺**和**内、外卡钳**测量，精度要求较高的尺寸则用**游标卡尺**或**千分尺**等其他精密量具。

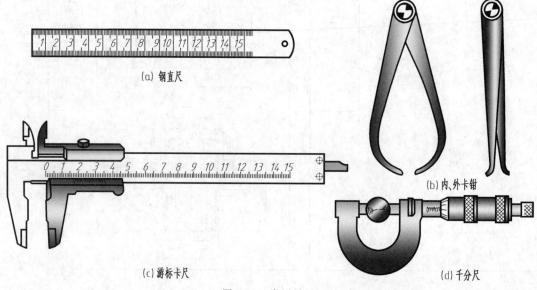

(a) 钢直尺

(b) 内、外卡钳

(c) 游标卡尺

(d) 千分尺

图 9-74　常用量具

2. 测量方法

（1）测量长度及内、外径一般使用钢直尺与内、外卡钳或游标卡尺、千分尺等，如图 9-75a、b、c 所示。测量壁厚的方法如图 9-75d 所示。

（2）测量孔的定位尺寸或孔的中心距的方法，如图 9-76 所示。

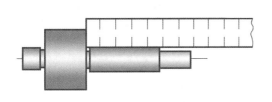

(a) 用直尺测量长度

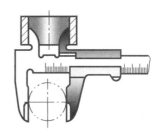

(b) 用游标卡尺测量内、外径

(c) 用内卡钳测量内孔直径

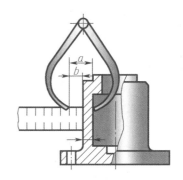

(d) 用外卡钳测量壁厚

图 9-75　常用量具测量方法

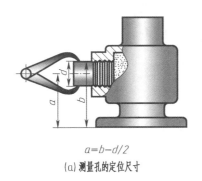

$a=b-d/2$

(a) 测量孔的定位尺寸

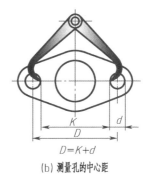

$D=K+d$

(b) 测量孔的中心距

图 9-76　孔的定位尺寸与中心距的测量

（3）曲线轮廓和曲面轮廓的确定可用铅丝法或拓印法，如图 9-77 所示。

（4）测量圆角、螺纹时可用**圆角规**和**螺纹规**等工具，如图 9-78 所示。

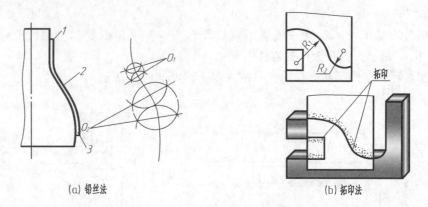

(a) 铅丝法　　　　　　　　　　　　(b) 拓印法

图 9-77　曲线与曲画轮廓的确定

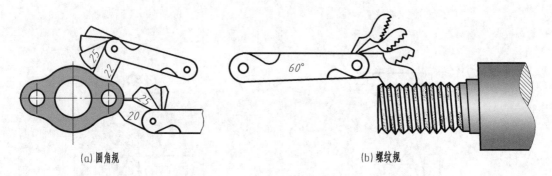

(a) 圆角规　　　　　　　　　　　　(b) 螺纹规

图 9-78　测量圆角、螺纹

9.9.3　零件测绘的注意事项

（1）零件上的缺陷（如气孔、砂眼）以及使用时造成的磨损、碰伤等，均不应画出。

（2）测绘零件草图上的工艺结构，如**键槽**、**退刀槽**、**销孔**、**螺纹**等，测量后应查相关手册，采用标准尺寸。

（3）零件上非配合尺寸，如果测得有小数，可取整数。对于配合尺寸应测出其基本尺寸，其配合性质及公差等级可根据零件的使用要求来确定。

复习思考题

1. 零件图在生产过程中起什么作用？一张完整的零件图应该包括哪些内容？

2. 零件的视图选择原则是什么？如何选定主视图？

3. 常见的零件按其结构形状大致可分成哪几类？它们通常具备哪些结构特点？其视图选择分别有哪些特点？

4. 什么叫尺寸基准？零件上具有哪几个方向的尺寸基准？什么叫辅助基准？为什么要设辅助基准？

5. 在零件图上标注尺寸的基本要求是什么？

6. 零件上一般常见的工艺结构有哪些？试简述零件上的倒角、退刀槽、沉孔、螺孔、键槽等结构的作用、画法和尺寸注法。

7. 零件图技术要求中的表面粗糙度参数有几种？最常用的是哪一种？其计量单位是什么？在粗糙度代号标注中如何表示？

8. 一个零件的全部表面具有相同的表面粗糙度要求时，可有哪几种标注方法？

9. 在零件图中标注线性尺寸公差有哪三种标注形式？

10. 配合代号由哪些内容组成？有哪几种标注形式？

11. 零件与标准件、外购件配合时如何标注？

12. 零件测绘中，常用的量具有哪些？如何使用这些量具测量零件尺寸？

第10章 装配图

装配图是用来表达机器或部件的图样，它是生产中的重要技术文件之一。

装配图主要表达机器或部件的工作原理、装配关系、结构形状和技术要求，用以指导机器或部件的装配，检验、调试、安装、维修等。

本章主要介绍装配图的内容、表达方法、尺寸标注、装配图的画法、识读装配图和由装配图拆画零件图的方法。

本章重点

- 掌握装配图的画法和尺寸的规定注法。学会识读装配图的方法。

本章难点

- 在理解装配体的设计意图中读懂装配体的装配原理。识读装配图时能想象出主要零件的结构形状，并能拆画一些典型零件。

知识链接

汽车工业标志着一个国家的科技水平，汽车工业所涉及的新技术范围之广、数量之多，是其他产业难以相比的。汽车是零件以万计、产量以万计、保有量以亿计的高科技产品，下图为某汽车厂总装配车间的繁忙景象。

检测后准备出厂的轿车

前桥与发动机的安装

车身的安装

流水线上车门的安装

10.1 装配图的概述

10.1.1 装配图的作用

机器或部件在生产过程中，一般要先进行设计，画出装配图，然后再根据装配图画出零件图；制造部门则首先根据零件图制造零件，然后再根据装配图将零件装配成机器（或部件）。装配图还是安装、调试、操作和检修机器或部件时必不可少的技术资料。由此可见，装配图是体现**设计意图**、指导**装配生产**和进行**技术交流**的重要文件。

10.1.2 装配图的内容

图 10-1 为机用虎钳装配与分解轴测图。

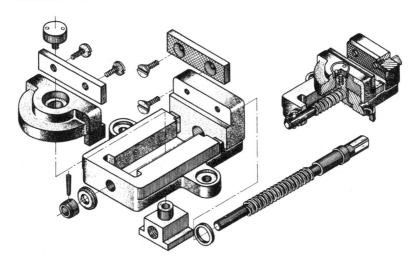

图 10-1 机用虎钳轴测图

一张完整的装配图（图 10-2）主要包括以下四个方面的内容：

（1）**一组视图**。用来表达装配体的构造、工作原理、零件间的装配与连接关系以及主要零件的结构形状。

（2）**必要的尺寸**。标注出装配体零件间的配合、连接关系及装配体规格、外形尺寸等。

（3）**技术要求**。用文字或符号说明装配、检验、调整、试车等方面的要求。

（4）**标题栏和明细表**。标题栏用来填写装配体的名称、比例、重量和图号及设计者姓名和设计单位。明细表用来记载零件名称、序号、材料、数量及标准件的规格、标准代号等。

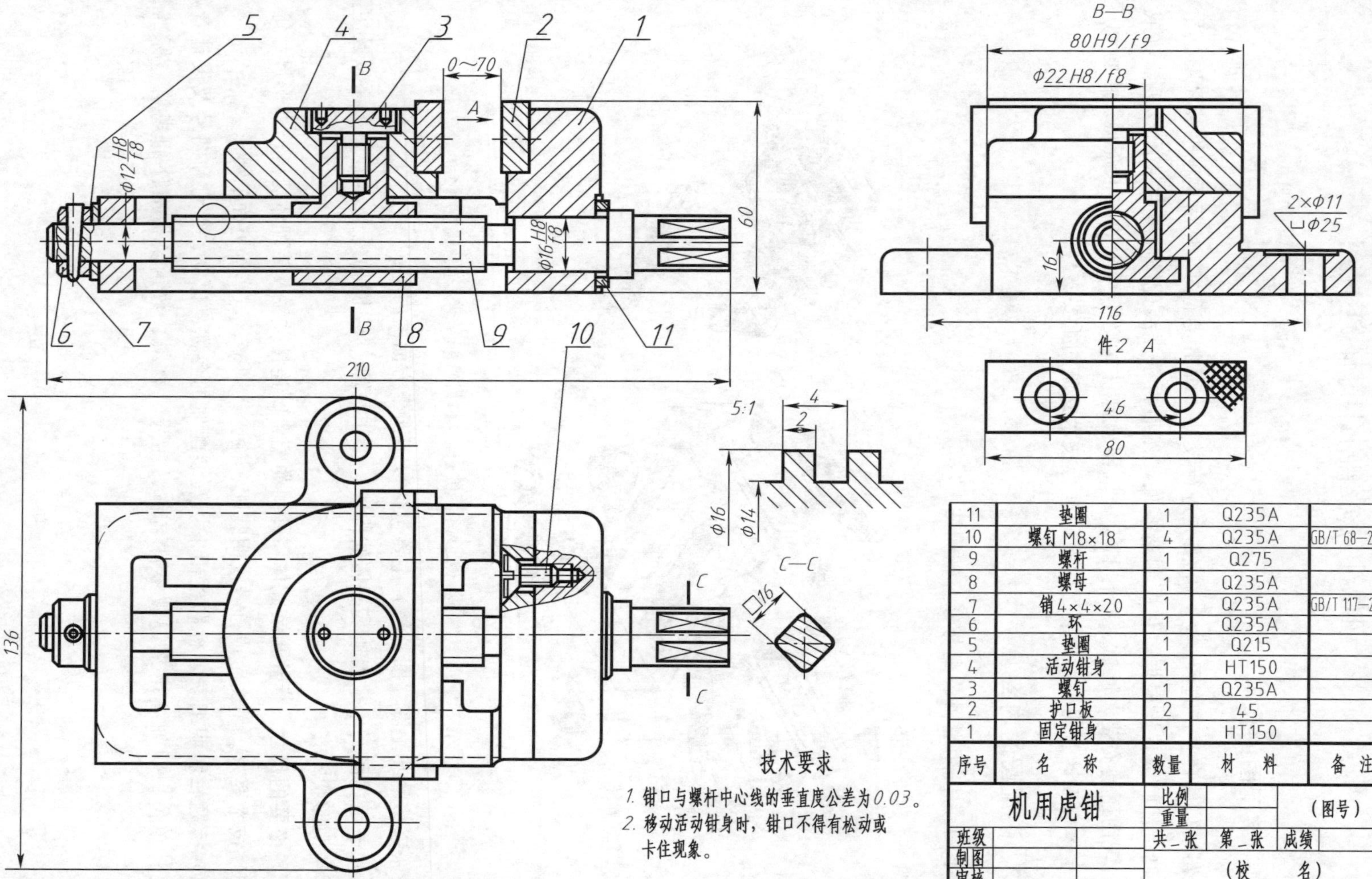

序号	名 称	数量	材 料	备 注
11	垫圈	1	Q235A	
10	螺钉 M8×18	4	Q235A	GB/T 68—2016
9	螺杆	1	Q275	
8	螺母	1	Q235A	
7	销4×L×20	1	Q235A	GB/T 117—2000
6	环	1	Q235A	
5	垫圈	1	Q215	
4	活动钳身	1	HT150	
3	螺钉	2	Q235A	
2	护口板	2	45	
1	固定钳身	1	HT150	

机用虎钳

比例
重量
共一张　第一张
（张）

（图号）

（名）

成绩

班级
制图
审核

技术要求

1. 钳口与螺杆中心线的垂直度公差为0.03。
2. 移动活动钳身时，钳口不得有松动或卡住现象。

图10-2　机用虎钳装配图

206

10.1.3　装配图画法的基本规定和特殊画法

零件图中的视图、剖视图、断面图等各种表示法，同样适用于装配图，但装配图着重表达装配体的结构特点、工作原理以及各零件间的装配关系。因此，国家标准对装配图提出了**基本的画法规定**和**特殊的画法规定**。

1. 装配图画法的基本规定

（1）接触面与配合面的画法。两相邻零件的接触面和配合面只画一条线。非配合、非接触表面不论间隙大小都必须画出两条线，如图 10-3 所示。

（2）实心件和紧固件的画法。装配图中的实心件（如轴、手柄、连杆、球、键、销等）和紧固件（如螺栓、螺钉、螺母等），若按纵向剖开，且剖切平面通过其基本轴线时，则这些零件均按不剖绘制，如图 10-2 所示。

当实心件上有些结构形状和装配关系需要表明时，可采用局部剖视来表达，如图 10-4 所示。

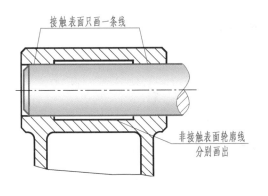

图 10-3　接触表面与非接触表面的画法

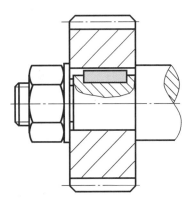

图 10-4　实心件和紧固件的画法

（3）剖面线的画法：

①同一个零件的剖面线在各个剖视图、断面图中应保持方向相同、间隔相等。

②相邻零件的剖面线倾斜方向应相反。

③三个零件相邻时，其中两个零件的剖面线方向相反，第三个零件要采用不同的剖面线间隔并与同方向的剖面线错开的方法画出，如图 10-5 所示。

2. 装配图的特殊画法

（1）拆卸画法。如图 10-6、图 10-7 所示可将某些零件拆卸后绘制，拆卸后需加说明时，可注上"拆去××等"。图 10-7 为正滑动轴承分解轴测图。图 10-7 为正滑动轴承装配图。图中所示的左视图拆去了油杯，使顶部结构外形表露清楚。

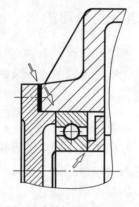

三相邻零件　　　　两相邻零件

图 10-5　剖面线的画法

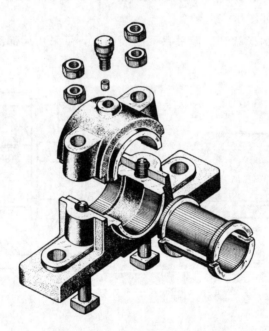

图 10-6　正滑动轴承分解轴测图

（2）夸大画法。在装配图中，为了清楚地表达较小的间隙与薄垫片等，在无法按其实际尺寸画出时，允许适当加以夸大画出，即将薄部加厚，细部加粗，间隙加宽；对于厚度、直径不超过 2mm 的被剖切薄、细零件，其剖面线可以涂黑表示，如图 10-5 中垫片所示。

（3）假想画法。对部件中某些零件的运动范围、极限位置或中间位置，可用双点画线画出其轮廓，如图 10-8 所示。对于与本部件有关但不属于本部件的相邻零部件，可用双点画线表示其与本部件的连接关系。

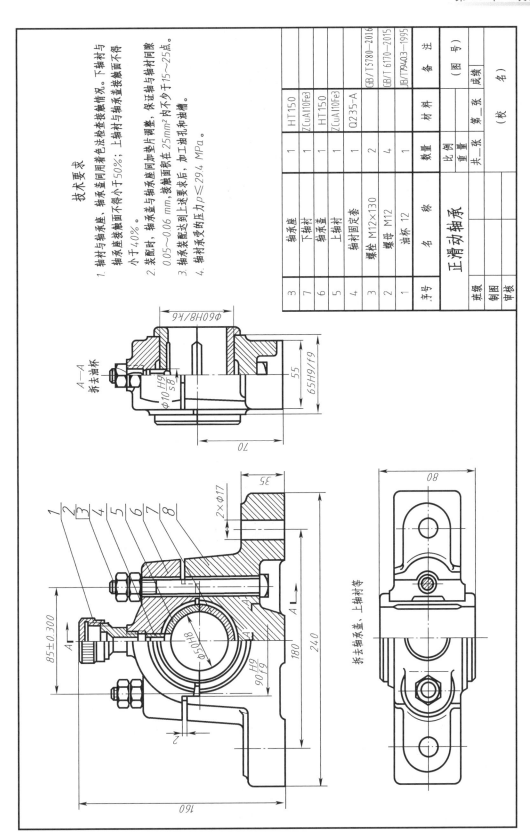

技术要求

1. 轴衬与轴承座、轴承盖同用着色法检查接触情况。下轴衬与轴承座接触面不得小于40%。

2. 装配时，轴衬与轴承座间加垫片调整，保证轴衬与轴衬间隙0.05～0.06 mm，接触面积在 25mm² 内不少于15～25点。

3. 轴衬装配达到上述要求后，加工油孔和油槽。

4. 轴衬受内压力 p≤2.94 MPa。

序号	名　称	数量	材　料	备　注
7	下轴衬	1	ZCuA110Fe3	GB/T 6170—2015
6	轴承盖	1	HT150	
5	上轴衬	1	ZCuA110Fe3	
4	轴衬固定套	1	Q235-A	
3	螺栓 M12×130	2		GB/T5780—2016
2	螺母 M12	4		
1	油杯 12	1		JB/T9403—1995
3	轴承座	1	HT150	

比例		共_张	第_张
重量			

正滑动轴承

班级		（图号）
制图		（校　名）
审核		成绩

图10-7　正滑动轴承装配图

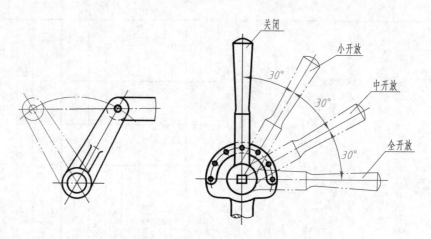

图 10-8　零件运动范围的画法

（4）简化画法：

①对于装配图中的螺栓连接等若干相同零件组，允许仅详细地画出一组，其余用细点画线表示出中心位置即可，如图 10-9 中的螺钉画法。

②装配图中的滚动轴承允许采用图 10-9 所示的规定画法和特征画法。在同一轴上相同型号的轴承，在不致引起误解时可只完整地画出一个（图 10-10）。

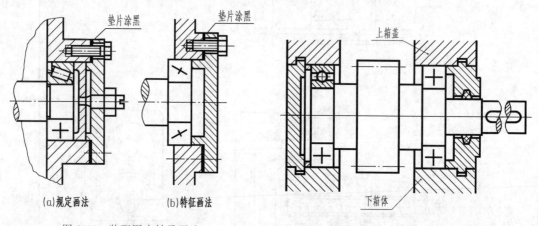

（a）规定画法　　（b）特征画法

图 10-9　装配图中轴承画法　　　　图 10-10　同一轴上相同型号滚动轴承画法

10.2　装配图的尺寸标注

装配图主要表示机器（或部件）中各零件之间的装配关系和工作原理，并用来指导装配工作，因此，装配图上标注尺寸与零件图上标注尺寸有所不同。它不需要注出零件的所有尺寸，而只注出以下几种必要的尺寸。

1. 性能尺寸（规格尺寸）

性能尺寸是指反映该机器或部件的规格和**工作性能**的尺寸。这种尺寸在设计时要首先确定，它是设计、了解和选用机器的依据。图 10-7 中正滑动轴承轴衬尺寸 $\phi 50H8$ 为性能尺寸。

2. 装配尺寸

装配尺寸是指表示零件间装配关系和工作精度的尺寸。

（1）配合尺寸。表示零件间有配合要求的一些重要尺寸。如图 10-7 中 ϕ 60H8/k6、90H9/f9 均为配合尺寸。

（2）相对位置尺寸。相关联的零件或部件间较重要的相对位置的尺寸。如图 10-7 中连接螺栓之间的定位尺寸 80±0.300 等。

3. 安装尺寸

安装尺寸是指表示机器或部件安装到其他机器、部件或地基上所需要的尺寸。如图 10-7 中 180 为安装尺寸。

4. 外形尺寸

外形尺寸是指表示机器或部件的总长、总宽和总高的尺寸。这些尺寸为机器的包装、运输、安装提供了数据。如图 11-8 中的外形尺寸 240×80×160。

5. 其他重要尺寸

其他重要尺寸主要指设计或装配时需要经过计算或根据需要而确定的重要尺寸。

必须指出，上述五种尺寸并不是每张装配图上都同时出现，另外有时同一个尺寸可能兼有几种意义。因此究竟需要标注哪些尺寸，应视装配体的具体情况而定。

10.3　装配图中的序号、明细表和技术要求

10.3.1　零部件序号及其编排方法（GB/T 4458.2—2003）

1. 基本要求

（1）装配图中所有的零部件均应编号。

（2）装配图中的一个部件可以只编写 1 个序号；同一装配图中相同的零部件用 1 个序号，且一般只标注 1 次；多次出现的相同的零部件，必要时也可重复标注。

（3）装配图中零部件的序号应与明细表中的序号一致。

（4）装配图中所用的指引线和基准线应按 GB/T 4457.2—2003《技术制图　图样画法指引线和基准线的基本规定》的规定绘制。

（5）装配图中的字体写法应符合 GB/T 14691 的规定。

2. 序号的编排方法

（1）如图 10-11 所示，装配图中编写零部件序号的表示方法有以下三种：

① 在水平的基准（细实线）上或圆（细实线）内注写序号，序号字号比该装配图中所注尺寸数字的**字号大一号**。

② 在水平的基准（细实线）上或圆（细实线）内注写序号，序号字号比该装配图中所注尺寸数字的**字号大两号**。

③ 在指引线附近注写序号，序号字高比图中尺寸**数字高度大两号**。

同一装配图中编排序号的形式应一致。

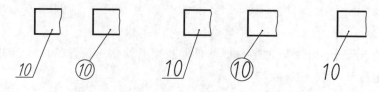

图 10-11　序号的编写方式

（2）指引线应自所指部分的可见轮廓内引出，并在末端画一圆点，如图 10-12 所示。若所指部分（很薄的零件或涂黑的剖面）内不便画圆点时，可在指引线的末端画出箭头，并指向该部分的轮廓，如图 10-12a 所示。

（3）指引线互相不能相交，当通过剖面区域时，指引线不应与剖面线平行。指引线可以画成折线，但只能曲折一次，如图 10-12a 所示。

对一组紧固件以及装配关系清楚的零件组，可采用公共指引线，如图 10-12b 所示。

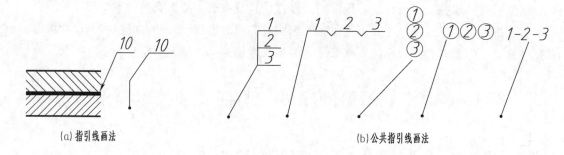

(a) 指引线画法　　　　　　　　　　　　　　　　(b) 公共指引线画法

图 10-12　指引线画法

（4）装配图中序号应按水平或垂直方向排列整齐，编排时按顺时针或逆时针方向顺序排列，在整个图上无法连续时，可只在每个水平或垂直方向顺次排列，如图 10-2、图 10-7 所示。

10.3.2　标题栏和明细表

对于装配图所用的标题栏及明细表的格式和内容，在制图作业中建议采用图 10-13 的格式。

明细表序号应按零件序号顺序自下而上填写，以便在发现有漏编零件时可继续向上补填。为此，明细表最上面的边框线规定用细实线绘制。明细表表格向上位置不够时，可以延续放在标题栏的左边，如图 10-7 正滑动轴承装配图所示。

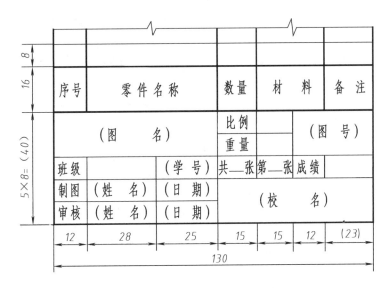

图 10-13　标题栏和明细表（供学校画图时参考）

10.3.3　技术要求

装配图中一般应注写以下几方面的要求：

（1）部件装配后应达到的性能要求，如图 10-7 中技术要求所示。

（2）部件装配过程中的特殊加工要求。例如有的表面需在装配后加工，有的孔需要将有关零件装好后配作，类似这些要求都需要在装配图中注明。

（3）检验、试验方面的要求。

（4）对产品的维护、保养、使用时的注意事项及要求。

上述各类技术要求，并不是每张装配图都要注全，究竟应该注哪些，应根据需要而定。技术要求通常注写在图纸的右下方空白处，也可编成技术文件，作为图样的附件。

10.4　识读装配图

10.4.1　读装配图的方法与步骤

在进行机器设计、制造、使用、维修和技术革新等各种生产活动中，都涉及到读装配图的问题，因此，熟练地阅读装配图是工程技术人员必备的能力。

1. 读装配图的基本要求

（1）了解装配体的名称、用途、性能及工作原理。

（2）了解装配体中各零件间的相对位置 、装配关系、连接方式以及装拆顺序。

（3）弄清楚各零件（特别是几个主要零件）的结构形状和作用。

2. 读装配图的方法和步骤

现以图 10-14 所示齿轮油泵装配图为例，说明读装配图的一般方法和步骤。

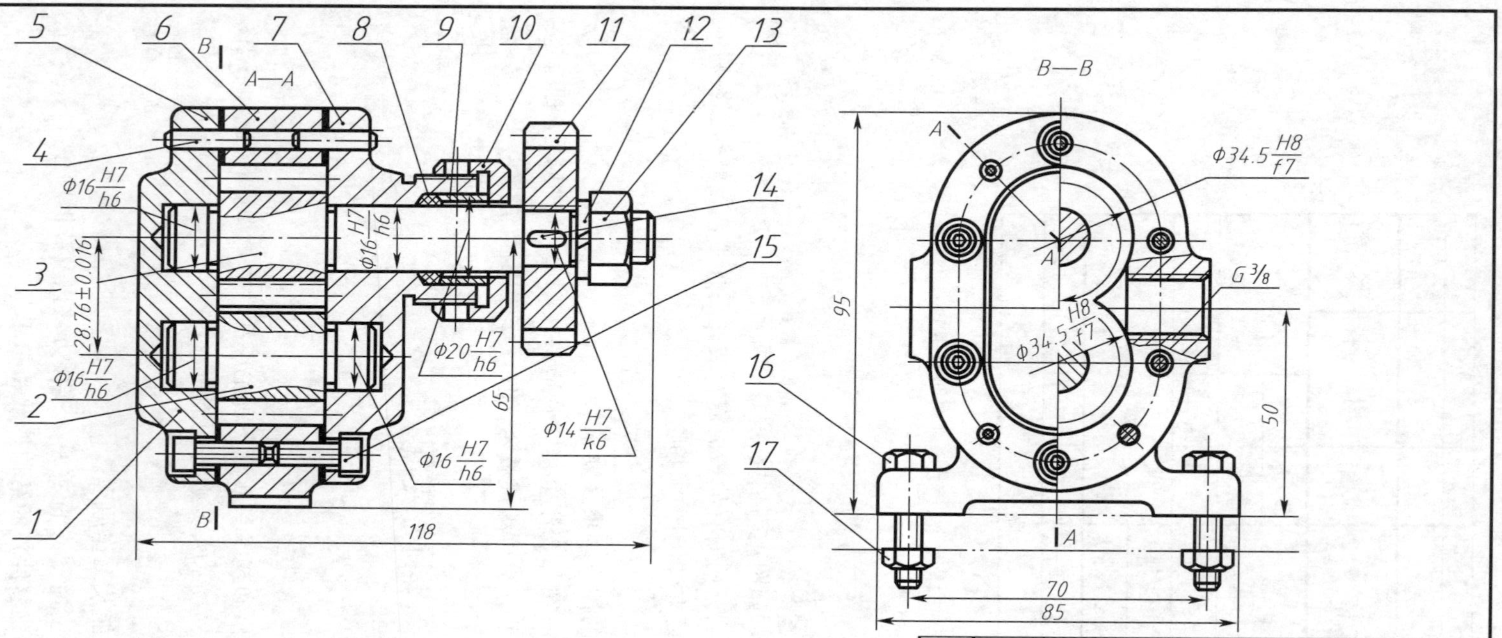

技术要求

1. 齿轮安装后，用手转动传动齿轮时，应灵活旋转；
2. 两齿轮轮齿的啮合面占齿长的3/4以上。

序号	名称	数量	材料	备注
17	螺母 M6	2	Q235	GB/T 6170—2016
16	螺栓 M6×30	2	Q235	GB/T 5781—2016
15	螺钉 M6×16	12	35	GB/T 70—2016
14	键 5×5×10	1	45	GB/T 1096—2003
13	螺母 M12×1.5	1	35	GB/T 6171—2016
12	垫圈 12	1	65Mn	GB/T 93—1987
11	传动齿轮	1	45	m=2.5、z=20
10	压紧螺母	1	35	
9	轴套	1	ZCuSn5PbZn5	
8	密封圈	1	橡胶	
7	右端盖	1	HT200	
6	泵体	1	HT200	
5	垫片	2	纸	δ=1
4	销 A5×18	4	45	GB/T 119—2000
3	传动齿轮轴	1	45	m=3、z=9
2	齿轮轴	1	45	m=3、z=9
1	左端盖	1	HT200	

齿轮油泵		比例			(图号)
		质量			
班级		共_张	第_张	成绩	
制图				(校名)	
审核					

图10-14　齿轮油泵装配图

（1）概括了解。首先由标题栏了解装配体名称和用途，由明细表了解零件的名称、种类、数量，从外形尺寸了解装配体的大小，从视图中可大致估计出装配体的繁简程度。

由图 10-14 中标题栏和明细表得知，装配体名称为"齿轮油泵"，共由 17 种零件组成。它的外形尺寸是 118、85、95。从视图可看出此装配体属较简单的部件。

（2）分析视图。首先了解装配图选用了哪些视图，搞清各视图间的投影关系以及每个视图表达的主要内容。

图 10-14 中，齿轮油泵共选用了两个基本视图。主视图采用"A—A"剖获得的全剖视图，清楚地反映出油泵的外部形状和一对齿轮的啮合情况；左视图采用了拆卸画法，沿端盖 1 和泵体 6 的结合面剖切，使齿轮油泵内外形状从另一角度表达出来；进油孔的结构采用局部剖视来表达。

（3）了解工作原理和装配关系。在概括了解和分析视图之后，应进一步根据各视图分析机器或部件工作原理和装配关系。

在分析时，一般从表达装配关系和工作原理较多的视图开始（多为主视图），逐步地看懂零件间的装配关系。

齿轮油泵工作原理，如图 10-15 所示。当一对齿轮的啮合齿逐渐分开时，进油口一侧容积增大，压力降低，油池内的油被吸入泵内。随着齿轮的传动，齿槽内的油被送到出油口。由于轮齿的不断啮合，出油口容积缩小，油被压入排出管，送至机器中需要润滑的部位。

凡属泵、阀类部件都要考虑防漏问题。为此，在泵体与端盖间加入防漏垫片 5，并在传动齿轮轴 3 的伸出端用填料 8、轴套 9、压紧螺母 10 加以密封。

齿轮油泵装配关系从图 10-14 中可以看出，端盖与泵体采用 4 个圆柱销定位、12 个螺钉紧固在一起。

传动齿轮轴 3 和传动齿轮 11 间采用基孔制过渡配合（φ14H7/k6）。齿轮轴 2、传动齿轮轴 3 与两端盖孔间采用基孔制（或基轴制）间隙配合（φ16H7/h6），这样既能保证轴在两端盖孔中转动，又可减小或避免轴的径向跳动。

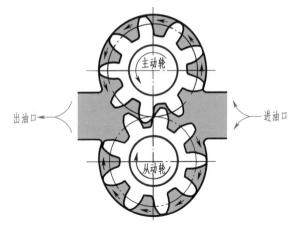

图 10-15　油泵工作原理示意图

啮合齿轮中心距为 28.76±0.016，精度要求较高。中心距尺寸准确与否将会直接影响齿轮油泵的质量。

（4）分析零件的形状。应首先分析装配体的主要零件，再看次要零件。分析零件首先要将零件从装配图中分离出来。分离的方法如下：

① 根据零件编号，直接找到各零件。

② 根据投影关系，在相关视图中读出零件。

③ 根据各零件剖面线方向和间隔，分清零件轮廓范围。

④ 借助丁字尺、三角板、分规等查找其投影关系。

根据装配体视图 10-14 所示，装配体中零件（件 1、2、3、7）是主要零件，利用形体分析法并综合以上分析，可以将其零件形状分析清楚。

（5）归纳总结。对装配关系、主要零件的结构形状、尺寸和技术要求进行综合归纳，从而对整个装配体有一个完整的概念，为下一步拆画零件图打下基础。实际读图时，上述步骤是不能截然分开的，常常是边了解、边分析、边综合地进行，随着各个零件分析完毕，装配体就可以综合阅读清楚。图 10-16 为齿轮油泵轴测装配图，供读图时参考。

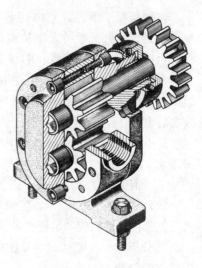

10.4.2　由装配图拆画零件图

根据装配图拆画零件图（简称拆图）是产品设计过程中的重要工作。拆图应在看懂装配图的基础上进行。拆图前，要全面了解该装配体的设计意图，弄清楚装配关系、技术要求和每个零件的结构形状。

图 10-16　齿轮油泵轴测装配图

1. 拆画零件图步骤

（1）确定视图表达方案。由于零件图与装配图表达的内容与目的不同，因此拆画零件图时可以参考装配图的表达方案，但不能照搬。同时应对所拆零件做全面分析，并按零件视图的表达要求重新安排视图。

（2）画所拆零件图形。装配图的视图表达方案主要是从表达装配关系和整个部件情况考虑的。对所拆分离出来的零件的视图不应简单照抄，而应该根据零件的结构形状、零件图的视图选择原则重新考虑。但在通常情况下，零件的主视图方向与装配图还是一致的。

（3）补全工艺结构。在装配图上，零件的细小工艺结构，如倒角、圆角、退刀槽等，往往予以省略。拆画零件图时，这些结构应该补全，并加以标准化。

（4）补齐尺寸、注写技术要求。装配图上零件尺寸标注不完全，因此在拆画零件图时，除抄注与该零件有关的尺寸外，其余各部尺寸应按比例从装配图中量取。对于零件的标准结构、工艺结构应查相关手册。

技术要求在零件图上占有重要地位，它直接影响零件的加工质量。零件的表面粗糙度、尺寸公差、几何公差和热处理（时效处理）等，涉及到许多专业知识，初学者可参照同类产品的相应零件图用类比法确定。

2. 拆画零件图举例

下面以拆画图 10-14 齿轮油泵装配图中的左端盖为例，说明拆画零件图的方法和步骤。

（1）确定零件的结构形状

在装配图的主、左视图上可以清楚地看出左端盖的内外结构形状，同时左视图还清楚地表示出销孔、沉孔的尺寸与位置。

（2）选择表达方案

经过分析确定左端盖主视图投射方向与装配图主视图相同，同样采用 $A—A$ 全剖视图。从剖视图中可以看清左端盖侧面轮廓、内部结构形状以及内孔中心距。

主视图上未能表达该件的端面形状和孔的分布情况，可选左视图进行表达。

（3）尺寸标注。除了标注装配图上已给出的尺寸和可直接量取的一般尺寸外，还应确定以下几个特殊尺寸：

① 根据"M6"查相关标准，确定内六角圆柱头螺钉用的通孔尺寸为 $6 \times \phi 6.6$，沉孔 ϕ 11 深 6.8。

② 为了保证圆柱销定位的准确性，销孔应与泵体同钻铰。

③ 确定沉孔、销孔的定位尺寸为 R22。该尺寸必须与右端盖和泵体上的相关尺寸协调一致。

（4）注写技术要求。通过分析齿轮油泵装配图和参考同类产品的资料来确定各项技术要求。

① 表面粗糙度的确定。在端盖上的有钻铰要求的孔、有相对运动的孔以及相互配合的孔的表面，其表面质量要求都比较高，故给出 Ra 的上限值分别为 $0.8 \mu m$ 和 $1.6 \mu m$；其他表面粗糙度 Ra 值可按常规给出。

② 配合孔的极限偏差值的确定。首先从装配图中查出孔的配合代号，然后查表求出极限偏差值。例如：$\phi 16H7$，查表可得 $\phi 16^{+0.018}_{0}$。

③ 几何公差和热处理的确定。从有关同类产品的资料得知，齿轮轴中心距、两轴的平行度和轴孔中心线与基准端面的垂直度，是保证油泵质量的重要指标。因此，确定端盖接触面为 B 基准，孔 $\phi 16^{+0.018}_{0}$。轴线为 C 基准。两轴孔间平行度公差采用 0.04 mm。孔 $\phi 16^{+0.018}_{0}$ 轴线对基准 B 的垂直度公差采用 0.1 mm。左端盖为铸件，应经时效处理。

综上所述，绘出左端盖的零件图，如图 10-17 所示。

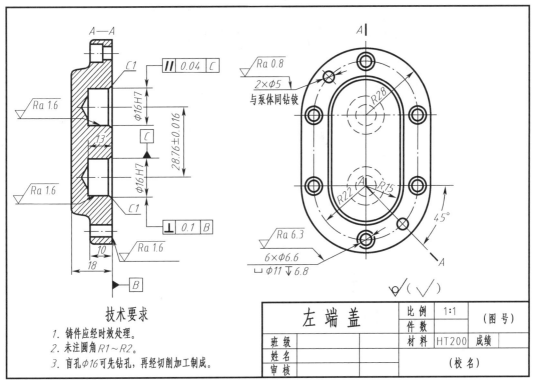

图 10-17　左端盖的零件图

10.5　画装配图的方法与步骤

测绘机器或部件时先画出零件草图，再依据零件草图拼画成装配图。

画装配图与画零件图的方法步骤类似。画装配图时，先要了解装配体的工作原理，各种零件的数量及其在装配体中的功能，以及零件间的装配关系。现以铣刀头为例，说明画装配图的方法与步骤。

1. 了解和分析装配体

图 10-18 为铣刀头装配轴测图。图 10-19 为铣刀头装配示意图。

铣刀头是安装在铣床上的一个专用部件，其作用是安装铣刀，铣削零件。由图 10-19 可知该部件由 16 种零件组成（其中标准件 10 件）。

铣刀头中主要零件有铣刀轴、V 带轮和座体，为了清楚表达铣刀头装配图（图 10-20）的工作原理和装配关系，常使用简单的线条和符号形象地画出装配示意图，供画装配图时参考，如图 10-19所示。

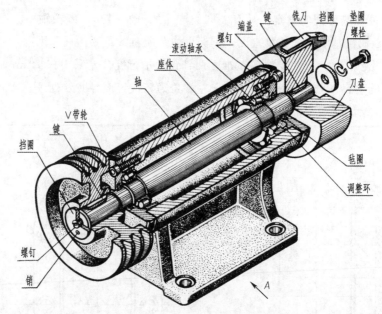

图 10-18　铣刀头轴测图

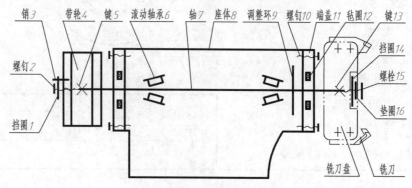

图 10-19　铣刀头装配示意图

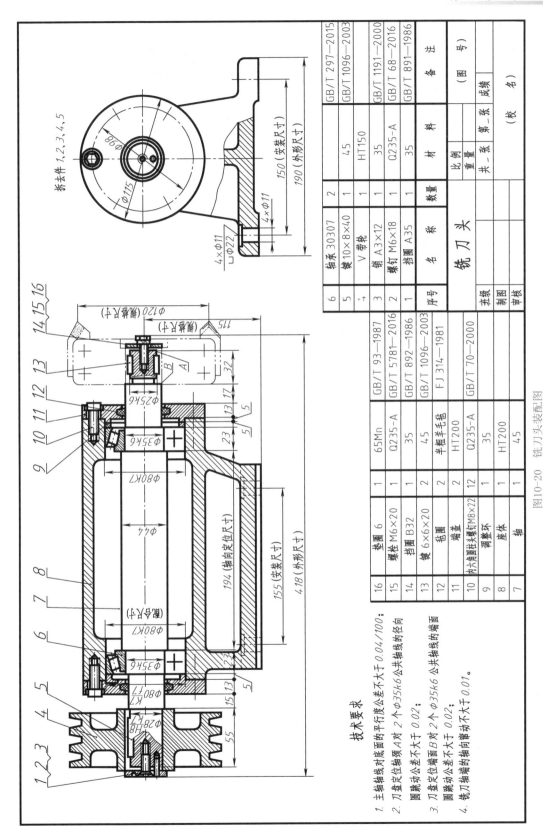

拆去件 1,2,3,4,5

Φ98
Φ115
4×Φ11
4×Φ11
⌴Φ22
150（安装尺寸）
190（外形尺寸）

14 15 16
13 12 11 10
9
8 7
6
5
4 3
1 2 3

Φ120（外形尺寸）
115
Φ25k6
Φ35k6
Φ80K7
B A
Φ44
Φ80K7
Φ35k6
Φ80 K7
Φ28 H8 f7
194（轴向定位尺寸）
155（安装尺寸）
418（外形尺寸）
55
15 13
5
23
13 13 17
32
5
5

技术要求

1. 主轴轴线对底面的平行度公差不大于 0.04/100；
2. 刀垫定位轴颈 A 对 2 个 Φ35k6 公共轴线的径向
   圆跳动公差不大于 0.02；
3. 刀垫定位端面 B 对 2 个 Φ35k6 公共轴线的端面
   圆跳动公差不大于 0.02；
4. 铣刀轴端的轴向窜动不大于 0.01。

16	垫圈 6	1	65Mn	GB/T 93—1987
15	螺栓 M6×20	1	Q235-A	GB/T 5781—2016
14	挡圈 B32	1	35	GB/T 892—1986
13	键 6×6×20	2	45	GB/T 1096—2003
12	毡圈	2	半粗羊毛毡	FJ 314—1981
11	端盖	2	HT200	
10	内六角圆柱头螺钉M8×22	12	Q235-A	GB/T 70—2000
9	调整环	1	35	
8	座体	1	HT200	
7	轴	1	45	
6	轴承 30307	2		GB/T 297—2015
5	键 10×8×40	1	45	GB/T 1096—2003
4	V 带轮	1	HT150	
3	销 A3×12	1	35	GB/T 1191—2000
2	螺钉 M6×18	1	Q235-A	GB/T 68—2016
1	挡圈 A35	1	35	GB/T 891—1986
序号	名 称	数量	材 料	备 注

铣 刀 头

制图		比例		（图 号）
审核		重量	共 张 第 张	（校 名）
		成绩		

图10-20　铣刀头装配图

2. 确定表达方案

(1) 主视图的选择。主视图应能反映部件的主要装配关系和工作原理。如图 10-20 所示，铣刀头座体水平放置，符合工作位置，主视图彩用全剖，并在轴两端作局部剖视，清楚地表示出铣刀头的装配干线。

(2) 其他视图的选择。其他视图用于补充主视图尚未表达清楚的部分，同时应重点突出，尽量采用较少的视图，避免内容重复。

如图 10-20 所示，主视图确定后，为了表达出座体形状，增加左视图并在左视图中采用"拆卸画法"拆去零件 1~5，同时增加局部剖视反映出安装孔和其他内容形状。

3. 画装配图的一般步骤

根据选定的视图表达方案，可以进行装配图的绘制。画装配图时应按一定步骤进行，先确定合适的比例和图幅，然后从主要零件、主要视图开始打底稿，逐步绘制所有零件的视图。在画图时要考虑和解决有关零件的定位和相互遮挡的问题，一般应先画可见零件，被遮挡的零件可省略不画。

现以图 10-20 所示铣刀头为例，简述画图步骤。

(1) 画出作图基准线（座体底面线），量取尺寸 115 画出传动轴中心线（装配干线），在左视图上画出轴的对称中心线，如图 10-21 所示。

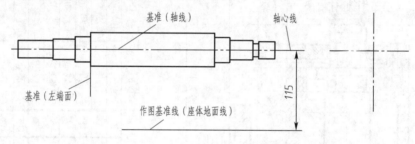

图 10-21　画中心线和传动轴

(2) 画出各视图的主要轮廓。首先画出传动轴主视图（图 10-21），再画出滚动轴承和座体的视图（图 10-22）。轴承靠轴肩左端面定位，画座体时应以此端面为控制基准；根据装配时左端盖压紧轴承这个要求，就可以确定座体的位置（见图 10-22 中文字说明）。

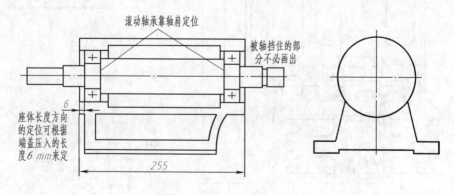

图 10-22　画轴承和座体

(3) 画出端盖、带轮，再画出部件的次要结构和其他零件，如调整环、键连接、挡圈、螺钉连接等，完成细部结构，如图 10-23 所示。

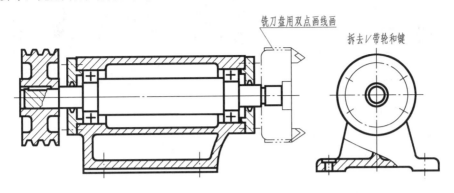

图 10-23　画皮带轮、端盖等零件

（4）视图检查和修改后加深轮廓线，注上尺寸和公差配合，画剖面线，标注序号，填写标题栏和明细表，写明技术要求，完成装配图。

10.6　装配结构简介

在设计和绘制装配图的过程中，应重视装配结构的合理性，以保证机器和部件的性能，并给零件的加工、装配与拆卸带来方便。确定合理的装配结构主要考虑以下几点。

10.6.1　装配结构的合理性

1. 单向接触一次性原则

两零件在同一方向接触面只能有一个，否则无法满足装配要求，如图 10-24 所示。

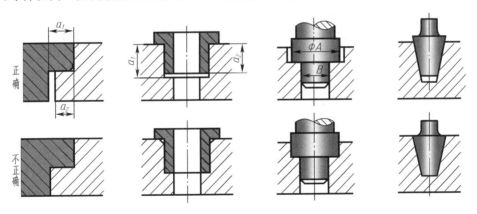

图 10-24　零件接触面数量的要求

2. 孔边倒角或轴根切槽原则

为了保证零件之间相邻两接触面良好接触，可将孔边加工出适当倒角（或倒圆）；或将轴根处加工出槽（退刀槽或越程槽），如图 10-25 所示。

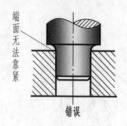
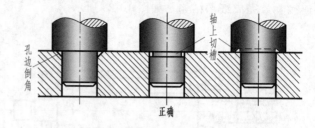

图 10-25　轴肩与孔口接触的画法

10.6.2　装拆的合理结构

（1）考虑到装拆的方便与可能，应留出扳手的转动空间，并考虑足够的安装和拆卸紧固件的空间，如图 10-26 所示。

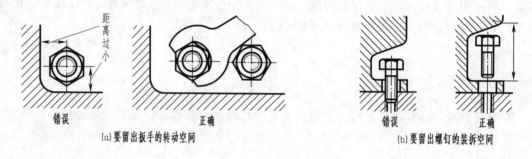

图 10-26　装拆的合理结构

（2）滚动轴承的安装与拆卸应考虑方便性和拆卸的合理性，如图 10-27 所示。

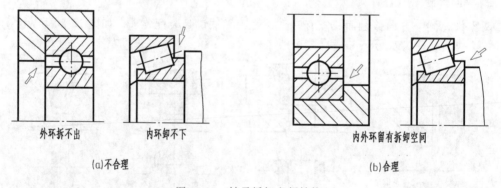

图 10-27　轴承拆卸方便结构

10.6.3　其他装配结构

1. 防松装置

机器运动时，由于受到震动或冲击，螺纹连接件可能发生松动。因此，在机构中需要设计防松结构。图 10-28 所示为几种常见的防松结构。

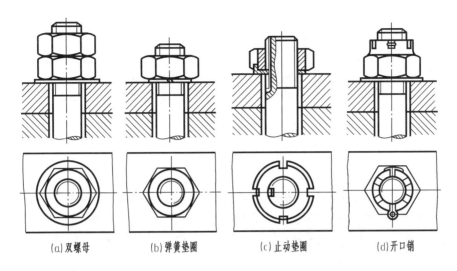

图 10-28　防松装置

2. 密封装置

机器中需要润滑或防漏的机件需要进行密封。常见的密封方法如图 10-29 所示。

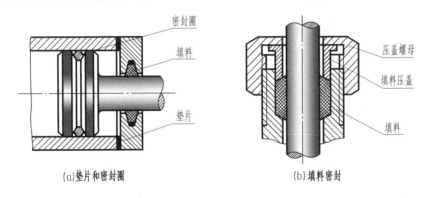

图 10-29　密封装置

复习思考题

1. 一张完整的装配图应该包括哪些内容？
2. 装配图有哪些特殊画法？
3. 在装配图中一般应标注哪几类尺寸？
4. 装配图中的零部件序号编注时应遵守哪些规定？
5. 读装配图的目的是什么？应该读懂部件的哪些内容？

*第 11 章 专用图样识读

在工业生产中，经常需要用金属板材制成锅炉、油罐、管道、防护罩等设备。在制造时先画出有关的展开图，然后下料、加工成形，最后经焊接或铆接制作而成。

本章主要介绍表面展开图的绘制和金属焊接方法、代号、焊缝的规定画法、标注方法。

本章重点

- 掌握"旋转法"求物体接线实长的图解方法。
- 了解金属焊接图焊缝的表示方法和标注方法。

本章难点

- 可展曲面立体的表面展开作图过程。
- 焊接方法在图样中的表示。

知识链接 焊接技术的应用

焊接在现代工业生产中具有重要的地位和作用，在桥梁、舰船、锅炉、管道、铁道、车辆、汽车车体、起重机械、石油化工、冶金设备等制造方面都离不开焊接。随着焊接技术的发展，焊接方法由人工焊发展到智能机器人焊接，焊接质量及生产率也不断提高，焊接技术应用在生产中将更加广泛。

工人正在焊接钢板

焊接零件

机械手正在焊接汽车骨架　　　　　　　　　焊接前打磨工件

11.1　表面展开图

在工业生产中，钣金制品是由金属板材弯卷、焊接而成的，如**锅炉**、**油罐**、**管道**、**防护罩**等设备。在制造时先画出有关的展开图，然后下料、加工成形，最后经过焊接或铆接制作而成。

将立体表面的实际形状和大小依次摊平在同一平面上，展开后得到的图形称为**表面展开图**，简称展开图，如图 11-1 所示。

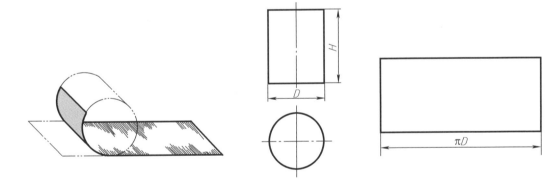

图 11-1　圆管的展开

立体表面分为**可展表面**与**不可展表面**两种。平面立体表面属可展表面，如棱柱、棱锥等；回转体表面中，圆柱、圆锥属可展表面，圆球、圆环等属不可展表面。通常不可展表面可采用近似法展开。

11.1.1　求一般位置线段的实长

绘制展开图时需要知道物体视图各棱线的实长（各面的实形），当棱线处于一般位置时，就需要用**图解法**求出实长。求棱线实长的方法可采用**旋转法**。

1. 求线段实长

如图 11-2 所示，AB 为一般位置直线，过端点 A 取垂直于 H 面的直线 OO_1 为轴，将 AB 绕轴旋转到正平线位置 AB_1，其新的正面投影 $a'b_1'$ 即反映 AB 实长。从图中可得出点的旋转规律：当一点绕垂直于投影面的轴旋转时，它的运动轨迹在该投影面上的投影为一圆，而在另一投影面上的投影为一平行于投影轴的直线。

作图步骤：

（1）以 a 为圆心，把 ab 旋转到与 OX 轴平行的位置 ab_1；

（2）过 b' 作 OX 轴平行线，过 b_1 作 OX 轴垂线，两线相并得交点 b_1'；

（3）连接 $a'b_1'$ 即得线段 AB 的实长。

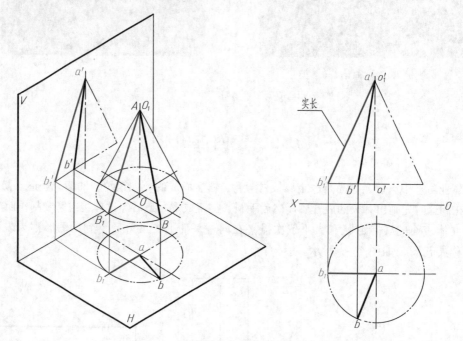

图 11-2　用旋转法求一般位置线段实长

2. 求三角形实形

如图 11-3 所示的△ABC，先求出三角形各边实长，然后作出三角形。

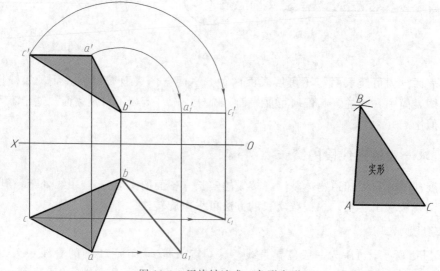

图 11-3　用旋转法求三角形实形

作图步骤：

（1）AC 边为水平线，ac 等于实长；

（2）用旋转法分别求出 AB 边实长 a_1b 和 BC 边实长 bc_1；

（3）用三段实长线作出 $\triangle ABC$ 实形。

11.1.2 平面立体的表面展开

由于平面立体的表面都是平面，因此平面立体的展开归结为求出各表面的实形，依次排列在一个平面上即可得到平面立体的表面展开图。

1. 棱柱管的展开

如图 11-4 所示，斜口四棱柱管的前后表面为梯形，左右表面为矩形；底边与水平面平行，水平投影反映各底边实长，棱线之间相互平行且垂直于底面，其正面投影反映各棱线实长，由此可直接画出展开图。

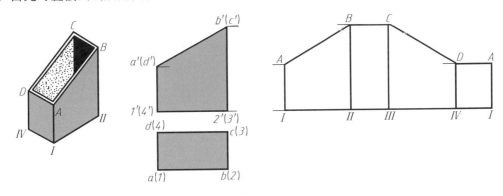

图 11-4　斜口四棱柱管的展开

2. 棱锥管的展开

图 11-5 所示为平口正四棱台，其表面为四个梯形，可先按四棱锥管求出侧棱的实长（旋转法），以此为半径画扇形，再在扇形内截出四个等腰梯形。

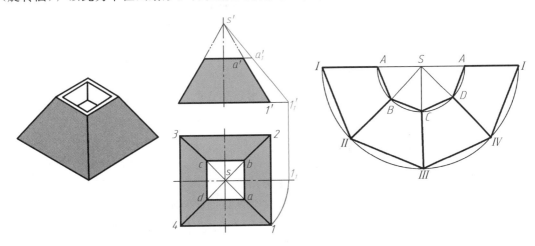

图 11-5　平口正四棱台管的展开

11.1.3　可展曲面立体的表面展开

1. 斜口圆管的展开

如图 11-6 所示，斜口圆管表面素线相互平行且垂直于水平面，其水平投影为一圆；表面素线的长短虽不同，但其正面投影均反映素线的实长。

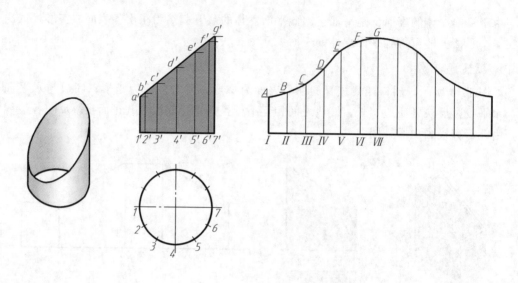

图 11-6　斜口圆管的展开

画展开图时，首先将底圆进行等分，即在圆管表面确定若干条素线；将底圆展成直线，确定各等分点所在的位置；过这些点作该直线的垂线，在垂线上截取各素线的实长；最后将各素线的端点连成光滑的曲线即得。

2. 方圆变形接头的表面展开

方圆变形接头的表面由四个全等的等腰三角形和四个相同的局部锥面组成。接头的上口和下口在水平投影中反映实形和实长；三角形的左右两边和锥面上的所有素线均为一般位置直线，只有求出其实长，才能画出展开图。

画展开图时，首先将水平投影中的圆周等分，将等分点和相近的角点相连接；然后求出素线的实长，依次画出各三角形的实形；最后光滑连接各点，圆口为曲线，方口为折线，即得方圆变形接头的**展开图**，如图 11-7 所示。

11.1.4　展开实例——环形弯管的展开

环形弯管接头属不可展表面，可采用**近似方法**展开。

将四节圆环面弯管接头分成多段，以等径斜口圆柱面代替圆环面作近似展开。为了简化作图和节料，可把四节斜口圆管拼成一个直圆管来展开，其作图方法与斜口圆管的展开方法相同，如图 11-8 所示。

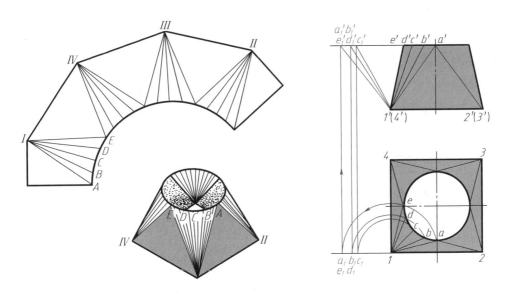

图 11-7　方圆变形接头的展开

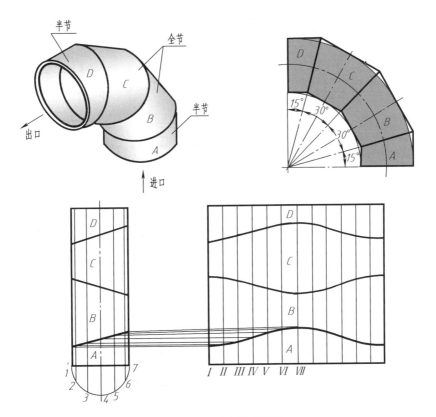

图 11-8　环形弯管的展开

11.2 焊 接 图

焊接是将金属制品利用局部加热、填充熔化金属，然后将金属制品连接部分熔合在一起，使焊件达到原子结合的一种加工方法。**焊接是一种不可拆的连接**，焊接工艺简单、连接可靠所以广泛应用于机械制造、造船、石油化工、航天技术以及建筑部分。常见的焊接形式有对接接头、搭接接头、T 形接头和角接接头等。

11.2.1 焊缝符号及其标注方法

焊缝符号由基本符号与指引线组成，必要时还可以加上辅助符号、补充符号和焊缝尺寸符号。焊缝符号按 GB/T 324—2008《焊缝符号表示法》绘制。

1. 基本符号

表示焊缝横断面形状的符号，采用近似焊缝横断面形状的符号来表示。基本符号用粗实线绘制。常用焊缝的基本符号、图示法及标注方法示例见表 11-1，其他焊缝的基本符号可查阅 GB/T 12212—2012《技术制图焊缝符号的尺寸、比例及简化表示法》。

表 11-1 常用焊缝的基本符号、图示法及标注方法示例

名称	符号	示意图	图 示 法	标注方法
I 形焊缝	‖		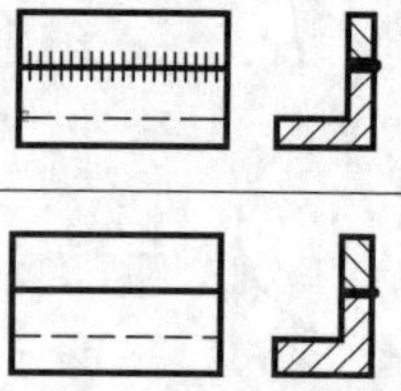	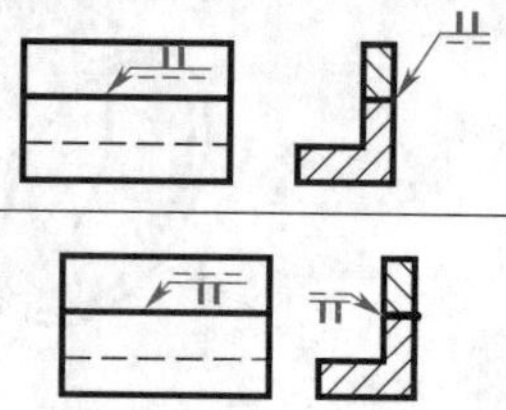
V 形焊缝	V		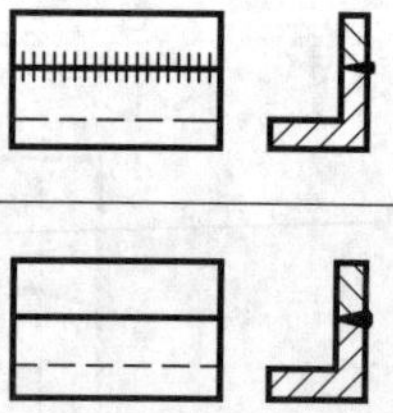	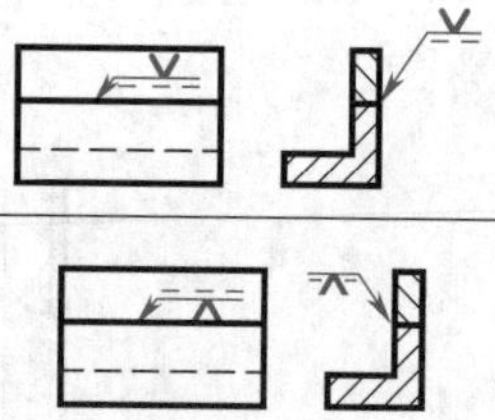
角焊缝	◺	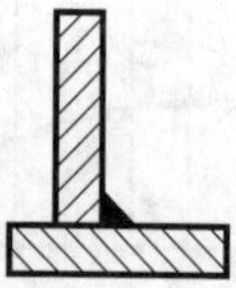	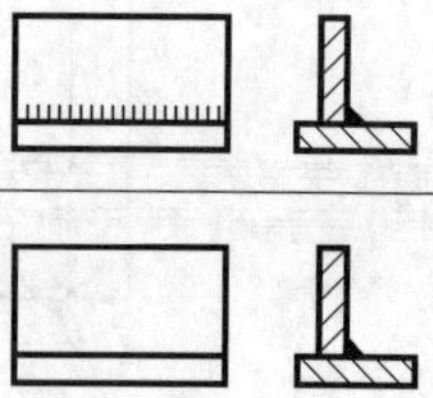	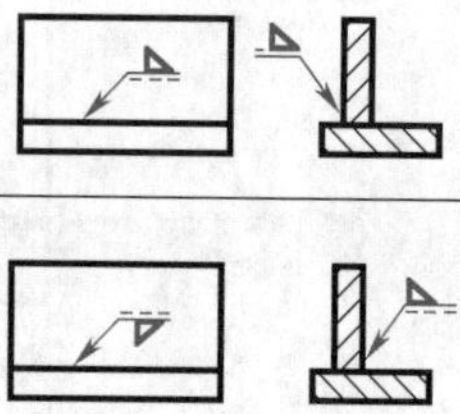
点焊缝	○		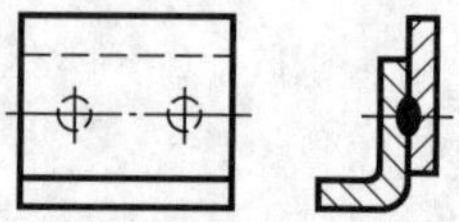	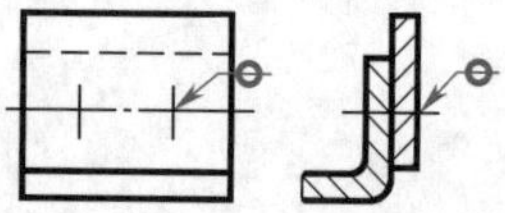

2. 辅助符号

表示焊缝表面形状特征，用粗实线绘制，见表 11-2。

不需要确切说明焊缝表面形状时，可不用辅助符号。

表 11-2　辅助符号及标注示例

名称	符号	形式及标注示例	说　　明
平面符号	一	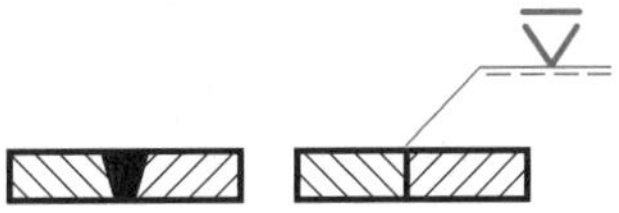	表示 V 形对接焊缝表面平齐（一般通过加工）
凹面符号	⌣	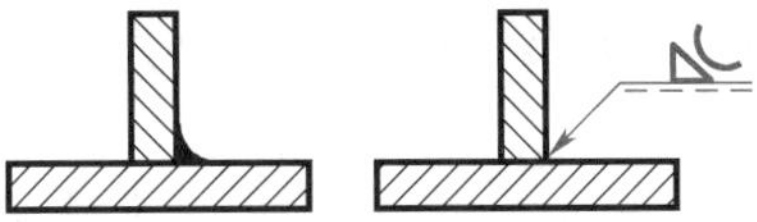	表示角焊缝表面凹陷
凸面符号	⌢	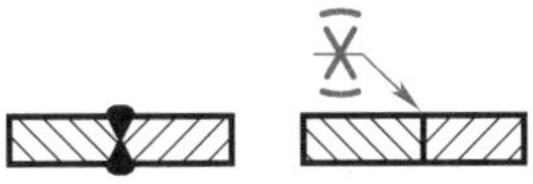	表示 X 形对接焊缝表面凸起

3. 补充符号

补充说明焊缝的某些特征所使用的符号用粗实线绘制，见表 11-3。

表 11-3　补充符号及标注示例

名称	符号	形式及标注示例	说　　明
带垫板符号	▭	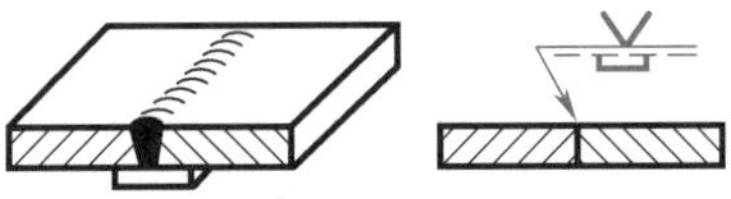	表示 V 形焊缝的背面底部有垫板
三面焊缝符号	⊏		工件三面施焊，开口方向与实际方向一致
周围焊缝符号	○	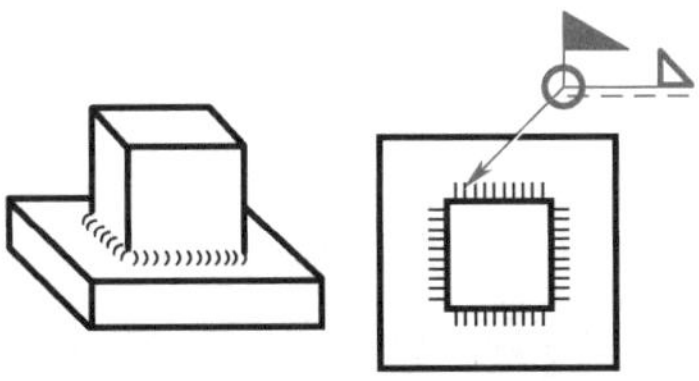	表示在现场沿工件周围施焊
现场符号	 ◤		
尾部符号	<	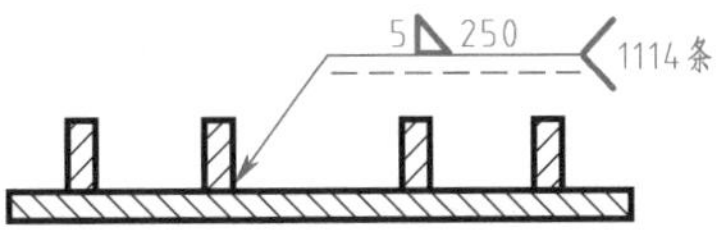 5 ◣ 250 ＜1114条	表示用手工电弧焊，有四条相同的角焊缝

4. 指引线

指引线一般由箭头线（细实线）和两条基准线（一条为细实线，一条为细虚线）组成，如图 11-9 所示。箭头指引线用来将整个焊缝符号指引到图样上的有关焊缝处，必要时允许弯折一次。基准线应与主标题栏平行。基准线的上面和下面用来标注各种符号及尺寸，基准线的细虚线可画在基准线的实线上侧或下侧。必要时，可在基准线末端加一尾部符号，作为其他说明之用，如焊接方法和焊缝数量等。

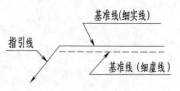

图 11-9 指引线的画法

5. 焊缝尺寸符号

焊缝尺寸符号用来表示坡口及焊缝尺寸，一般不必标注。如设计或生产需要注明焊缝尺寸时，可按 GB/T 324—2008 焊缝代号的规定标注。常用焊缝尺寸符号见表 11-4。

表 11-4 常用焊缝尺寸符号

名 称	符 号	名 称	符 号
板材厚度	δ	焊缝间距	e
坡口角度	α	焊角尺寸	K
根部间隙	b	焊点熔核直径	d
钝边高度	p	焊缝宽度	c
焊缝长度	l	焊缝余高	h

11.2.2 焊接方法及数字代号

焊接的方法很多，常用的有电弧焊、电渣焊、点焊和钎焊等，其中以焊条电弧焊应用最广。焊接方法可用文字在技术要求中注明，也可用数字代号直接注写在指引线的尾部。常用焊接方法及数字代号见表 11-5。

焊缝标注示例如表 11-6 所示。

表 11-5 常用焊接方法及数字代号

焊 接 方 法	数 字 代 号	焊 接 方 法	数 字 代 号
焊条电弧焊	111	激光焊	751
埋弧焊	12	氧乙炔焊	311
电渣焊	72	硬钎焊	91
电子束焊	76	点焊	21

表 11-6 焊缝标注示例

接头形式	焊缝形式	标注示例	说 明
对接接头			111 表示用手工电弧焊，V 形坡口，坡口角度为 α，根部间隙为 b，有 n 段焊缝，焊缝长度为 l

续表

接头形式	焊缝形式	标注示例	说　明
T 形接头	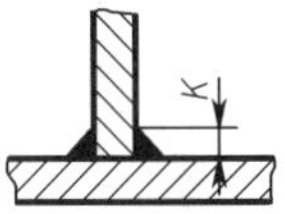	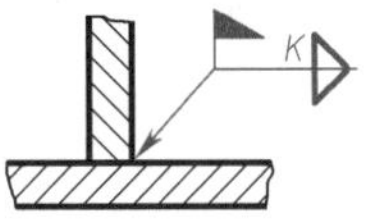	▶表示在现场或工地上进行焊接 ▷表示双面角焊焊缝，焊角尺寸为 K
	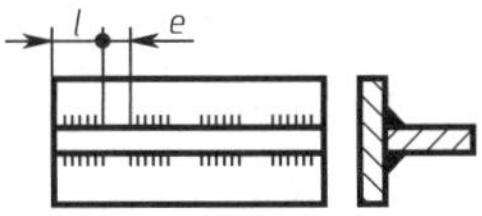	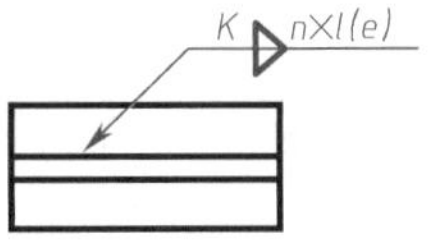 $K \triangleright n×l(e)$	▷表示有 n 段断续双面角焊缝，l 表示焊缝长度，e 表示断续焊缝的间距
	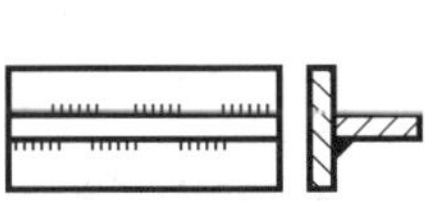	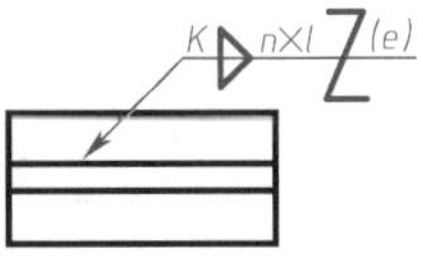 $K \triangleright n×l Z(e)$	Z表示交错断续角焊缝
角接接头	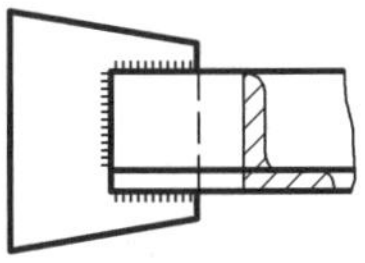	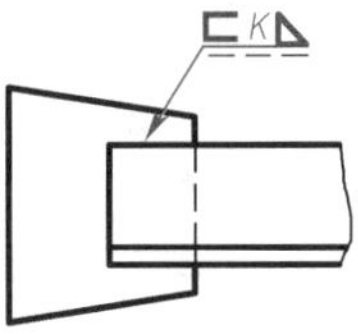 $⊏K\triangle$	⊏表示三面焊缝 ◣表示单面角焊缝
	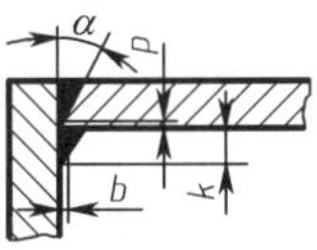	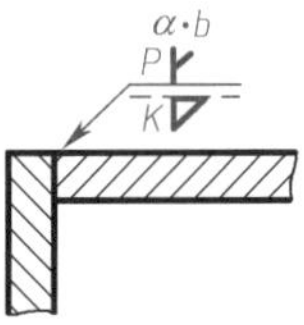 $\dfrac{α·b}{P}$	╤表示双面焊缝，上面为带钝边的单边 V 形焊缝，下面为角焊缝
搭接接头	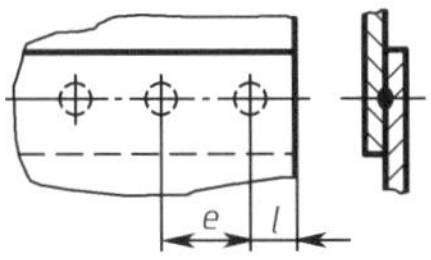	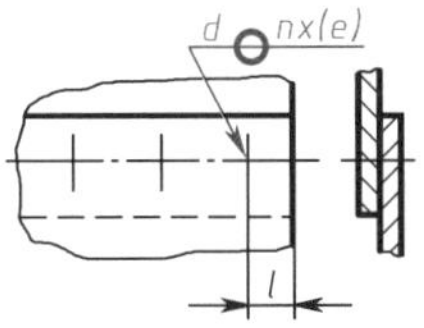 $d \circ n×(e)$	○表示点焊缝，d 表示焊点直径，e 表示焊点间距，n 为点焊数量，l 表示起始焊点中心至板边的间距

11.2.3　焊接图示例

图 11-10 为支座焊接图，图中除了一般零件图应具备的内容外，还有与焊接有关的说明、标注和构件的明细表。

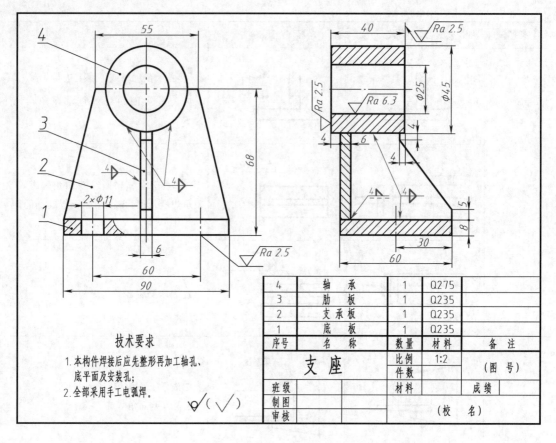

图 11-10　支座焊接图

11.3　第三角视图

世界各国都采用正投影法来绘制机械图样，国家标准规定，在表达机件结构时，**第一角画法**和**第三角画法**可等效使用。

我国采用**第一角画法**，美国、日本等一些国家则采用**第三角画法**，因此我们有必要了解第三角画法，以适应日益发展的贸易和国际技术交流的需要。

11.3.1　两种投影体系的比较

如图 11-11 所示，三个相互垂直的平面将空间分为八个分角，分别称为第一角、第二角、第三角、……。

第一角画法是将物体置于第一分角内，保持着"人—物体—投影面"的关系进行投影，即将物体置于人和投影面之间而得到正投影的方法，如图 11-12 所示。

第三角画法是将物体置于第三分角内，保持着"人—投影面—物体"的关系进行投影，即假想投影面透明而得到正投影的方法，如图 11-13 所示。

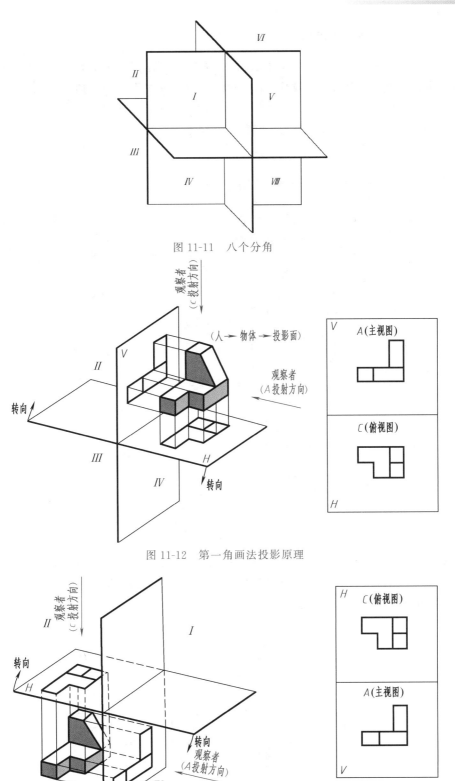

图 11-11　八个分角

图 11-12　第一角画法投影原理

图 11-13　第三角画法投影原理

11.3.2　第三角画法的视图配置

将物体置于第三分角内，按 GB/T 1336—2012《技术制图 通用术语》的规定进行投射，得到六个基本视图。投影面展开摊平如图 11-14 所示，前立面不动，顶面、底面、侧面均向前旋转 90°，与前立面摊平在一个平面上（后立面随右侧面旋转 180°）。展开后的视图配置如图 11-15 所示。当视图按投影关系配置时，一律不标注视图名称。

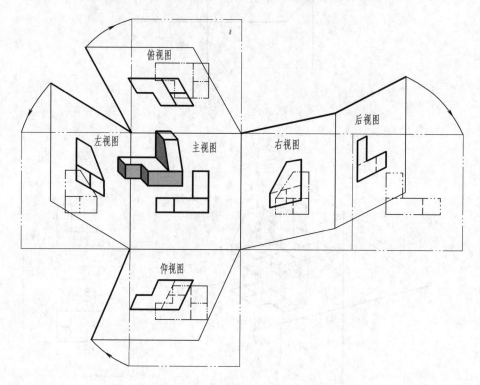

图 11-14　第三角画法投影面的展开

我国 GB/T 14692—2008《技术制图　投影法》规定：技术图样应采用正投影法绘制，并优先采用第一角画法；必要时（如按合同规定等），允许使用第三角画法，但必须在图样中标题栏附近画出第三角画法识别符号。

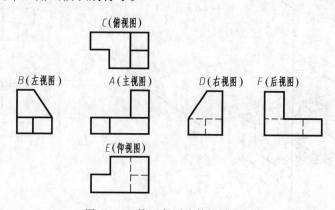

图 11-15　第三角画法的视图配置

两种画法识别符号如图 11-16 所示。采用第一角画法时可省略画出其识别符号。

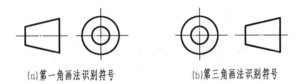

(a)第一角画法识别符号　　　　(b)第三角画法识别符号

图 11-16　两种画法识别符号

复习思考题

1. 什么叫立体表面展开图？

2. 哪些立体表面是可展的？怎么作棱柱形管件与棱锥形管件的展开图？

3. 怎样作方圆过渡接头的展开图？

4. 常用的焊接方法有哪几种？它们的代号是什么？

5. 常见的焊缝形式有哪几种？在图中如何表达焊缝？

6. 第三角视图画法与第一角视图画法有何不同？我国采用哪种画法？

* 第 12 章 变换投影面法

当空间直线或平面对投影面处于一般位置时，其投影不能直接反映实长或实形。但是可采用投影变换的方法解决这一问题，这种图解方法称为变换投影面法，简称换面法。

本章重点

• 掌握"换面法"求直线、平面的实长实形的图解方法。
• 掌握换面法的基本作图方法。

本章难点

• 一般位置平面变换成投影面的垂直面。
• 一般位置平面变换成投影面的平行面。

知识链接 《画法几何》知识介绍

画法几何是制图投影理论的基础，画法几何主要研究在平面上用图形表示形体来解决空间的几何问题。

变换投影面法（简称换面法）是画法几何的一部分，采用换面法可求出物体的实形。如下图所示，用换面法求出物体 P 面实形。

蒙日简介：蒙日是19世纪著名的几何学家，他创立了画法几何学，推动了空间解析几何学的独立发展，奠定了空间微分几何学的基础，创立了偏微分方程的特征理论。23 岁任

著名几何学家蒙日
（1746—1818）

梅济耶尔皇家军事工程学院教师，29 岁提升为物理学教授，34 岁当选为科学院的几何学副研究员，51 岁任法国著名的综合工科学校校长，72 岁因病在巴黎逝世。

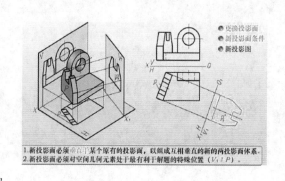

● 更换投影面
● 新投影面条件
● 新投影图

1. 新投影面必须垂直于某个原有的投影面，以组成互相垂直的两投影面体系。
2. 新投影面必须对空间几何元素处于最有利于解题的特殊位置（V⊥P）。

12.1　换面法的基本概念

12.1.1　什么是换面法

在作图求解实长、实形、角度、距离等空间几何问题时，为使一般位置直线或平面获得一些便于解题的投影特性，可变换几何元素对投影面的相对位置，作出解题所需的新投影面。

如图 12-1a 所示，一铅垂面△ABC，为了求出它的实形，可选取新投影面 V_1 代替原投影面 V，使 V_1 面平行于△ABC，并与 H 面垂直。在新投影面体系 $\dfrac{V_1}{H}$ 中，△ABC 在 V_1 面上的投影△$a_1'b_1'c_1'$ 就能反映实形，投影面的展开如图 12-1b 所示。

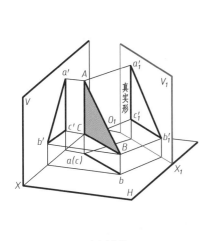

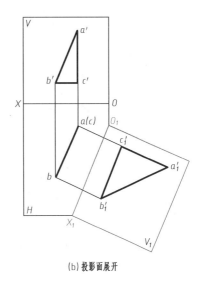

(a) 立体图　　　　　　　　　(b) 投影面展开

图 12-1　换面法的概念

换面法，即变换投影面法是保持空间几何元素的位置不动而建立新的投影面体系，使空间几何元素在新投影面体系中处于有利于解题位置的投影变换方法。

在换面法中，新投影面的选择应符合下列两个条件：

（1）新投影面必须垂直于一个原有的投影面。

（2）新投影面对空间几何元素应处于有利于解题的位置。

12.1.2　点的投影变换

点是构成一切形体的基本几何元素，掌握点的投影变换规律是学好换面法的基础。

1. 点的一次投影变换

（1）换 V 面 $\left(\dfrac{V}{H}\longrightarrow\dfrac{V_1}{H}\right)$

如图 12-2 所示，空间点 A 在原投影面体系 $\dfrac{V}{H}$ 中的两个投影为 a 和 a'，现设立一铅垂面 V_1 代替 V 面作为新的正投影面，成为新的两投影面体系 $\dfrac{V_1}{H}$。V_1 和 H 两面交线 O_1X_1 为新投影轴。过空间点 A 向 V_1 面作投射线，得到新投影 a'_1。再使 V_1 面绕 O_1X_1 旋转到与 H 面重合，则 a 和 a'_1 两点的连线必垂直于新投影轴，即 $a'_1a \perp O_1X_1$。由于 H 面没有变换，因此 A 点到 H 面的距离相同，即 $a'a_x = Aa = a'_1a_{X1}$。

作图步骤：

① 定出新投影轴 O_1X_1；

② 过点 a 作 $aa_1' \perp O_1X_1$；

③ 取 $a'_1a_{X1} = a'a_X$，即求得新投影 a'_1。

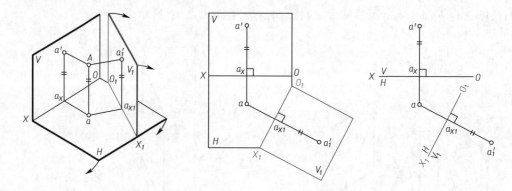

图 12-2　点的一次投影变换（变换 V 面）

（2）换 H 面 $\left(\dfrac{V}{H} \longrightarrow \dfrac{V}{H_1}\right)$

如图 12-3 所示，设立 H_1 面替换 H 面（$H_1 \perp V$），建立新的两投影面体系 $\dfrac{V}{H_1}$，同样可得：$a'a_1 \perp O_1X_1$，$a_1a_{X1} = Aa' = aa_x$。

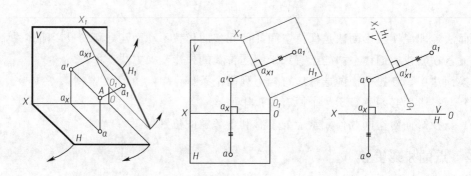

图 12-3　点的一次投影变换（变换 H 面）

作图步骤：

① 定出新投影轴 O_1X_1；

②过点 a' 作 $a'a_1 \perp O_1X_1$；

③取 $a_1a_{X1} = aa_X$，即求得新投影 a_1。

综上所述，可得到点的投影变换规律：

①点的新投影和不变投影的连线必垂直于新投影轴；

②点的新投影到新投影轴的距离等于被替换的投影到原投影轴的距离。

2. 点的两次投影变换

用换面法解题，有时变换一次投影面还不够，须连续变换两次或多次。

连续换面法的作图原理与一次换面法相同，只是重复由两个已知投影作出一个新投影的过程。作图时要始终遵守换面法中点的投影变换规律。图 12-4 所示点的投影变换是由 $\dfrac{V}{H}$ 变换成 $\dfrac{V_1}{H}$ 又变换成 $\dfrac{V_1}{H_2}$ 的过程。

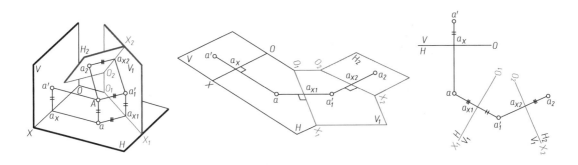

图 12-4　点的两次投影变换

作图步骤：

①定出新投影轴 O_1X_1；

②根据点的投影变换规律，求出新投影 a'_1；

③作新投影轴 O_2X_2；

④过 a'_1 作 $a'_1a_2 \perp O_2X_2$，并取 $a_2a_{X2} = aa_{X1}$，即求出变换后的新投影 a_2。

点作连续变换时必须注意：投影面要交替变换，不能同时变换两个投影面。

12.2　换面法的基本作图

12.2.1　直线的投影变换

直线的投影变换，可以利用换面法中点的投影变换规律，通过求两端点的新投影，作图求出直线的新投影。

1. 一般位置直线变换为投影面平行线

（1）投影分析

通过一次换面，可将一般位置直线变换为投影面平行线。新投影面平行于直线，新投影轴应平行于直线所保留的投影。如图 12-5 所示，在新投影面体系 $\dfrac{V_1}{H}$ 中，$V_1 \mathbin{/\!/} AB$，$O_1X_1 \mathbin{/\!/} ab$。

（2）作图步骤

①在适当位置作 $O_1X_1 \mathbin{/\!/} ab$；

②按点的投影变换规律作 a_1' 和 b_1'；

③连接 $a_1'b_1'$，即为 AB 在 V_1 面上的新投影，并反映实长，AB 对 H 面的倾角为 α。

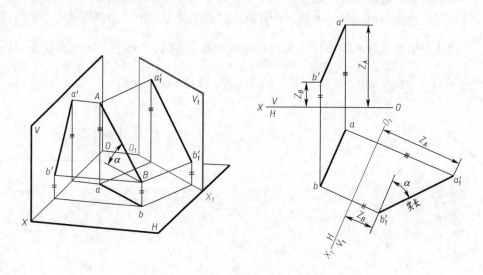

图 12-5　一般位置直线变换为投影面平行线

2. 一般位置直线变换为投影面垂直线

（1）投影分析

将一般位置直线变换为投影面垂直线，必须经过两次换面，即先将一般位置直线变换为投影面平行线，再将投影面平行线变换为投影面垂直线。如图 12-6 所示，先将 AB 变换为 $\dfrac{V_1}{H}$ 体系中的 V_1 面平行线，再将 $\dfrac{V_1}{H}$ 中的 V_1 面平行线 AB 变换为 $\dfrac{V_1}{H_2}$ 中的 H_2 面垂直线。

（2）作图步骤

①作 $O_1X_1 \mathbin{/\!/} ab$，求出 $a_1'b_1'$；

②作 $O_2X_2 \perp a_1'b_1'$，求出 a_2b_2；

③直线 AB 在 H_2 面上的投影 a_2b_2 积聚成一点。

12.2.2　平面的投影变换

平面的投影变换可以利用换面法中点的投影变换规律，通过求三个点的新投影，作图求出三角形平面的新投影。

1. 一般位置平面变换为投影面垂直面

（1）投影分析

如图 12-7 所示，$\triangle ABC$ 表示的一般位置平面，要将其变换成投影面的垂直面，需要作

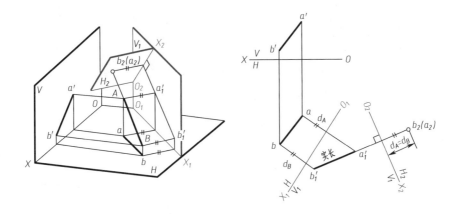

图 12-6　一般位置直线变换为投影面垂直线

一新投影面使其同时垂直于△ABC 所在平面和两个投影面之一。根据两平面互相垂直的几何条件：如果直线垂直于平面，则包含此直线的一切平面均垂直于该平面。因此，作一新投影面垂直于已知平面内任一条投影面的平行线（如水平线或正平线），则新投影面与已知平面垂直。

（2）作图步骤

①在△ABC 内取水平线 DC，作 $d'c'$ ∥ OX；

②作 $O_1X_1 \perp dc$；

③按点的投影变换规律，求出△ABC 积聚成一斜线的新投影 $a_1'b_1'c_1'$ 及对 H 面的倾角 α。

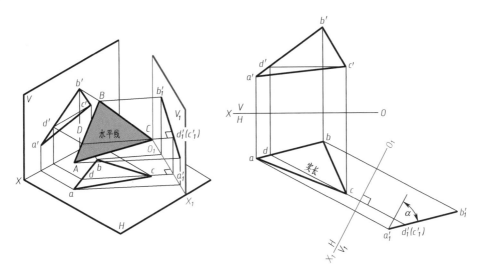

图 12-7　一般位置平面变换为投影面垂直面

2. 一般位置平面变换为投影面平行面

（1）投影分析

将一般位置平面变换为新投影面的平行面，不能直接设置一个投影面平行于已知平面，必须通过两次变换。如图 12-8 所示，第一次将一般位置平面换成投影面垂直面，第二次再将垂直面变换成新投影面平行面。

（2）作图步骤

①作 $\triangle ABC$ 中的正平线 AD 的投影，$ad /\!/ OX$，$O_1X_1 \perp a'd'$；

②求出 $\triangle ABC$ 积聚为一直线的 H_1 面投影 $a_1b_1c_1$；

③作 $O_2X_2 /\!/ a_1b_1c_1$，求出 $\triangle ABC$ 在 V_2 面上的新投影 $a_2'b_2'c_2'$，则 $\triangle a_2'b_2'c_2'$ 即为 $\triangle ABC$ 的实形。

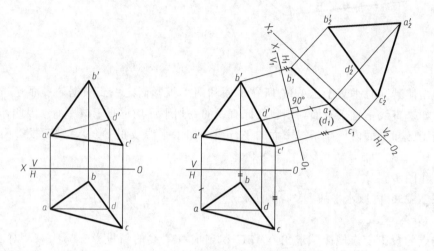

图 12-8　一般位置平面变换为投影面平行面

复习思考题

1. 什么是换面法？换面法的基本作图方法是什么？

2. 用换面法如何求一般位置线段的实长及对投影面的倾角？

3. 用换面法如何求一般位置平面的实形及对投影面的倾角？

*第 13 章 计算机绘图简介

> 熟悉 AutoCAD 2013 的用户界面，熟悉新建、保存、打开和关闭等图形文件管理的操作，熟悉图形界限、图形单位等绘图环境的设置。掌握图层的创建及管理的方法。掌握启动和执行命令、图形显示命令的操作。掌握绘图的基本命令和编辑命令，掌握工程标注。

本章重点

- 掌握使用 AutoCAD 2013 软件绘图的基础知识。

本章难点

- 能正确运用各种二维绘图命令及编辑命令绘制基本二维图形。

13.1 计算机绘图的基础知识

1. 用户界面

在全部安装过程完成之后，可以通过桌面快捷方式图标、"开始"菜单和双击已经存在的 AutoCAD 2013 图形文件（＊.dwg 格式）等方式启动 AutoCAD 2013，如图 13-1 所示。

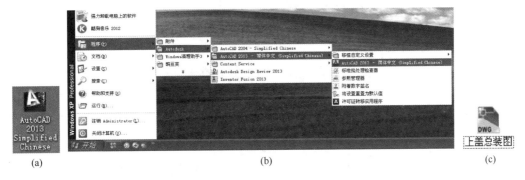

(a)　　　　　　　　　　　　　　　　　(b)　　　　　　　　　　　　　　　　　(c)

图 13-1　启动 AutoCAD 2013

默认状态下，系统打开如图 13-2 所示的二维草图与注释工作空间，它由标题栏、菜单栏、各种面板、绘图窗口、命令行、状态栏、坐标系图标等组成。可选择"AutoCAD 经典"工作空间，它继承了前几个版本的工作界面风格，如图 13-3 所示。

（1）"程序菜单"按钮

"程序菜单"按钮位于界面左上角。单击该按钮，系统弹出 AutoCAD 菜单，如

图 13-4所示，该菜单包含了 AutoCAD 的部分功能和命令，用户选择命令后即可执行相应操作。

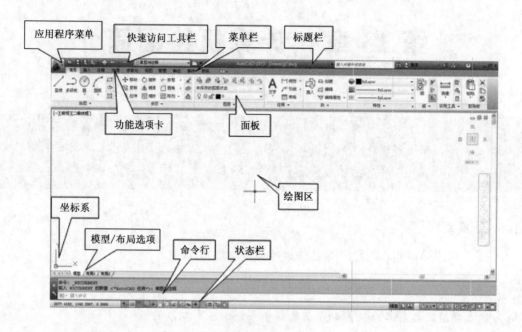

图 13-2　二维草图与注释工作空间

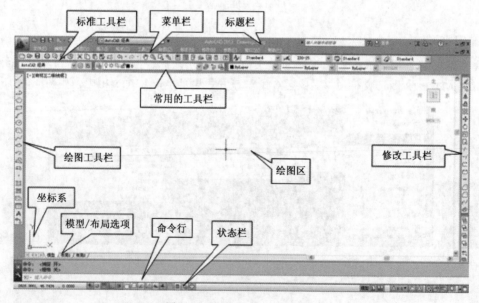

图 13-3　AutoCAD 工作空间

（2）工具栏

AutoCAD 2013 的快速访问工具栏位于菜单浏览器按钮的右侧，包含了最常用的快捷工具按钮。

在默认状态下，快捷访问工具栏包含 8 个快捷按钮和 1 个下拉菜单，分别为"新建"、

"打开"、"保存"、"另存为"、"选项"、"打印"、"放弃"、"重做"按钮和"工作空间"下拉菜单，如图 13-5 所示。

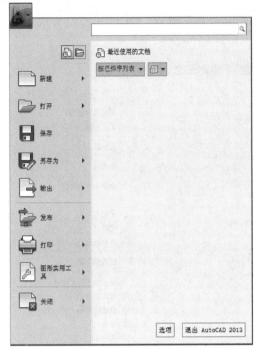

图 13-4　"程序菜单"按钮

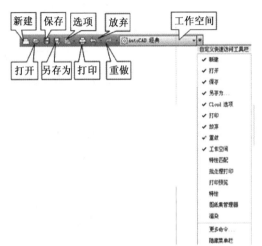

图 13-5　快速访问工具栏及下拉列表

（3）标题栏

标题栏位于应用程序窗口的最上方，如图 13-6 所示，用于显示当前正在运行的程序名称及文件等信息，AutoCAD 默认新建的文件名称格式为 DrawingN.dwg（N 是数字）。

图 13-6　标题栏

标题栏右侧是 Windows 标准应用程序控制按钮，分别是"最小化"、"最大化"与"关闭"按钮。

（4）菜单栏

菜单栏只有"AutoCAD 经典"工作空间才会显示，默认共有 12 个主菜单构成，几乎包含了 AutoCAD 的所有绘图和编辑命令，如图 13-7 所示。

文件(F)	编辑(E)	视图(V)	插入(I)	格式(O)	工具(T)	绘图(D)	标注(N)	修改(M)	参数(P)	窗口(W)	帮助(H)

图 13-7　菜单栏

每个主菜单下又包含了子菜单，而有的子菜单还包括下一级菜单，如图 13-8 所示为"视图"下拉菜单。如果命令呈灰色，表示此命令在当前状态下不可使用。

（5）快捷菜单

快捷菜单是一种特殊形式的菜单，在绘图区域、工具栏、状态栏、模型与布局选项卡及一些对话框上右击时将弹出一个快捷菜单，该菜单中的命令与 AutoCAD 当前状态相关。使用它们可在不启动菜单栏的情况下，快速、高效地完成某些操作。图 13-9 所示为结束"多段线"命令后，在绘图区右击时弹出的快捷菜单。

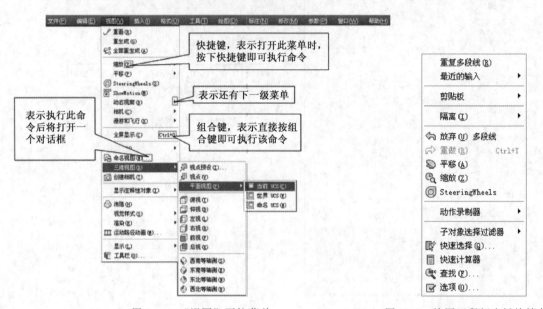

图 13-8　"视图"下拉菜单　　　　　　　　图 13-9　绘图区鼠标右键快捷菜单

（6）绘图区

绘图区是屏幕上的一大片空白区域，它是用户进行绘图的主要工作区域。在绘图区左下角显示有一个坐标系图标，默认情况下，坐标系为世界坐标系（World Coordinate System，WCS）。另外，在绘图区还有一个十字光标，其交点为光标在当前坐标系中的位置。当移动鼠标时，可以改变光标的位置。

（7）命令行与文本窗口

"命令行"窗口位于绘图窗口的底部，用于接收输入的命令，并显示 AutoCAD 提示信息，在 AutoCAD 2013 中，"命令行"可以拖动为浮动窗口，如图 13-10 所示。

AutoCAD 文本窗口是记录 AutoCAD 命令的窗口，是放大的"命令行"窗口。执行"TEXTSCR"命令或按【F2】键，打开如图 13-11 所示的文本窗口，它记录了对文档进行的所有编辑操作。

图 13-10　AutoCAD 2013 "命令行"窗口

（8）状态栏

状态栏位于屏幕的底部，状态栏用来显示 AutoCAD 当前的状态，如图 13-12 所示为状

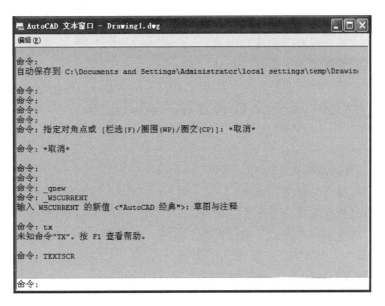

图 13-11　文本窗口

态栏常用的一些模式。

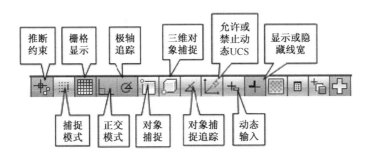

图 13-12　常用的状态栏模式

2. 文件操作

（1）新建文件

在 AutoCAD 2013 中，有以下几种创建新文件的方法。

①菜单栏："文件→新建"命令。

②程序菜单："程序菜单→新建→图形"命令。

③工具栏："快速访问工具栏"或"标准"工具栏的"新建"按钮。

④在命令行输入："QNEW"，按【Enter】键。

⑤快捷键：按【Ctrl＋N】组合键。

执行以上操作都会弹出"选择模板"对话框，用户可以通过此对话框选择不同的绘图模板，当用户选择好绘图样板时，系统会在对话框的右上角显示预览，然后单击"打开"按钮即创建一个新图形文件。

（2）保存文件

常用的保存图形文件方法有以下几种：

①菜单栏："文件→保存"命令。

②程序菜单："程序菜单→保存"命令。

③工具栏："快速访问工具栏"或"标准工具栏"的"保存"按钮█。

④在命令行输入：QSAVE，按【Enter】键。

⑤快捷键：按"Ctrl+S"组合键。

（3）另存文件

常用的另存文件方法有以下几种：

①菜单栏："文件→另存为"命令。

②程序菜单："程序菜单→另存为"命令。

③工具栏："快速访问工具栏"或"标准工具栏"的"另存为"按钮█。

④在命令行输入："SAVE"，按【Enter】键。

⑤快捷键：按【Ctrl+Shift+S】组合键。

（4）打开文件

常见的几种方式如下：

①菜单栏："文件→打开"命令。

②程序菜单："程序菜单→打开→图形"命令。

③工具栏："快速访问工具栏"或"标准工具栏"的"打开"按钮█。

④在命令行输入："OPEN"，按【Enter】键。

⑤快捷键：按【Ctrl+O】组合键。

（5）退出

退出文件的常用方法有以下几种：

①菜单栏："文件→关闭"命令。

②程序菜单："程序菜单→关闭→当前图形"命令。

③标题栏：单击文件标题右侧的"关闭"按钮█。

④在命令行输入："CLOSE"，按【Enter】键。

3. 图形界限

图形界限是绘图的范围，启动设置"图形界限"命令的方法：选择"格式→图形界限"菜单命令，或在命令行输入："LIMITS"，按【Enter】键，启动"图形单位"命令后，弹出如图 13-13 所示。

设置"图形单位"命令的方法：选择"格式→单位"菜单命令，或在命令行输入："UNITS"，按【Enter】键，启动"图形单位"命令后，弹出如图 13-14 所示。

4. 图层

图层是用于将信息按功能编组以及指定默认的特性，包括颜色、线型、线宽以及其他特性。

选择菜单栏中的"格式→管理工具"选项，系统弹出图层工具的子菜单，如图 13-15 所示。

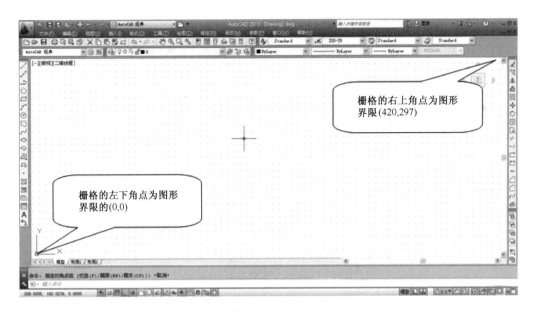

图 13-13　设置图形界限，栅格显示

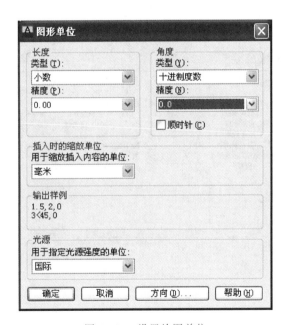

图 13-14　设置绘图单位

在"图层工具栏"中单击"图层特性管理器"按钮，打开"图层特性管理器"对话框，设置图层，结果如图 13-16 所示。

5. 显示控制

（1）缩放

缩放命令的常用方法：

①菜单栏："视图→缩放"命令，弹出如图 13-17 所示的子菜单，可选择选项进行图形

图 13-15 图层工具菜单

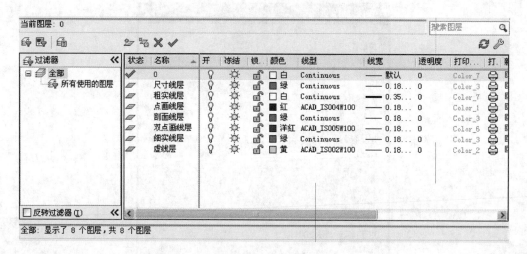

图 13-16 图层设置

的缩放。

②工具栏：按下"标准工具栏"的"窗口缩放"按钮，弹出下一级菜单，如图 13-18 所示。

③在命令行输入："ZOOM"，按【Enter】键。

④鼠标操作：上、下滚动鼠标滚轮，进行快速缩放。

（2）平移

平移命令的常用方法：

①菜单栏："视图→平移"。

②工具栏："标准"工具栏的"实时平移"按钮，如图 13-18 所示。

③在命令行输入："PAN"或"P"（快捷键），按【Enter】键。

④鼠标操作：按住鼠标滚轮拖动图形进行快速平移。

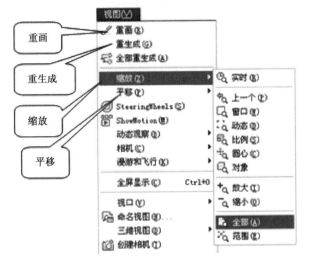

图 13-17　"缩放"子菜单　　　　　　图 13-18　"缩放与平移"按钮

（3）重生成

重生成命令常用的两种方法：

①菜单栏："视图→重生成"。

②在命令行输入："REGEN"或"RE"，按【Enter】键。

（4）重画

重画命令常用的两种方法：

①菜单栏："视图→重画"。

②在命令行输入："REDRAW"或"R"，按【Enter】键。

13.2　图形的绘制与编辑

1. 图形的绘制

（1）直线命令

启动"直线"命令的方法：

①在命令行输入：LINE 或 L（快捷键），按【Enter】键。

②选择下拉菜单中的"绘图→直线"选项。

③单击"绘图"工具栏中的 ✎ 图标。

直线命令可以一次画一条线段，也可以连续画多条线段，其中每一条线段都是一个单独的对象。直线段是由起点和终点来确定的。

（2）点的坐标

点位置的坐标表示方式有：绝对直角坐标、相对直角坐标、绝对极坐标、相对极坐标四种。绝对坐标值是相对于原点的坐标值，相对坐标值则是相对于前一个点的坐标值。

①绝对直角坐标输入格式为："X，Y"，"X"表示点的 X 轴坐标值、"Y"表示点的 Y 轴坐标值，二者间用 "，"隔开，注意 "，"应在英文输入状态下输入。

②相对直角坐标输入格式为："@X，Y"，"X"表示该点相对于上一点的 X 轴坐标值、"Y"表示该点相对于上一点的 Y 轴坐标值，二者间用 "，"隔开。

③绝对极坐标输入格式为："R<a"，"R"表示该点到原点的距离，"a"表示极轴方向与 X 轴正方向之间的夹角。若从 X 轴正向逆时针旋转到极轴方向，α 角为正，否则 α 角为负，二者间用 "<"隔开。

④相对极坐标输入格式为："@R<a"，"R"表示该点到上一点的距离，"a"表示极轴方向与 X 轴正方向间的夹角，二者间用 "<"隔开。

（3）正交模式

开启或关闭"正交模式"的方法：

①单击状态栏中的 按钮。

②按【F8】功能键。

③按【Ctrl+L】组合键。

正交模式开启后，系统自动将十字光标限制在水平或垂直轴位置上。

（4）极轴追踪

开启或关闭"极轴追踪"的方法：

①单击状态栏中的 按钮。

②按【F10】功能键。

极轴追踪开启后，系统可在指定点处按设置的极轴角显示一条无限延伸的辅助线，用户可沿辅助线定位任意点。

（5）对象捕捉

启动或关闭"对象捕捉"的方法：右击状态栏中的 "对象捕捉"按钮，可直接点选捕捉模式；或单击"设置"按钮，打开图 13-19 所示的"对象捕捉"设置选项卡，点选"端点"、"垂足"等捕捉模式，并选中"启用对象捕捉"功能选项。

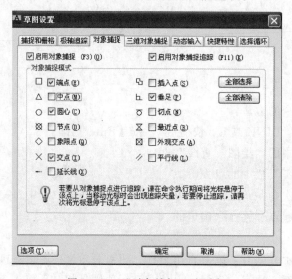

图 13-19　"对象捕捉"选项卡

（6）点命令

启动"点"命令方法：

①在命令行输入："POINT"或"PO"（快捷键），按【Enter】键。

②选择下拉菜单中的"绘图→点"选项。

③单击"绘图"工具栏中的 · 图标。

（7）多段线命令

启动"多段线"命令方法：

①在命令行输入："PLINE｜"或"PL"（快捷键），按【Enter】键。

②选择下拉菜单中的"绘图→多段线"选项。

③单击"绘图"工具栏中的 ⌐ 图标。

多段线是 CAD 中常用的复合图形对象。它可由不同宽度的直线和圆弧首尾连接形成。

（8）圆命令

启动"圆"命令的方法：

①在命令行输入："CIRCLE"或"C"（快捷键），按【Entcr】键。

②选择下拉菜单中的"绘图→圆"选项。

③单击"绘图"工具栏中的 ⊙ 图标。

系统提供了多种绘圆的方式，在绘制过程中应根据已知条件来决定选用方式。

（9）矩形命令

启动"矩形"命令的方法：

①在命令行输入："RECTANG"或"REC"（快捷键），按【Enter】键。

②选择下拉菜单中的"绘图→矩形"选项。

③单击"绘图"工具中的 ▭ 图标。

矩形是一种多段线实体对象，可以用分解命令将其分解为四条单线。通过设置可绘制带倒角、圆角及有宽度的矩形，如图 13-20 所示。

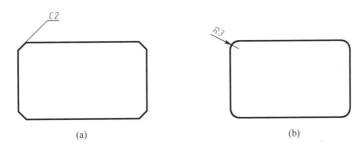

图 13-20　带倒角或圆角的矩形

（10）正多边形命令

启动"正多边形"命令的方法：

①在命令行输入："POLYGON"或"POL"（快捷键），按【Enter】键。

②选择下拉菜单中的"绘图→正多边形"选项。

③单击"绘图"工具中的 ⬠ 图标。

正多边形是多段线实体对象，可以用分解命令将其分解为若干条单线。

（11）圆弧命令

启动"圆弧"命令的方法：

①在命令行输入："ARC"或"A"（快捷键），按【Enter】键。

②选择下拉菜单中的"绘图→圆弧"选项。

③单击"绘图"工具栏中的 ⌒ 图标。

系统提供了多种绘圆弧的方式，在绘制过程中应根据已知条件来决定选用哪种方式。

（12）图案填充命令

启动"图案填充"命令的方法：

①在命令行输入："BHATCH"、"BH"或"H"（快捷键），按【Enter】键。

②选择下拉菜单中的"绘图→图案填充"选项。

③单击"绘图"工具中的 ▨ 图标。

如图 13-21a 所示"图案填充和渐变色"对话框。可以用图案填充表达一个剖切区域，用不同的图案来表达不同的零部件或材料。

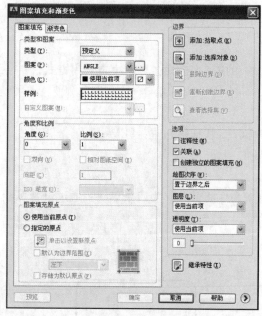

(a)"图案填充和渐变色"对话框

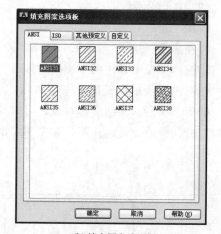

(b) 填充图案选项板

图 13-21　图案填充

2. 图形的编辑

（1）修剪命令

启动"修剪"命令的方法：

①在命令行输入："TRIM"或"TR"（快捷键），按【Enter】键。

②选择下拉菜单中的"修改→修剪"选项。

③单击"修改"工具中的 ⊬ 图标。

在操作过程中，剪切边也可作为被修剪的对象。执行修剪命令后，可按【Enter】键即将所有的图形对象选中，再拾取要修剪的对象部分进行修剪。

（2）拉长命令

启动"拉长"命令的方法：

①在命令行输入："LENGTHEN"或"LEN"（快捷键），按【Enter】键。

②选择下拉菜单中的"修改→拉长"选项。

拉长命令可拉长或缩短直线段、圆弧段。

（3）倒角命令

启动"倒角"命令的方法：

①在命令行输入："CHAMFER"或"CHA"（快捷键），按【Enter】键。

②选择下拉菜单中的"修改→倒角"选项。

③单击"修改"工具中的◢图标。

倒角是机械设计中常用的工艺，可使工件相邻两表面在相交处以斜面过渡，它可以将两条非平行直线或多段线以一条斜线相连。

（4）移动命令

启动"移动"命令的方法：

①在命令行输入：MOVE 或 M（快捷键），按"Enter"键。

②选择下拉菜单中的"修改→移动"选项。

③单击"修改"工具栏中的✛图标。

④选择要移动的对象，右击，在弹出的快捷菜单中选择"移动"命令。

移动命令可将图形对象按指定位置或对象位移的距离从原始位置移动到新位置。位移基点一般选取特殊点，如直线的中点、圆的圆心等，位移点可用光标定位，也可用第二点对于第一点的相对坐标值定位，可用对象捕捉准确定位。

（5）复制命令

启动"复制"命令的方法：

①在命令行输入："COPY"或"CO"（快捷键），按【Enter】键。

②选择下拉菜单中的"修改→复制"选项。

③单击"修改"工具栏中的🗋图标。

④选择要复制的对象，右击，在弹出的快捷菜单中选择"复制"命令。

复制命令可将图形对象按指定位置或位移的距离将对象从原始位置复制到新位置，并可多次复制。位移基点与位移点的含义与移动命令相同。

（6）镜像命令

启动"镜像"命令的方法：

①在命令行输入："MIRROR"或"MI"（快捷键），按【Enter】键。

②选择下拉菜单中的"修改→镜像"选项。

③单击"修改"工具栏中的⚊图标。

镜像可将选定的图形对象作对称关系的复制，也可删去原图形。

（7）偏移命令

启动"偏移"命令的方法：

①在命令行输入："OFFSET"或"O"（快捷键），按【Enter】键。

②选择下拉菜单中的"修改→偏移"选项。

③单击"修改"工具栏中的⚏图标。

偏移可按指定的距离或通过点来生成与原对象平行的新对象。

（8）旋转命令

启动"旋转"命令的方法：

①在命令行输入："ROTATE"或"RO"（快捷键），按【Enter】键。

②选择下拉菜单中的"修改→旋转"选项。

③单击"修改"工具栏中的⟳图标。

④选择要旋转的对象，右击，在弹出的快捷菜单中选择"旋转"命令。

旋转命令可将图形对象绕指定基点旋转一定角度到新位置。逆时针旋转的角度为正值，顺时针旋转的角度为负值。

（9）缩放命令

启动"缩放"命令的方法：

①在命令行输入："SCALE"或"SC"（快捷键），按【Enter】键。

②选择下拉菜单中的"修改→缩放"选项。

③单击"修改"工具栏中的▱图标。

④选择要缩放的对象，右击，在弹出的快捷菜单中选择"缩放"命令。

缩放命令可在选定的基点位置对图形对象进行放大或缩小的操作。有指定比例因子和参照两种模式。

（10）拉伸命令

启动"拉伸"命令的方法：

①在命令行输入："STRETCH"或"S"（快捷键），按【Enter】键。

②选择下拉菜单中的"修改→拉伸"选项。

③单击"修改"工具栏中的▱图标。

拉伸命令可移动图形中的一部分，并保持移动部分与未移动部分的连接关系，可以拉长、缩短和移动图形对象。

13.3　工　程　标　注

1. 标注文字

（1）定义文字样式

①选择"格式"—"文字样式"命令。

②在命令行单击"STYLE"命令。

执行命令后，AutoCAD 弹出"文字样式"对话框。

设置样式名：利用"文字样式"对话框可在"样式名"选项区域选中各选项，可以显示文字样式的名称、创建新的文字样式，唯一有的文字样式重命名以及删除文字样式。

设置字体：利用"字体"选项区域可以设置文字样式使用的字体和高度。

设置文字效果：在"效果"选项区域，可以设置文字的显示效果。

预览与应用文字样式："预览"选项区域用于预览所选择或设置的文字样式效果。

（2）标注文字

执行方法：

①选择"绘图"—"文字"—"单行文字"命令。

②在命令行输入" DTEXT "命令。

③单击"文字"工具栏中的"单行文字"按钮。

执行命令后，AutoCAD 提示：

当前文字样式：Standard 当前文字高度：2.5000

指定文字的起点或［对正（ J ）/ 样式（ S ）］：

（3）标注多行文字（图 13-22）

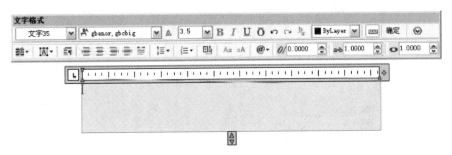

图 13-22　标注多行文字

执行方法：

①选择"绘图"—"文字"—"多行文字"命令。

②在命令行中输入" MTEXT "命令。

③单击"文字"工具栏中的"多行文字"按钮。

执行命令后，AutoCAD 提示：

当前文字样式：Standard 当前文字高度：2.5000

指定第一个角点：

确定第一个角点后，AutoCAD 提示：

指定对角点或［高度（ H ）/ 对正（ J ）/ 行距（ L ）/ 旋转（ R ）/ 样式（ S ）/ 宽度（ W ）］：

（4）编辑文字

执行方法：

①选择"修改"—"对象"—"编辑"命令。

②在命令行输入" DDEDIT "命令。

③单击"文字"工具栏上的"编辑文字"按钮。

执行命令后，AutoCAD 提示：

选择注释对象或［放弃（ U ）］：

如果所选择的是单行文字，AutoCAD 会弹出"编辑文字"对话框，并在"文字"文本框内显示对应的文字内容，用户可通过该文本框修改标注文字。

如果为多行文字，将会弹出"文字格式"工具栏和文本输入窗口，用户可以进行修改。

2. 标注尺寸

新建标注样式：选择"格式"—"标注样式"命令，打开"标注样式管理器"对话框，如图 13-23 所示。在"标注样式管理器"对话框中，单击"新建"按钮，AutoCAD 将打开"创建新标注样式"对话框，利用对话框即可新建标注样式。设置了新标注样式的名字、基础样式和适用范围后，单击对话框中的"继续"按钮，将打开"新建标注样式"对话框，利用该对话框，用户可已对新建的标注样式进行具体设置。

在"新建标注样式"对话框中，使用"直线和箭头"选项卡，可以设置尺寸标注的尺寸线、尺寸界线、箭头和圆心标记的格式和位置等。

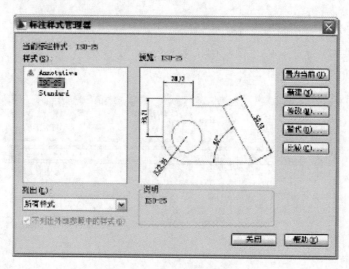

图 13-23　标注样式管理器

设置尺寸线：在"尺寸线"选项区域中，可以设置尺寸线的颜色、线宽、超出标记以及基线间距等属性。

设置尺寸界限：在"尺寸界线"选项区域中，用户可以设置尺寸界线的颜色、线宽、超出尺寸线的长度和七点偏移量，隐藏控制等属性。

设置箭头：在"箭头"选项区域中，用户可以设置尺寸线和引线箭头的类型及尺寸大小等。通常情况下，尺寸线的两个箭头应一致。

设置圆心标记：在"圆心标记"选项区域中，用户可以设置圆心标记的类型和大小。

设置文字：在"文字外观"选项区域中，用户可以设置文字的样式、颜色、高度和分数高度比例以及控制是否绘制文字边框，如图 13-24 所示。

（1）线性标注

线性标注指标注图形对象在水平方向、垂直方向或指定方向上的尺寸，它又分为水平标注、垂直标注、旋转标注 3 种类型。

执行方法：

①选择"标注"—"线性"命令。

②在命令行中输入"DIMLINEAR"命令。

③单击"标注"工具栏中的"线性标注"按钮。

执行命令后，AutoCAD 提示：

指定第一条尺寸界线原点或＜选择对象＞：

（2）对齐标注

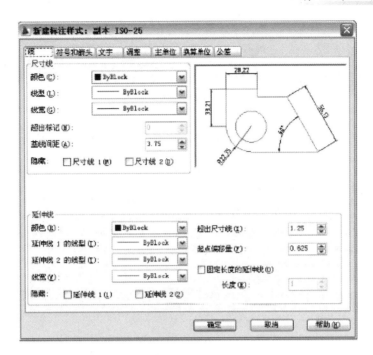

图 13-24　新建标注样式

执行方法：

①选择"标注"—"对齐"命令。

②在"标注"工具栏里单击"对齐标注"按钮。

执行该命令后提示：

指定第一条尺寸界限原点或＜选择对象＞：

（3）连续标注

执行方法：

①选择"标注"—"连续"命令。

②在"标注"工具栏里单击"连续标注"按钮。

可以创建一系列端对端放置的标注，每个连续标注都从前一个标注的第 2 个尺寸界限处开始。在进行连续标注之前，必须先创建一个线性、坐标或角度标注作为基准标注，以确定连续标注所需要的前一尺寸标注的尺寸界限。执行"DIMCONTINUUE"命令后，Auto-CAD 提示信息：

指定第二条尺寸界限原点或［放弃（U）/选择（S）］＜选择＞：

按此提示标注出全部尺寸后，按 Enter 键。

（4）基线标注

执行方法：

①选择"标注"—"基线"命令。

②在"标注"工具栏中单击"基线标注"按钮。

执行命令后与连续标注一样，如图 13-25 所示。

（5）半径标注

执行方法：

图 13-25 基线标注

①选择"标注"—"半径"命令。

②在"标注"工具栏中单击"半径标注"按钮。

执行该命令时，首先要选择要标注半径的圆弧或圆，此时命令行将提示：

指定尺寸线位置或［多行文字（M）/文字（T）/角度（A）］：

指定尺寸线的位置后，系统将按实际测量指标注出圆或圆弧的半径，用户还可以利用"多行文字（M）"、"文字（T）"以及"角度（A）"选项确定尺寸文字和尺寸文字的旋转角度。

（6）直径标注

执行方法：

①选择"标注"—"直径"命令。

②在"标注"工具栏中单击"直径标注"按钮。

直径标注方法与半径标注方法相同。但在通过"多行文字（M）"或"文字（T）"选项重新确定尺寸文字时，需要在尺寸文字前加前缀 %%C ，才能使标出的直径尺寸有直径符号 ϕ。

（7）角度标注

执行方法：

①选择"标注"—"角度"命令。

②在"标注"工具栏中单击"角度标注"按钮。

执行命令后将提示：

选择圆弧、圆、直线或＜指定顶点＞：

注意：当通过"多行文字（M）"或"文字（T）"选项重新确定尺寸文字时，只有给新输入的尺寸文字加后缀，才能使标注出的角度值有（o）符号，否则没有该符号。

3. 标注形位公差

选择"标注"—"公差"命令，在命令行中输入" TOLERANCE "命令，或在"标注"工具栏中单击"公差"按钮，AutoCAD 将打开"形位公差"对话框。利用该对话框，可以设置公差的符号、值及基准等参数，如图 13-26 所示。

（1）"符号"选项组

确定形位公差的符号，即确定将标注什么样的形位公差。单击选项组中的小方框（黑颜色框），AutoCAD 2013 弹出"特征符号"对话框，如图 13-27 所示。从中选择某一符号后，AutoCAD 2013 返回到"形位公差"对话框，并在"符号"选项组中的对应位置显示出该符号。

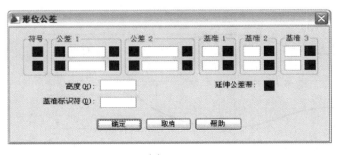 

（a）　　　　　　　　　　　　　　　　（b）

图 13-26　形位公差

（2）"公差 1"和"公差 2"选项组

确定公差，在对应的文本框中输入公差值即可，如图 13-28 所示。此外，可以通过单击位于文本框前边的小方框确定是否在该公差值前加直径符号。如果单击位于文本框后面的小方框，可以从弹出的"包容条件"对话框中确定包容条件。

图 13-27　"符号"选项组　　　　　　图 13-28　"公差 1"和"公差 2"选项组

（3）"基准 1"、"基准 2"和"基准 3"选项组

确定基准和对应的包容条件，如图 13-29 所示。

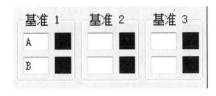

图 13-29　"基准 1"、"基准 2"、"基准 3"选项组

（4）单击对话框中的"确定"按钮，AutoCAD 2013 提示

⊞1 ▾ TOLERANCE 输入公差位置：

13.4　综 合 举 例

现以手柄图形为例，说明计算机绘图的方法和步骤，如图 13-30 所示。

1. 尺寸分析

平面图形中所标注尺寸按其作用可分为两类：

定形尺寸：确定图形中各线段形状大小的尺寸，如 $\phi15$、$\phi4$、$\phi26$、$R45$、$R50$、$R8$ 以

263

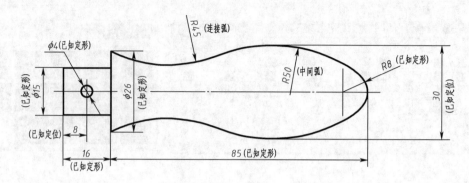

图 13-30　手柄

及 16、85。

　　定位尺寸：确定图形中各线段间相对位置的尺寸，如 8、30。

　　2. 线段分析

　　按线段的尺寸是否标注齐全将线段分为三种：

　　已知线段：具有完整的定形和定位尺寸，可根据标注的尺寸直接画出。如 $\phi15$、$\phi4$、$\phi26$、$R8$ 以及 16。

　　中间线段：注出定形尺寸和一个方向的定位尺寸，须靠相邻线段间的连接关系才能画出的线段，如 $R50$ 圆弧。

　　连接线段：只注出定形尺寸，未注出定位尺寸的线段，其定位尺寸需根据该线段与相邻两线段的连接关系，通过几何作图方法求出，如 $R45$ 圆弧。

　　3. 绘图步骤

　　第一步：新建“粗实线层”、“细实线层”、“点画线层”。

　　第二步：绘制手柄左侧基准线、$\phi4$ 圆和 $R8$ 圆弧的中心线，结果如图 13-31 所示。

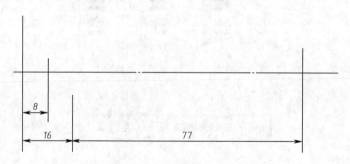

图 13-31　画基准线、中心线

　　第三步：绘制已知线段 $\phi15$、$\phi4$、$\phi26$、$R8$ 以及 16，结果如图 13-32 所示。

　　第四步：绘制中间线段 $R50$，操作步骤如下：

　　(1) 启动“偏移”命令将水平中心线向上偏移 15；

　　(2) 启动“圆”命令中“相切、相切、半径”方式绘制 $R50$ 圆。

　　(3) 启动“修剪”命令修剪多余图线，效果如图 13-33 所示。

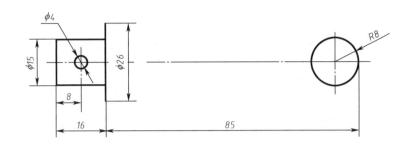

图 13-32　画已知线段

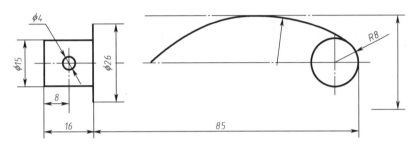

图 13-33　绘制中间线段

第五步：绘制连接线段 $R45$，操作步骤如下：

（1）在细实线层上绘图，启动"圆"命令。因 $R45$ 圆弧经过 $\phi26$ 线段端点，以该端点为圆心，以 $R45$ 为半径绘出第一个辅助圆，$R45$ 圆弧圆心必在该辅助圆上。

（2）且 $R45$ 圆弧与 $R50$ 圆弧相外切，以 $R50$ 圆弧圆心为圆心，以 R（45＋50）为半径绘出第二个辅助圆，$R45$ 圆弧圆心必在该辅助圆上，两个辅助圆的交点即为 $R45$ 的圆心。

（3）以两个辅助圆的交点为圆心，以 $R45$ 为半径绘圆，效果如图 13-34 所示。

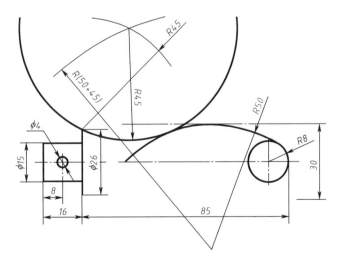

图 13-34　画连接线段

第六步：启动"修剪"命令，修剪多余图线，效果如图 13-35a 所示。

第七步：启动"镜像"命令，将 $R45$、$R50$、$R8$ 圆弧进行镜像，完成手柄绘制，效果如图 13-35b 所示。

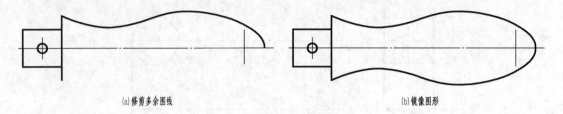

(a)修剪多余图线　　　　　　　　　　　　　　　　　　　(b)镜像图形

图 13-35　绘制效果

第八步：启动"标注"—"线性"、"半径"、"直径"命令，完成手柄尺寸标注，效果如图 13-26 所示。

第九步：启动"文件→保存"命令，输入文件名即可存储图形文件。

复习思考题

1. AutoCAD 2013 创建新文件的方法？

2. 如何完成图层设置？

3. 点的坐标表示方式？

4. 如何更好地使用"对象捕捉"？

5. 常用的图形的绘制命令与编辑命令有哪些？

6. 如何设置尺寸标注的尺寸线、尺寸界线、箭头和圆心标记的格式和位置等？

附　　录

附录 A　螺纹

表 A-1　普通螺纹直径与螺距（摘自 GB/T192、193、196—2003）　　　　mm

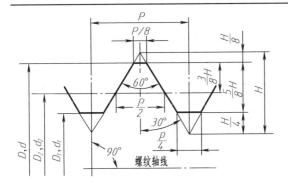

D——内螺纹大径

d——外螺纹大径

D_2——内螺纹中径

d_2——外螺纹中径

D_1——内螺纹小径

d_1——外螺纹小径

P——螺距

标记示例：

M10-7g（粗牙普通外螺纹、公称直径 d=M10、右旋、中径及大径公差带均为 7g、中等旋合长度）。

M10×1-LH（细牙普通内螺纹、公称直径 D=M10、螺距 P=1、左旋、中径及小径公差带均为 6H、中等旋合长度）。

公称直径（D、d）			螺距（P）		粗牙螺纹小径（D_1、d_1）
第一系列	第二系列	第三系列	粗　牙	细　牙	
4	—	—	0.7	0.5	3.242
5	—	—	0.8		4.134
6	—	—	1	0.75、(0.5)	4.917
—	—	7			5.917
8	—	—	1.25	1、0.75、(0.5)	6.647
10	—	—	1.5	1.25、1、0.75、(0.5)	8.376
12	—	—	1.75	1.5、1.25、1、(0.75)、(0.5)	10.106
—	14	—	2		11.835
—	—	15		1.5、(1)	*13.376
16	—	—	2	1.5、1、(0.75)、(0.5)	13.835
—	18	—	2.5	2、1.5、(0.75)、(0.5)	15.294
20	—	—			17.294
—	22	—			19.294

公称直径（D、d）			螺距（P）		粗牙螺纹小径
第一系列	第二系列	第三系列	粗 牙	细 牙	（D_1、d_1）
24	—	—	3	2、1.5、1、(0.75)	20.752
—	—	25	—	2、1.5、5、(1)	* 22.835
—	27	—	3	2、1.5、1、(0.75)	23.752
30		—	3.5	(3)、2、1.5、1、(0.75)	26.211
	33			(3)、2、1.5、(1)、(0.75)	29.211
—	—	35	—	1.5	* 33.376
36	—	—	4	3、2、1.5、(1)	31.670
—	39	—			34.670

注：①优先选用第一系列，其次是第二系列，第三系列尽可能不用。

②括号内尺寸尽可能不用。

③M14×1.25 仅用于火花塞，M35×1.5 仅用于滚动轴承锁紧螺母。

④为牙参数，是对应于第一种细牙螺距的小径尺寸。

表 A-2　普通螺纹的公差等级

螺纹类别	直　径	规定的公差等级	选用说明
内螺纹	小径	4、5、6、7、8	（1）公差等级6级为基本级，适用于中等的正常结合情况；
	中径		（2）3、4、5为精密级，用于精密结合或长度较短的情况；
外螺纹	大径	4、6、8	（3）7、8、9为粗糙级，用于粗糙结合或加长情况
	中径	3、4、5、6、7、8、9	

表 A-3　普通螺纹的基本偏差

螺纹类别	基本偏差代号	选用说明
内螺纹	G、H	H：适用于一般用途和薄镀层螺纹 G：适用于厚镀层和特种用途螺纹
外螺纹	e、f、g、h	h：适用于一般用途和极小间隙螺纹 g：适用于薄镀层螺纹 f：适用于较厚镀层螺纹（螺距≥0.35 mm） e：适用于厚镀层螺纹（螺距≥0.5 mm）

表 A-4　梯形螺纹（摘自 GB/T 5796.1～5796.4—2005）　　　　mm

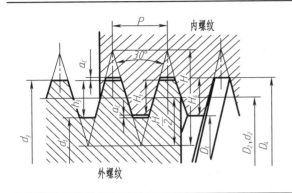

d——外螺纹大径（公称直径）

d_3——外螺纹小径

D_4——内螺纹大径

D_1——内螺纹小径

d_2——外螺纹中径

D_2——内螺纹中径

P——螺距

a_c——牙顶间隙

标记示例：

Tr40×7-7H（单线梯形内螺纹、公称直径 d＝40、螺距 P＝7、右旋、中径公差带为 7H、中等旋合长度）

Tr60×18（P9）LH-8e-L（双线梯形外螺纹、公称直径 d＝60、导程 S＝18、螺距 P＝9、左旋、中径公差带为 8e、长旋合长度）

梯形螺纹的基本尺寸													
d 公称系列		螺距 P	中径 $d_2＝D_2$	大径 D_4	小径		d 公称系列		螺距 P	中径 $d_2＝D_2$	大径 D_4	小径	
第一系列	第二系列				d_3	D_1	第一系列	第二系列				d_3	D_1
8	—	1.5	7.25	8.3	6.2	6.5	32	—	6	29.0	33	25	26
—	9	2	8.0	9.5	6.5	7	—	34	6	31.0	35	27	28
10	—	2	9.0	10.5	7.5	8	36	—	6	33.0	37	29	30
—	11	2	10.0	11.5	8.5	9	—	38	6	34.5	39	30	31
12	—	3	10.5	12.5	8.5	9	40	—	7	36.5	41	32	33
—	14	3	12.5	14.5	10.5	11	—	42	7	38.5	43	34	35
16	—	4	14.0	16.5	11.5	12	44	—	7	40.5	45	36	37
—	18	4	16.0	18.5	13.5	14	—	46	8	42.0	47	37	38
20	—	4	18.0	20.5	15.5	16	48	—	8	44.0	49	39	40
—	22	5	19.5	22.5	16.5	17	—	50	8	46.0	51	41	42
24	—	5	21.5	24.5	18.5	19	52	—	8	48.0	53	43	44
—	26	5	23.5	26.5	20.5	21	—	55	9	50.5	56	45	46
28	—	5	25.5	28.5	22.5	23	60	—	9	55.5	61	50	51
—	30	6	27.0	31.0	23.0	24	—	65	10	60.0	66	54	55

注：①优先选用第一系列的直径。

②表中所列的螺距和直径，是优先选择的螺距及与之对应的直径。

表 A-5　55°非密封管螺纹（GB/T 7307—2001）

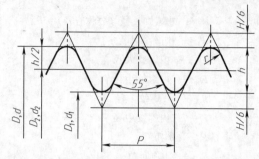

标记示例：

尺寸代号 1½ 的右旋内螺纹：G1½

尺寸代号 1½ 的 A 级右旋外螺纹：G1½A

尺寸代号 1½ 的 B 级左旋外螺纹：G1½B-LH

尺寸代号	每 25.4 mm 内的牙数 n	螺距 P	基面直径		
			大径 $d=D$	中径 $d_2=D_2$	小径 $d_1=D_1$
1/8	28	0.907	9.728	9.147	8.566
1/4	19	1.337	13.157	12.301	11.445
3/8	19	1.337	16.662	15.806	14.950
1/2	14	1.814	20.955	19.793	18.631
5/8	14	1.814	22.911	21.749	20.587
3/4	14	1.814	26.441	25.279	24.117
7/8	14	1.814	30.201	29.039	27.877
1	11	2.309	33.249	31.770	30.291
1⅛	11	2.309	37.897	36.418	34.939
1¼	11	2.309	41.910	40.431	38.952
1½	11	2.309	47.803	46.324	44.845
1¾	11	2.309	53.746	52.267	50.788
2	11	2.309	59.614	58.135	56.656
2¼	11	2.309	65.710	64.231	62.752
2½	11	2.309	75.184	73.705	72.226
2¾	11	2.309	81.534	80.055	78.576
3	11	2.309	87.884	86.405	84.926
3½	11	2.309	100.330	98.851	97.372
4	11	2.309	113.030	111.551	110.072

附录 B　常用的标准件

表 B-1　六角头螺栓　　　　　　　　　　　　　　　　　　　mm

六角头螺栓　C 级（摘自 GB/T 5780—2016）

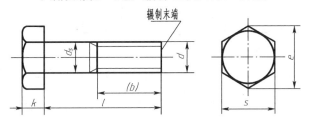

标记示例：

螺栓　GB/T 5780　M20×100（螺纹规格 d＝M20、公称长度 l＝100、性能等级为 4.8 级，不经表面处理、杆身半螺纹、产品等级为 C 级的六角头螺栓）

六角头螺栓　全螺纹　C 级（摘自 GB/T 5781—2016）

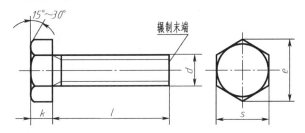

标记示例：

螺栓　GB/T 5781　M12×80（螺纹规格 d＝M12、公称长度 l＝80、性能等级为 4.8 级、不经表面处理、全螺纹、产品等级为 C 级的六角头螺栓）

螺纹规格（d）		M5	M6	M8	M10	M12	M16	M20	M24	M30	M36	M42	M48
b参考	$l_{公称}$≤125	16	18	22	26	30	38	40	54	66	78	—	—
	125＜$l_{公称}$ ≤1 200	—	—	28	32	36	44	52	60	72	84	96	108
	$l_{公称}$＞200	—	—	—	—	—	57	65	73	85	97	109	121
$k_{公称}$		3.5	4.0	5.3	6.4	7.5	10	12.5	15	18.7	22.5	26	30
s_{min}		8	10	13	16	18	24	30	36	46	55	65	75
e_{max}		8.63	10.9	14.2	17.6	19.9	26.2	33.0	39.6	50.9	60.8	72.0	82.6
d_{smax}		5.48	6.48	8.58	10.6	12.7	16.7	20.8	24.8	30.8	37.0	45.0	49.0
$l_{范围}$	GB/T 5780 —2000	25～50	30～60	35～80	40～100	45～120	55～160	65～200	80～240	90～300	110～300	160～420	180～480
	GB/T 5781 —2000	10～40	12～50	16～65	20～80	25～100	35～100	40～100	50～100	60～100	70～100	80～420	90～480
$l_{公称}$		10、12、16、20～50（5 进位）、(55)、60、(65)、70～160（10 进位）、180、220～500（20 进位）											

注：①括号内的规格尽可能不用。末端按 GB/T 2—2016 规定。
　　②螺纹公差：8g（GB/T 5780—2016）；6g（GB/T 5781—2016）；机械性能等级：4.6 级、4.8 级；产品等级：C。

表 B-2　双头螺栓（摘自 GB/T 897～900—1988）　　　　　　　mm

$b_m = d$（GB/T 897）　　$b_m = 1.25d$（GB/T 898）　　$b_m = 1.5d$（GB/T 899）　　$b_m = 2d$（GB/T 900）

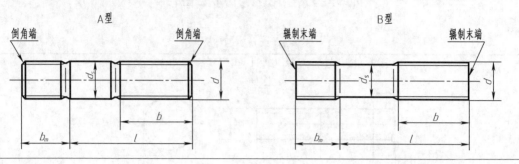

标记示例：

螺柱　GB/T 900　M10×50　（两端均为粗牙普通螺纹、d＝M10、l＝50、性能等级为 4.8 级、不经表面处理、B 型、$b_m = 2d$ 的双头螺柱）

螺柱　GB/T 900　AM10－10×1×50　（旋入机体一端为粗牙普通螺纹、旋螺母端为螺距 P＝1 的细牙普通螺纹、d＝M10、l＝50、性能等级为 4.8 级、不经表面处理、A 型、$bm = 2d$ 的双头螺柱）

螺纹规格 (d)	b_m（旋入机体端长度）				$\dfrac{l（螺柱长度）}{b（旋螺母端长度）}$				
	GB/T 897	GB/T 898	GB/T 899	GB/T 900					
M4	—	—	6	8	$\dfrac{16\sim22}{8}$	$\dfrac{25\sim40}{14}$			
M5	5	6	8	10	$\dfrac{16\sim22}{10}$	$\dfrac{25\sim50}{16}$			
M6	6	8	10	12	$\dfrac{20\sim22}{10}$	$\dfrac{25\sim30}{14}$	$\dfrac{32\sim75}{18}$		
M8	8	10	12	16	$\dfrac{20\sim22}{12}$	$\dfrac{25\sim30}{16}$	$\dfrac{32\sim90}{22}$		
M10	10	12	15	20	$\dfrac{25\sim28}{14}$	$\dfrac{30\sim38}{16}$	$\dfrac{40\sim120}{26}$	$\dfrac{130}{32}$	
M12	12	15	18	24	$\dfrac{25\sim30}{14}$	$\dfrac{32\sim40}{16}$	$\dfrac{45\sim120}{26}$	$\dfrac{130\sim180}{32}$	
M16	16	20	24	32	$\dfrac{30\sim38}{16}$	$\dfrac{40\sim55}{20}$	$\dfrac{60\sim120}{30}$	$\dfrac{130\sim200}{36}$	
M20	20	25	30	40	$\dfrac{35\sim40}{20}$	$\dfrac{45\sim65}{30}$	$\dfrac{70\sim120}{38}$	$\dfrac{130\sim200}{44}$	
(M24)	24	30	36	48	$\dfrac{45\sim50}{25}$	$\dfrac{55\sim75}{35}$	$\dfrac{80\sim120}{46}$	$\dfrac{130\sim200}{52}$	
(M30)	30	38	45	60	$\dfrac{60\sim65}{40}$	$\dfrac{70\sim90}{50}$	$\dfrac{95\sim120}{66}$	$\dfrac{130\sim200}{72}$	$\dfrac{210\sim250}{85}$
M36	36	45	54	72	$\dfrac{65\sim75}{45}$	$\dfrac{80\sim110}{60}$	$\dfrac{120}{78}$	$\dfrac{130\sim200}{84}$	$\dfrac{210\sim300}{97}$
M42	42	52	63	84	$\dfrac{70\sim80}{50}$	$\dfrac{85\sim110}{70}$	$\dfrac{120}{90}$	$\dfrac{130\sim200}{96}$	$\dfrac{210\sim300}{109}$
M48	48	60	72	96	$\dfrac{80\sim90}{60}$	$\dfrac{95\sim110}{80}$	$\dfrac{120}{102}$	$\dfrac{130\sim200}{108}$	$\dfrac{210\sim300}{121}$
$l_{公称}$	12、(14)、16、(18)、20、(22)、25、(28)、30、(32)、35、(38)、40、45、50、55、60、(65)、70、75、80、(85)、90、(95)、100～260（10 进位）、280、300								

注：①尽可能不采用括号内的规格。末端按 GB/T 2—2001 规定。

②$b_m = d$，一般用于钢对钢；$b_m = (1.25\sim1.5)d$，一般用于钢对铸铁；$b_m = 2d$，一般用于钢对铝合金。

表 B-3　六角螺母　C 级（摘自 GB/T 41—2016）　　　　　　　　　mm

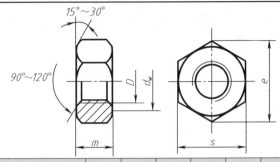

标记示例：

螺母　GB/T 41　M12

（螺纹规格 D＝M12、性能等级为 5 级、不经表面处理、产品等级为 C 级的六角螺母）

螺纹规格（D）	M5	M6	M8	M10	M12	M16	M20	M24	M30	M36	M42	M48	M56
s_{max}	8	10	13	16	18	24	30	36	46	55	65	75	95
e_{min}	8.63	10.9	14.2	17.6	19.9	26.2	33.0	39.6	50.9	60.8	72.0	82.6	104.8
m_{max}	5.6	6.1	7.9	9.5	12.2	15.9	18.7	22.3	26.4	31.5	34.9	38.9	52.4
d_w	6.9	8.7	11.5	14.5	16.5	22.0	27.7	33.2	42.7	51.1	60.6	69.4	88.2

表 B-4　垫　圈　　　　　　　　　mm

平垫圈　A 级（摘自 GB/T 97.1—2002）　　　　平垫圈　C 级（摘自 GB/T 95—2002）

平垫圈　倒角型　A 级（摘自 GB/T 97.2—2002）　　标准型弹簧垫圈（摘自 GB/T 93—1987）

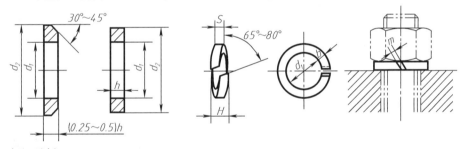

标记示例：

垫圈　GB/T 95　8-200 HV（标准系列、规格 8 mm、性能等级为 200 HV 级、不经表面处理，产品等级为 C 级的平垫圈）。

垫圈　GB/T 93　10（规格 10 mm、材料为 65Mn、表面氧化的标准型弹簧垫圈）

公称尺寸 d（螺纹规格）		4	5	6	8	10	12	14	16	20	24	30	36	42	48
GB/T 97.1—2002（A 级）	d_1	4.3	5.3	6.4	8.4	10.5	13.0	15	17	21	25	31	37	—	—
	d_2	9	10	12	16	20	24	28	30	37	44	56	66	—	—
	h	0.8	1	1.6	1.6	2	2.5	2.5	3	3	4	4	5	—	—
GB/T 97.2—2002（A 级）	d_1	—	5.3	6.4	8.4	10.5	13	15	17	21	25	31	37	—	—
	d_2	—	10	12	16	20	24	28	30	37	44	56	66	—	—
	h	—	1	1.6	1.6	2	2.5	2.5	3	3	4	4	5	—	—

续表

公称尺寸 d（螺纹规格）		4	5	6	8	10	12	14	16	20	24	30	36	42	48
GB/T 95—2002（C 级）	d_1	—	5.5	6.6	9	11	13.5	15.5	17.5	22	26	33	39	45	52
	d_2		10	12	16	20	24	28	30	37	44	56	66	78	92
	h	—	1	1.6	1.6	2	2.5	2.5	3	3	4	4	5	8	8
GB/T 93—1987	d_1	4.1	5.1	6.1	8.1	10.2	12.2	—	16.2	20.2	24.5	30.5	36.5	42.5	48.5
	$S=b$	1.1	1.3	1.6	2.1	2.6	3.1		4.1	5	6	7.5	9	10.5	12
	H	2.8	3.3	4	5.3	6.5	7.8	—	10.3	12.5	15	18.6	22.5	26.3	30

注：①A 级适用于精装配系列，C 级适用于中等装配系列。

②C 级垫圈没有 $Ra=3.2$ 和去毛刺的要求。

表 B-5　螺钉（一） mm

开槽盘头螺钉 （摘自 GB/T 67—2016）　　开槽沉头螺钉 （摘自 GB/T 68—2016）　　开槽半沉头螺钉 （摘自 GB/T 69—2016）

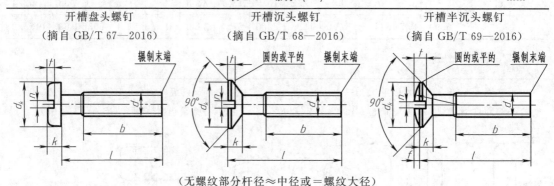

（无螺纹部分杆径≈中径或＝螺纹大径）

标记示例：

螺钉　GB/T 67　M5×60

（螺纹规格 d＝M5、l＝60、性能等级为 4.8 级、不经表面处理的开槽盘头螺钉）

螺纹规格 d	P	b_{min}	$n_{公称}$	f GB/T 69	r_f GB/T 69	k_{max} GB/T 67	$d_{k\,max}$ GB/T 68 GB/T 69		t_{min} GB/T 67	GB/T 68 GB/T 69	$t_{范围}$ GB/T 67	GB/T 68 GB/T 69	全螺纹时最大长度 GB/T 67	GB/T 68 GB/T 69
M2	0.4	25	0.5	4	0.5	1.3	1.2	4	3.8	0.5	0.4 0.8	2.5～20	3～20	30
M3	0.5		0.8	6	0.7	1.8	1.65	5.6	5	0.7	0.6 1.2	4～30	5～30	
M4	0.7		1	9.5	1	2.4	2.7	8	8.4	1	1 1.6	5～40	6～40	
M5	0.8		1.2		1.2	3		9.5	9.3	1.2	1.1 2	6～50	8～50	40 45
M6	1	38	1.6	12	1.6	3.6		12	12	1.4	1.2 2.4	8～60	8～60	
M8	1.25		2	16.5	2	4.8	4.65	16	16	1.9	1.8 3.2	10～80		
M10	1.5		2.5	19.5	2.3	6	5	20	20	2.4	2 3.8			
$l_{系列}$	2、2.5、3、4、5、6、8、10、12、(14)、16、20～50（5 进位）、(55)、60、(65)、70、(75)、80													

注：螺纹公差：6g；机械性能等级：4.8、5.8；产品等级：A。

表 B-6　螺钉（二）　　　　　　　　　　　　　　　mm

开槽锥端紧定螺钉
（摘自 GB/T 71—1985）

开槽平端紧定螺钉
（摘自 GB/T 73—1985）

开槽长圆柱端紧定螺钉
（摘自 GB/T 75—1985）

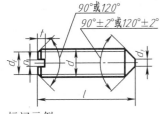
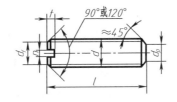
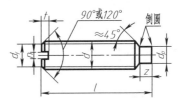

标记示例：

螺钉　GB/T 71　M5×20

（螺纹规格 d＝M5、公称长度 l＝20、性能等级为 14H 级、表面氧化的开槽锥端紧定螺钉）

螺纹规格 d	P	d_f	$d_{t\,max}$	$d_{p\,max}$	$n_{公称}$	t_{max}	Z_{max}	$l_{范围}$		
								GB 71	GB 73	GB 75
M2	0.4	螺纹小径	0.2	1	0.25	0.84	1.25	3～10	2～10	3～10
M3	0.5		0.3	2	0.4	1.05	1.75	4～16	3～16	5～16
M4	0.7		0.4	2.5	0.6	1.42	2.25	6～20	4～20	6～20
M5	0.8		0.5	3.5	0.8	1.63	2.75	8～25	5～25	8～25
M6	1		1.5	4	1	2	3.25	8～30	6～30	8～30
M8	1.25		2	5.5	1.2	2.5	4.3	10～40	8～40	10～40
M10	1.5		2.5	7	1.6	3	5.3	12～50	10～50	12～50
M12	1.75		3	8.5	2	3.6	6.3	14～60	12～60	14～60
$l_{系列}$	2、2.5、3、4、5、6、8、10、12、(14)、16、20、25、30、35、40、45、50、(55)、60									

注：螺纹公差：6g；机械性能等级：14H，22H；产品等级：A。

表 B-7　平键及键槽各部尺寸（摘自 GB/T 1095、1096—2003）　　　　mm

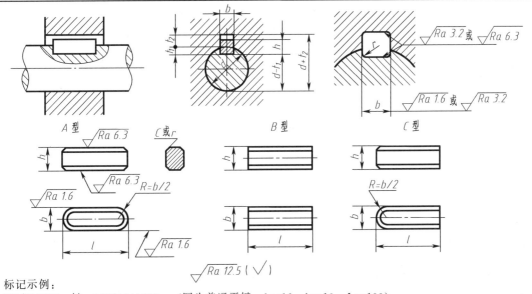

标记示例：

GB/T 1096　键　16×10×100　　（圆头普通平键、b＝16、h＝10、L＝100）

GB/T 1096　键　B16×10×100　（平头普通平键、b＝16、h＝10、L＝100）

GB/T 1096　键　C16×10×100　（单圆头普通平键、b＝16、h＝10、L＝100）

续表

| 键 尺 寸 | | | | 键 槽 | | | | | | | | | | | |
公称直径 d	宽度 b	高度 h	长度 L	基本尺寸	轴 H9	毂 D10	轴 N9	毂 J59	轴和毂 P9	轴 t_1 基本尺寸	轴 t_1 极限偏差	毂 t_2 基本尺寸	毂 t_2 极限偏差	min	max
6～8	2	2	6～20	2	+0.025 / 0	+0.060 / +0.020	−0.004 / −0.029	±0.012 5	−0.006 / 0.031	1.2		1		0.08	0.16
＞8～10	3	3	6～36	3						1.8		1.4			
＞10～12	4	4	8～45	4	+0.030 / 0	+0.078 / +0.030	0 / −0.030	±0.015	−0.012 / −0.042	2.5	+0.1 / 0	1.8	+0.1 / 0		
＞12～17	5	5	10～56	5						3.0		2.3			
＞17～22	6	6	14～70	6						3.5		2.8		1.16	0.25
＞22～30	8	7	18～90	8	+0.036 / 0	+0.098 / +0.040	0 / −0.036	±0.018	−0.015 / −0.051	4.0		3.3			
＞30～38	10	8	22～110	10						5.0		3.3			
＞38～44	12	8	28～140	12						5.0	+0.2 / 0	3.3	+0.2 / 0		
＞44～50	14	9	36～160	14	+0.043 / 0	+0.120 / +0.050	0 / −0.043	±0.021 5	−0.018 / −0.061	5.5		3.8		0.25	0.40
＞50～58	16	10	45～180	16						6.0		4.3			
＞58～65	18	11	50～200	18						7.0		4.4			

$L_{系列}$	6、8、10、12、14、16、18、20、22、25、28、32、36、40、45、50、56、63、70、80、90、100、110、125、140、160、180、200

注：① （$d-t_1$）和（$d+t_2$）的极限偏差按相应的 t_1 和 t_2 的极限偏差选取，但（$d-t_1$）的极限偏差值应取负号。

②GB/T 1095—2003、GB/T 1096—2003 中无轴的公称直径一列，现列出仅供参考。

表 B-8　圆柱销（不淬硬钢和奥氏体不锈钢）（摘自 GB/T 119.1—2000）　　　　mm

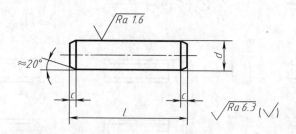

标记示例：

　　销　GB/T 119.1　10　m6×90　（公称直径 $d=10$、公差为 m6、公称长度 $l=90$、材料为钢、不经表面处理的圆柱销）

　　销　GB/T 119.1　10　m6×90-A1　（公称直径 $d=10$、公差为 m6、公称长度 $l=90$、材料为 A1 级奥氏体不锈钢、表面简单处理的圆柱销）

d公称	2	2.5	3	4	5	6	8	10	12	16	20	25
$c\approx$	0.35	0.4	0.5	0.63	0.8	1.2	1.6	2.0	2.5	3.0	3.5	4.0
l范围	6～20	6～24	8～30	8～40	10～50	12～60	14～80	18～95	22～140	26～180	35～200	50～200
l公称	2、3、4、5、6～32（2 进位）、35～100（5 进位）、120～200（20 进位）（公称长度大于 200，按 20 递增）											

表 B-9　圆锥销（摘自 GB/T 117—2000） mm

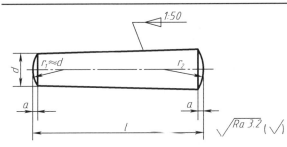

A 型（磨削）：锥面表面粗糙度 $Ra=0.8\mu m$
B 型（切削或冷镦）：锥面表面粗糙度 $Ra=3.2\mu m$

$$r_2\approx\frac{a}{2}+d+\frac{(0.02l)^2}{8a}$$

标记示例：

销　GB/T 117　6×30　（公称直径 $d=6$、公称长度 $l=30$、材料为 35 钢、热处理硬度 28～38HRC、表面氧化处理的 A 型圆锥销）

d公称	2	2.5	3	4	5	6	8	10	12	16	20	25
$a\approx$	0.25	0.3	0.4	0.5	0.63	0.8	1.0	1.2	1.6	2.0	2.5	3.0
l范围	10～35	10～35	12～45	14～55	18～60	22～90	22～120	26～160	32～180	40～200	45～200	50～200
L公称	2、3、4、5、6～32（2 进位）、35～100（5 进位）、120～200（20 进位）（公称长度大于 200，按 20 递增）											

表 B-10　滚动轴承

深沟球轴承 （摘自 GB/T 276—2013）				圆锥滚子轴承 （摘自 GB/T 297—2015）						单向推力球轴承 （摘自 GB/T 301—2015）				
				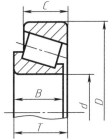						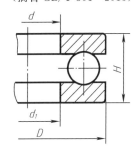				
标记示例： 滚动轴承　6310　GB/T 276				标记示例： 滚动轴承　30212　GB/T 297						标记示例： 滚动轴承　51305　GB/T 301				
轴承型号	尺寸/mm			轴承型号	尺寸/mm					轴承型号	尺寸/mm			
	d	D	B		d	D	B	C	T		d	D	T	d_1
尺寸系列〔（0）2〕				尺寸系列〔02〕						尺寸系列〔12〕				
6202	15	35	11	30203	17	40	12	11	13.25	51202	15	32	12	17
6203	17	40	12	30204	20	47	14	12	15.25	51203	17	35	12	19
6204	20	47	14	30205	25	52	15	13	16.25	51204	20	40	14	22
6205	25	52	15	30206	30	62	16	14	17.25	51205	25	47	15	27

续表

轴承型号	尺寸/mm			轴承型号	尺寸/mm					轴承型号	尺寸/mm			
	d	D	B		d	D	B	C	T		d	D	T	d_1
尺寸系列〔(0) 2〕				尺寸系列〔02〕						尺寸系列〔12〕				
6206	30	62	16	30207	35	72	17	15	18.25	51206	30	52	16	32
6207	35	72	17	30208	40	80	18	16	19.75	51207	35	62	18	37
6208	40	80	18	30209	45	85	19	16	20.75	51208	40	68	19	42
6209	45	85	19	30210	50	90	20	17	21.75	51209	45	73	20	47
6210	50	90	20	30211	55	100	21	18	22.75	51210	50	78	22	52
6211	55	100	21	30212	60	110	22	19	23.75	51211	55	90	25	57
6212	60	110	22	30213	65	120	23	20	24.75	51212	60	95	26	62
尺寸系列〔(0) 3〕				尺寸系列〔03〕						尺寸系列〔13〕				
6302	15	42	13	30302	15	42	13	11	14.25	51304	20	47	18	22
6303	17	47	14	30303	17	47	14	12	15.25	51305	25	52	18	27
6304	20	52	15	30304	20	52	15	13	16.25	51306	30	60	21	32
6305	25	62	17	30305	25	62	17	15	18.25	51307	35	68	24	37
6306	30	72	19	30306	30	72	19	16	20.75	51308	40	78	26	42
6307	35	80	21	30307	35	80	21	18	22.72	51309	45	85	28	47
6308	40	90	23	30308	40	90	23	20	25.25	51310	50	95	31	52
6309	45	100	25	30309	45	100	25	22	27.25	51311	55	105	35	57
6310	50	110	27	30310	50	110	27	23	29.25	51312	60	110	35	62
6311	55	120	29	30311	55	120	29	25	31.50	51313	65	115	36	67
6312	60	130	31	30312	60	130	31	26	33.50	51314	70	125	40	72
尺寸系列〔(0) 4〕				尺寸系列〔03〕						尺寸系列〔14〕				
6403	17	62	17	31305	25	62	17	13	18.25	51405	25	60	24	27
6404	20	72	19	31306	30	72	19	14	20.75	51406	30	70	28	32
6405	25	80	21	31307	35	80	21	15	22.75	51407	35	80	32	37
6406	30	90	23	31308	40	90	23	17	25.25	51408	40	90	36	42
6407	35	100	25	31309	45	100	25	18	27.25	51409	45	100	39	47
6408	40	110	27	31310	50	110	27	19	29.25	51410	50	100	43	52
6409	45	120	29	31311	55	120	29	21	31.50	51411	55	120	48	57
6410	50	130	31	31312	60	130	31	22	33.50	51412	60	130	51	62
6411	55	140	33	31313	65	140	33	23	36.00	51413	65	140	56	68
6412	60	150	35	31314	70	150	35	25	38.00	51414	70	150	60	73
6413	65	160	37	31315	75	160	37	26	40.00	51415	75	160	65	78

注：圆括号中的尺寸系列代号在轴承型号中省略。

附录 C　常用零件的结构要素

表 C-1　倒角和倒圆（摘自 GB/T 6403.4—2008）　　　　　mm

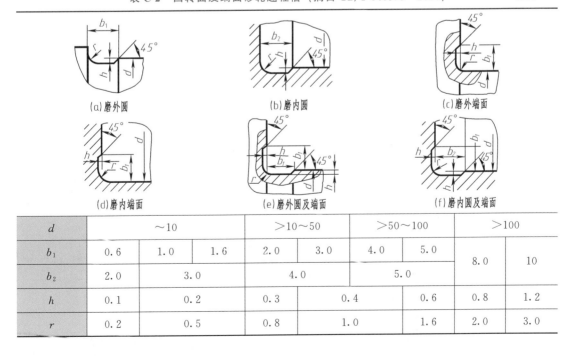

型式	(a)内角倒圆		(b)外角倒圆		(c)外角倒角		(d)内角倒角	
装配方式	(e)$C_1 > R$		(f)$R_1 > R$		(g)$C < 0.58R_1$		(h)$C_1 > C$	
直径 d、D	～3		>3～6		>6～10	>10～18	>18～30	>30～50	>50～80
C、R	0.2		0.4		0.6	0.8	1.0	1.6	2.0

直径 d、D	>80～120	>120～180	>180～250	>250～320	>320～400	>400～500	>500～630	>630～800	>800～1 000	>1 000～1 250	>1 250～1 600
C、R	2.5	3.0	4.0	5.0	6.0	8.0	10	12	16	20	25

注：α一般采用45°，也可采用30°或60°。

表 C-2　回转面及端面砂轮越程槽（摘自 GB/T 6403.5—2008）　　　　　mm

d	～10			>10～50		>50～100		>100	
b_1	0.6	1.0	1.6	2.0	3.0	4.0	5.0	8.0	10
b_2	2.0	3.0		4.0		5.0			
h	0.1	0.2		0.3		0.4	0.6	0.8	1.2
r	0.2	0.5		0.8	1.0	1.6		2.0	3.0

附录D 极

表D-1 优先及常用配合轴的极限偏差

代号		a	b	c	d	e	f	g	h					
基本代号/mm									公			差		
大于	至	11	11	*11	*9	8	*7	*6	5	*6	*7	8	*9	10
—	3	−270 / −330	−140 / −200	−60 / −120	−20 / −45	−14 / −28	−6 / −16	−2 / −8	0 / −4	0 / −6	0 / −10	0 / −14	0 / −25	0 / −40
3	6	−270 / −345	−140 / −215	−70 / −145	−30 / −60	−20 / −38	−10 / −22	−4 / −12	0 / −5	0 / −8	0 / −12	0 / −18	0 / −30	0 / −48
6	10	−280 / −338	−150 / −240	−85 / −170	−40 / −76	−25 / −47	−13 / −28	−5 / −14	0 / −6	0 / −9	0 / −15	0 / −22	0 / −36	0 / −58
10	14	−290	−150	−95	−50	−32	−16	−6	0	0	0	0	0	0
14	18	−400	−260	−205	−93	−59	−34	−17	−8	−11	−18	−27	−43	−70
18	24	−300	−160	−110	−65	−40	−20	−7	0	0	0	0	0	0
24	30	−430	−290	−240	−117	−73	−41	−20	−9	−13	−21	−33	−52	−84
30	40	−310 / −470	−170 / −330	−120 / −280	−80	−50	−25	−9	0	0	0	0	0	0
40	50	−320 / −480	−180 / −340	−130 / −290	−142	−89	−50	−25	−11	−16	−25	−39	−62	−100
50	65	−340 / −530	−190 / −380	−140 / −330	−100	−60	−30	−10	0	0	0	0	0	0
65	80	−360 / −550	−200 / −390	−150 / −340	−174	−106	−60	−29	−13	−19	−30	−46	−74	−120
80	100	−380 / −600	−220 / −440	−170 / −390	−120	−72	−36	−12	0	0	0	0	0	0
100	120	−410 / −630	−240 / −460	−180 / −400	−207	−126	−71	−34	−15	−22	−35	−54	−87	−140
120	140	−460 / −710	−260 / −510	−200 / −450	−145	−85	−43	−14	0	0	0	0	0	0
140	160	−520 / −770	−280 / −530	−210 / −460	−245	−148	−83	−39	−18	−25	−40	−63	−100	−160
160	180	−580 / −830	−310 / −560	−230 / −480										
180	200	−660 / −950	−340 / −630	−240 / −530	−170	−100	−50	−15	0	0	0	0	0	0
200	225	−740 / −1030	−380 / −670	−260 / −550	−285	−172	−96	−44	−20	−29	−46	−72	−115	−185
225	250	−820 / −1110	−420 / −710	−280 / −570										
250	280	−920 / −1240	−480 / −800	−300 / −620	−190	−110	−56	−17	0	0	0	0	0	0
280	315	−1050 / −1370	−540 / −860	−330 / −650	−320	−191	−108	−49	−23	−32	−52	−81	−130	−210
315	355	−1200 / −1560	−600 / −960	−360 / −720	−210	−125	−62	−18	0	0	0	0	0	0
355	400	−1350 / −1710	−680 / −1040	−400 / −760	−350	−214	−119	−54	−25	−36	−57	−89	−140	−230
400	450	−1500 / −1900	−760 / −1160	−440 / −840	−230	−135	−68	−20	0	0	0	0	0	0
450	−500	−1650 / −2050	−840 / −1240	−480 / −880	−385	−232	−131	−60	−27	−40	−63	−97	−155	−250

注：带 * 者为优先选用的，其他为常用的。

限与配合

表（摘自 GB/T 1800.3、1801—2009）

等级 *11	12	js 6	k *6	m 6	n *6	p *6	r 6	s *6	t 6	u *6	v 6	x 6	y 6	z 6
0/−60	0/−100	±3	+6/0	+8/+2	+10/+4	+12/+6	+16/+10	+20/+14	—	+24/+18	—	+26/+20	—	+32/+26
0/−75	0/−120	±4	+9/+1	+12/+4	+16/+8	+20/+12	+23/+15	+27/+19	—	+31/+23	—	+36/+28	—	+43/+35
0/−90	0/−150	±4.5	+10/+1	+15/+6	+19/+10	+24/+15	+28/+19	+32/+23	—	+37/+28	—	+43/+34	—	+51/+42
0/−110	0/−180	±5.5	+12/+1	+18/+7	+23/+12	+29/+18	+34/+23	+39/+28	—	+44/+33	—	+51/+40	—	+61/+50
											+50/+39	+56/+45	—	+71/+60
0/−130	0/−210	±6.5	+15/+2	+21/+8	+28/+15	+35/+22	+41/+28	+48/+35	—	+54/+41	+60/+47	+67/+54	+76/+63	+86/+73
									+54/+41	+61/+48	+68/+55	+77/+64	+88/+75	+101/+88
0/−160	0/−250	±8	+18/+2	+25/+9	+33/+17	+42/+26	+50/+34	+59/+43	+64/+48	+76/+60	+84/+68	+96/+80	+110/+94	+128/+112
									+70/+54	+86/+70	+97/+81	+113/+97	+130/+114	+152/+136
0/−190	0/−300	±9.5	+21/+2	+30/+11	+39/+20	+51/+32	+60/+41	+72/+53	+85/+66	+106/+87	+121/+102	+141/+122	+163/+144	+191/+172
							+62/+43	+78/+59	+94/+75	+121/+102	+139/+120	+165/+146	+193/+174	+229/+210
0/−220	0/−350	±11	+25/+3	+35/+13	+45/+23	+59/+37	+73/+51	+93/+71	+113/+91	+146/+124	+168/+146	+200/+178	+236/+214	+280/+258
							+76/+54	+101/+79	+126/+104	+166/+144	+194/+172	+232/+210	+276/+254	+332/+310
0/−250	0/−400	±12.5	+28/+3	+40/+15	+52/+27	+68/+43	+88/+63	+117/+92	+147/+122	+195/+170	+227/+202	+273/+248	+325/+300	+390/+365
							+90/+65	+125/+100	+159/+134	+215/+190	+253/+228	+305/+280	+365/+340	+440/+415
							+93/+68	+133/+108	+171/+146	+235/+210	+277/+252	+335/+310	+405/+380	+490/+465
0/−290	0/−460	±14.5	+33/+4	+46/+17	+60/+31	+79/+50	+106/+77	+151/+122	+195/+166	+265/+236	+313/+284	+379/+350	+454/+425	+549/+520
							+109/+80	+159/+130	+209/+180	+287/+258	+339/+310	+414/+385	+499/+470	+604/+575
							+113/+84	+169/+140	+225/+196	+313/+284	+369/+340	+454/+425	+549/+520	+669/+640
0/−320	0/−520	±16	+36/+4	+52/+20	+66/+34	+88/+56	+126/+94	+190/+158	+250/+218	+347/+315	+417/+385	+507/+475	+612/+580	+742/+710
							+130/+98	+202/+170	+272/+240	+382/+350	+457/+425	+557/+525	+682/+650	+822/+790
0/−360	0/−570	±18	+40/+4	+57/+21	+73/+37	+98/+62	+144/+108	+226/+190	+304/+268	+426/+390	+511/+475	+626/+590	+766/+730	+936/+900
							+150/+114	+244/+208	+330/+294	+471/+435	+566/+530	+696/+660	+856/+820	+1036/+1000
0/−400	0/−630	±20	+45/+5	+63/+23	+80/+40	+108/+68	+166/+126	+272/+232	+370/+330	+530/+490	+635/+595	+780/+740	+960/+920	+1140/+1100
							+172/+132	+292/+252	+400/+360	+580/+540	+700/+660	+860/+820	+1040/+1000	+1290/+1250

表 D-2　优先及常用配合孔的极限偏差

代号		A	B	C	D	E	F	G	H					
基本代号/mm									公　　差					
大于	至	11	11	*11	*9	8	*8	*7	6	*7	*8	*9	10	*11
—	3	+330 / +270	+200 / +140	+120 / +60	+45 / +20	+28 / +14	+20 / +6	+12 / +2	+6 / 0	+10 / 0	+14 / 0	+25 / 0	+40 / 0	+60 / 0
3	6	+345 / +270	+215 / +140	+145 / +70	+60 / +30	+38 / +20	+28 / +10	+16 / +4	+8 / 0	+12 / 0	+18 / 0	+30 / 0	+48 / 0	+75 / 0
6	10	+370 / +280	+240 / +150	+170 / +80	+76 / +40	+47 / +25	+35 / +13	+20 / +5	+9 / 0	+15 / 0	+22 / 0	+36 / 0	+58 / 0	+90 / 0
10	14	+400 / +290	+260 / +150	+205 / +95	+93 / +50	+59 / +32	+43 / +16	+24 / +6	+11 / 0	+18 / 0	+27 / 0	+43 / 0	+70 / 0	+110 / 0
14	18	+400 / +290	+260 / +150	+205 / +95	+93 / +50	+59 / +32	+43 / +16	+24 / +6	+11 / 0	+18 / 0	+27 / 0	+43 / 0	+70 / 0	+110 / 0
18	24	+430 / +300	+290 / +160	+240 / +110	+117 / +65	+73 / +40	+53 / +20	+28 / +7	+13 / 0	+21 / 0	+33 / 0	+52 / 0	+84 / 0	+130 / 0
24	30	+430 / +300	+290 / +160	+240 / +110	+117 / +65	+73 / +40	+53 / +20	+28 / +7	+13 / 0	+21 / 0	+33 / 0	+52 / 0	+84 / 0	+130 / 0
30	40	+470 / +310	+330 / +170	+280 / +120	+142 / +80	+89 / +50	+64 / +25	+34 / +9	+16 / 0	+25 / 0	+39 / 0	+62 / 0	+100 / 0	+160 / 0
40	50	+480 / +320	+340 / +180	+290 / +130	+142 / +80	+89 / +50	+64 / +25	+34 / +9	+16 / 0	+25 / 0	+39 / 0	+62 / 0	+100 / 0	+160 / 0
50	65	+530 / +340	+380 / +190	+330 / +140	+174 / +100	+106 / +60	+76 / +30	+40 / +10	+19 / 0	+30 / 0	+46 / 0	+74 / 0	+120 / 0	+190 / 0
65	80	+550 / +360	+390 / +200	+340 / +150	+174 / +100	+106 / +60	+76 / +30	+40 / +10	+19 / 0	+30 / 0	+46 / 0	+74 / 0	+120 / 0	+190 / 0
80	100	+600 / +380	+440 / +220	+390 / +170	+207 / +120	+126 / +72	+90 / +36	+47 / +12	+22 / 0	+35 / 0	+54 / 0	+87 / 0	+140 / 0	+220 / 0
100	120	+630 / +410	+460 / +240	+400 / +180	+207 / +120	+126 / +72	+90 / +36	+47 / +12	+22 / 0	+35 / 0	+54 / 0	+87 / 0	+140 / 0	+220 / 0
120	140	+710 / +460	+510 / +260	+450 / +200	+245 / +145	+148 / +85	+106 / +43	+54 / +14	+25 / 0	+40 / 0	+63 / 0	+100 / 0	+160 / 0	+250 / 0
140	160	+770 / +520	+530 / +280	+460 / +210	+245 / +145	+148 / +85	+106 / +43	+54 / +14	+25 / 0	+40 / 0	+63 / 0	+100 / 0	+160 / 0	+250 / 0
160	180	+830 / +580	+560 / +310	+480 / +230	+245 / +145	+148 / +85	+106 / +43	+54 / +14	+25 / 0	+40 / 0	+63 / 0	+100 / 0	+160 / 0	+250 / 0
180	200	+950 / +660	+630 / +340	+530 / +240	+285 / +170	+172 / +100	+122 / +50	+61 / +15	+29 / 0	+46 / 0	+72 / 0	+115 / 0	+185 / 0	+290 / 0
200	225	+1030 / +740	+670 / +380	+550 / +260	+285 / +170	+172 / +100	+122 / +50	+61 / +15	+29 / 0	+46 / 0	+72 / 0	+115 / 0	+185 / 0	+290 / 0
225	250	+1110 / +820	+710 / +420	+570 / +280	+285 / +170	+172 / +100	+122 / +50	+61 / +15	+29 / 0	+46 / 0	+72 / 0	+115 / 0	+185 / 0	+290 / 0
250	280	+1240 / +920	+800 / +480	+620 / +300	+320 / +190	+191 / +110	+137 / +56	+69 / +17	+32 / 0	+52 / 0	+81 / 0	+130 / 0	+210 / 0	+320 / 0
280	315	+1370 / +1050	+860 / +540	+650 / +330	+320 / +190	+191 / +110	+137 / +56	+69 / +17	+32 / 0	+52 / 0	+81 / 0	+130 / 0	+210 / 0	+320 / 0
315	355	+1560 / +1200	+960 / +600	+720 / +360	+350 / +210	+214 / +125	+151 / +62	+75 / +18	+36 / 0	+57 / 0	+89 / 0	+140 / 0	+230 / 0	+360 / 0
355	400	+1710 / +1350	+1040 / +680	+760 / +400	+350 / +210	+214 / +125	+151 / +62	+75 / +18	+36 / 0	+57 / 0	+89 / 0	+140 / 0	+230 / 0	+360 / 0
400	450	+1900 / +1500	+1160 / +760	+840 / +440	+385 / +230	+232 / +135	+165 / +68	+83 / +20	+40 / 0	+63 / 0	+97 / 0	+155 / 0	+250 / 0	+400 / 0
450	500	+2050 / +1650	+1240 / +840	+880 / +480	+385 / +230	+232 / +135	+165 / +68	+83 / +20	+40 / 0	+63 / 0	+97 / 0	+155 / 0	+250 / 0	+400 / 0

注：带"*"者为优先选用的，其他为常用的。

表（摘自 GB/T 1800.3、1801—2009）

12	JS		K		M		N		P		R	S	T	U
等级	6	7	6	*7	8	7	6	7	6	*7	7	*7	7	*7
+100 / 0	±3	±5	0 / -6	0 / -10	0 / -14	-2 / -12	-4 / -10	-4 / -14	-6 / -12	-6 / -16	-10 / -20	-14 / -24	—	-18 / -28
+120 / 0	±4	±6	+2 / -6	+3 / -9	+5 / -13	0 / -12	-5 / -13	-4 / -16	-9 / -17	-8 / -20	-11 / -23	-15 / -27	—	-19 / -31
+150 / 0	±4.5	±7	+2 / -7	+5 / -10	+6 / -16	0 / -15	-7 / -16	-4 / -19	-12 / -21	-9 / -24	-13 / -28	-17 / -32	—	-22 / -37
+180 / 0	±5.5	±9	+2 / -9	+6 / -12	+8 / -19	0 / -18	-9 / -20	-5 / -23	-15 / -26	-11 / -29	-16 / -34	-21 / -39	—	-26 / -44
+210 / 0	±6.5	±10	+2 / -11	+6 / -15	+10 / -23	0 / -21	-11 / -24	-7 / -28	-18 / -31	-14 / -35	-20 / -41	-27 / -48	—	-33 / -54
													-33 / -54	-40 / -61
+250 / 0	±8	±12	+3 / -13	+7 / -18	+12 / -27	0 / -25	-12 / -28	-8 / -33	-21 / -37	-17 / -42	-25 / -50	-34 / -59	-39 / -64	-51 / -76
													-45 / -70	-61 / -86
+300 / 0	±9.5	±15	+4 / -15	+9 / -21	+14 / -32	0 / -30	-14 / -33	-9 / -39	-26 / -45	-21 / -51	-30 / -60	-42 / -72	-55 / -85	-76 / -106
											-32 / -62	-48 / -78	-64 / -94	-91 / -121
+350 / 0	±11	±17	+4 / -18	+10 / -25	+16 / -38	0 / -35	-16 / -38	-10 / -45	-30 / -52	-24 / -59	-38 / -73	-58 / -93	-78 / -113	-111 / -146
											-41 / -76	-66 / -101	-91 / -126	-131 / -166
+400 / 0	±12.5	±20	+4 / -21	+12 / -28	+20 / -43	0 / -40	-20 / -45	-12 / -52	-36 / -61	-28 / -68	-48 / -88	-77 / -117	-107 / -147	-155 / -195
											-50 / -90	-85 / -125	-119 / -159	-175 / -215
											-53 / -93	-93 / -133	-131 / -171	-195 / -235
+460 / 0	±14.5	±23	+5 / -24	+13 / -33	+22 / -50	0 / -46	-22 / -51	-14 / -60	-41 / -70	-33 / -79	-60 / -106	-105 / -151	-149 / -195	-219 / -265
											-63 / -109	-113 / -159	-163 / -209	-241 / -287
											-67 / -113	-123 / -169	-179 / -225	-267 / -313
+520 / 0	±16	±26	+5 / -27	+16 / -36	+25 / -56	0 / -52	-25 / -57	-14 / -66	-47 / -79	-36 / -88	-74 / -126	-138 / -190	-198 / -250	-295 / -347
											-78 / -130	-150 / -202	-220 / -272	-330 / -382
+570 / 0	±18	±28	+7 / -29	+17 / -40	+28 / -61	0 / -57	-26 / -62	-16 / -73	-51 / -87	-41 / -98	-87 / -144	-169 / -226	-247 / -304	-369 / -426
											-93 / -150	-187 / -244	-273 / -330	-414 / -471
+630 / 0	±20	±31	+8 / -32	+18 / -45	+29 / -68	0 / -63	-27 / -67	-17 / -80	-55 / -95	-45 / -108	-103 / -166	-209 / -272	-307 / -370	-467 / -530
											-109 / -172	-229 / -292	-337 / -400	-517 / -580

附录 E　常用材料及热处理名词解释

表 E-1　常用钢材（摘自 GB/T 700、GB/T 699、GB/T 3077、GB/T 11352、GB/T 5676）mm

名　称		钢　号	应用举例	说　明
碳素结构钢		Q215－A Q235－A Q235－B Q255－B Q275	受力不大的铆钉、螺钉、轮轴、凸轮、焊件、渗碳件 螺栓、螺母、拉杆、钩、连杆、楔、轴、焊件 金属构造物中般机件、拉杆、轴、焊件 重要的螺钉、拉杆、钩、楔、连杆、轴、销、齿轮 键、牙嵌离合器、链板、闸带、受大静载荷的齿轮轴	"Q"表示屈服点，数字表示屈服点数值，A、B 等表示质量等级
优质碳素结构钢		08F 15 20 25 30 35 40 45 50 55 55 60	要求可塑性好的零件：管子、垫片、渗碳件、氰化件 渗碳件、紧固件、冲模锻件、化工容器 杠杆、轴套、钩、螺钉、渗碳件与氰化件 轴、辊子、连接器、紧固件中的螺栓、螺母 曲轴、转轴、轴销、连杆、横梁、星轮 曲轴、摇杆、拉杆、键、销、螺栓、转轴 齿轮、齿条、链轮、凸轮、轧辊、曲柄轴 齿轮、轴、联轴器、衬套、活塞销、链轮 活塞杆、齿轮、不重要的弹簧 齿轮、连杆、扁弹簧、轧辊、偏心轮、轮圈、轮缘叶片、弹簧	1. 数字表示钢中平均含碳量的万分数。例如"45"表示平均含碳量为 0.45%。 2. 序号表示抗拉强度、硬度依次增加，延伸率依次降低
		30Mn 40Mn 50Mn 60Mn	螺栓、杠杆、制动板 用于承受疲劳载荷零件：轴、曲轴、万向联轴器 用于高负荷下耐磨的热处理零件：齿轮、凸轮、摩擦片 弹簧、发条	含锰量 0.7%～1.2%的优质碳素钢
合金结构钢	铬钢	15Cr 20Cr 30Cr 40Cr 45Cr	渗碳齿轮、凸轮、活塞销、离合器 较重要的渗碳件 重要的调质零件：轮轴、齿轮、摇杆、重要的螺栓、滚子 较重要的调质零件：齿轮、进气阀、辊子、轴 强度及耐磨性高的轴、齿轮、螺栓	1. 合金结构前两位数字表示钢中含碳量的万分数； 2. 合金无素以化学符号表示； 3. 合金元素含量小于 1.5%时，仅注出元素符号
	铬锰钛钢	20CrMnTi 30CrMnTi	汽车上的重要渗碳件：齿轮 汽车、拖拉机上强度特高的渗碳齿轮	
铸钢		ZG230－450 ZG310－570	机座、箱、箱体、支架 齿轮、飞轮、机架	"ZG"表示铸钢，数字表示屈服点及抗拉强度（MPa）

表 E-2　常用铸铁（摘自 GB/T 9439、GB/T 1348、GB/T 9400）　　　　mm

名　称	牌　号	硬度（HBS）	应用举例	说　明
灰铸铁	HT100	114～173	机床中受轻负荷，磨损无关重要的铸件，如托盘、把手、手轮等	"HT"是灰铸铁代号，其后数字表示抗拉强度（MPa）
	HT150	132～197	承受中等弯曲应力、摩擦面间压强高于 500MPa 的铸件，如机床底座、工作台、汽车变速箱、泵体、阀体、阀盖等	
	HT200	151～229	承受较大弯曲应力、要求保持气密性的铸件，如机床立柱、刀架、齿轮箱体、床身、油缸、泵体、阀体、皮带轮、轴承盖和架等	
	HT250	180～269	承受较大弯曲应力、要求体质气密性的铸件，如气缸套、齿轮、机床床身、立柱、齿轮箱体、油缸、泵体、阀体等	
	HT300	207～313	承受高弯曲应力、拉应力，要求高度气密性的铸件，如高压油缸、泵体、阀体、汽轮机隔板等	
	HT350	238～357	轧钢滑板、辊子、炼焦柱塞等	
球墨铸铁	QT400－15 QT400－18	130～180 130～180	韧性高，低温性能好，且有一定的耐蚀性，用于制作汽车，拖拉机中的轮毂、壳体、离合器拨叉等	"QT"为球墨铸铁代号，其后第一组数字表示抗拉强度（MPa），第二组数字表示延伸率（%）
	QT500－7 QT450－10 QT600－3	170～230 160～210 190～270	具有中等强度和韧性，用于制作内燃机中油齿轮、汽轮机的中温气缸隔板、水轮机阀门体等	
可锻铸铁	KTH300－06 KTH350－10 KTZ450－06 KTB400－05	≤150 ≤150 150～200 ≤220	用于承受击、振动等零件，如汽车零件、机床附件、各种管接头、低压阀门、曲轴和连杆等	"KTH"、"KTZ"、"KTB"分别为黑心、珠光体、白心可锻铸铁代号，其后第一组数字表示抗拉强度（MPa），第二组数学表示延伸率（%）

表 E-3　常用有色金属及其合金（摘自 GB/T 1176、GB/T 3190）　　　　mm

名称或代号	牌　号	主要用途	说　明
普通黄铜	H62	散热器、垫圈、弹簧、各种网、螺钉及其零件	"H"表示黄铜，字母后的数字表示含铜的平均百分数
40-2 锰黄铜	ZCuZn40Mn2	轴瓦、衬套及其他减磨零件	"Z"表示铸造，字母后的数字表示含铜、猛、锌的平均百分数
5-5-5 锡青铜	ZCuSn5PbZn5	在较高负荷和中等滑动速度下工作的耐磨、耐蚀零件	字母后的数字表示含锡、铅、锌的平均百分数

续表

名称或代号	牌 号	主要用途	说 明
9-2 铝青铜 10-3 铝青铜	ZCuAl9Mn2 ZCuAl10Fe3	耐蚀、耐磨零件，要求气密性高的铸件，高强度、耐磨、耐蚀零件及 250℃ 以下工作的管配件	字母后的数字表示含铝、锰或铁的平均百分数
17-4-4 铝青铜	ZCuPbl7Sn4ZnA	高滑动速度的轴承和一般耐磨件等	字母后的数字表示含铅、锡、锌的平均百分数
ZL201 （铝铜合金） ZL301 （铝铜合金）	ZAlCu5Mn ZAlCuMg10	用于铸造形状较简单的零件，如支臂、挂架梁等 用于铸造小型零件，如海轮配件、航空配件等	字母后的数字表示含锰、或镁的平均百分数
硬铝	LY12	高强度硬铝，适用于制造高负荷零件及构件，但不包括冲压件和锻压件，如飞机骨架等	"LY" 表示硬铝，数字表示顺序号

表 E-4　常用非金属材料

材料名称及标准号		牌 号	说 明	特性及应用举例
工业用橡胶板	耐酸橡胶板 （GB/T5574）	2807 2709	较高硬度 中等硬度	具有耐酸碱性能，用作冲制密封性能较好的垫圈
	耐山水画橡胶板 （GB/T5574）	3707 3709	较高硬度	可在一定温度的油中工作，适用冲制各种形状的垫圈
	耐热橡胶板 （GB/T5574）	4708 4710	较高硬度 中等硬度	可在热空气、蒸汽（100℃）中工作，用作冲制各种垫圈和隔热垫板
尼龙	尼龙 66 尼龙 100		具有高抗拉强度和冲击韧性，耐热（＞100℃），耐弱酸、耐弱碱、耐油性好	用于制作齿轮等传动零件，有良好的消音性，运转时噪声小
耐油像胶石棉板 （GB/T 539）			有厚度为 0.4～3.0mm 的十种规格	供航空发动机的煤油、润滑油及冷气系统结合处的密封衬垫材料
毛毡 （FJ/T 314）			厚度为 1～30mm	用作密封、防漏油、防震、缓冲衬垫等，按需选用细毛、半粗毛、粗毛
有机玻璃板 （HG/T 2-343）			耐盐酸、硫酸、草酸、烧碱和纯碱等一般碱性及二氧化碳、臭氧等腐蚀	适用于耐腐蚀和需要透明的零件，如油标、油杯、透明管道等

表 E-5　常用的热处理及表面处理名词解释

名　词		代号及标注示例	说　明	应　用
退火		Th	将钢件加热到临界温度（一般是 710～715℃，个别合金钢 800～900℃）以上 30～50℃，保温一段时间，然后缓慢冷却（一般在炉中冷却）	用来消除铸、锻、焊零件的内应力、降低硬度，便于切削加工，细化金属晶粒，改善组织，增加韧性
正火		Z	将钢件加热到临界温度以上，保温一段时间，然后用空气冷却，冷却速度比退火快	用来处理低碳和中碳结构钢及渗碳零件，使其组织细化，增加强度与韧性，减少内应力，改善切削性能
淬火		C C48：淬火回火至 45～50HRC	将钢件加热到临界温度以上，保温一段时间，然后在水、盐水或油中（个别材料在空气中）急速冷却，使其得到高硬度	用来提高钢的硬度和强度极限，但淬火会引起内应力使钢变脆，所以淬火后必须回火
回火		回火	回火是将淬硬的钢件加热到临界点以下的温度，保温一段时间，然后在空气中或油中冷却下来	用来消除淬火后的脆性和内应力，提高钢的塑性和冲击韧性
调质		T T235：调质处理至 220～250HBS	淬火后在 450～650℃进行高温加火，称为调质	用来使钢获得高的韧性和足够的强度，重要的齿轮、轴及丝杆等零件是调质处理的
表面淬火	火焰淬火	H54：火焰淬火后，回火到 50～55HRC	用火焰或高频电流将零件表面迅速加热至临界温度以上，急速冷却	使零件表面获得高硬度，而心部保持一定的韧性，使零件既耐磨又能承受冲击，表面淬火常用来处理齿轮等
	高频淬火	G52：高频淬火后，回火到 50～55HRC		
渗碳淬火		S0.5～C59：渗碳层深 0.5，淬火硬度 56～62HRC	在渗碳剂中将钢件加热到 900～950℃，停留一定时间，将碳渗入钢表面，深度约为 0.5～2 mm，再淬火后回火	增加钢件的耐磨性能、表面硬度、抗拉强度和疲劳极限 适用于低碳、中碳（含量<0.40%）结构钢的中小型零件
氮化		D0.3～900：氮化层深度 0.3，硬度大于 850HV	氮化是在 500～600℃通入氮的炉子内加热，向钢的表面渗入氮原子的过程，氮化层为 0.025～0.8 mm，氮化时间需 40～50h	增加钢件的耐磨性能、表面硬度、疲劳极限和抗蚀能力 适用于合金刚、碳钢、铸铁件，如机床主轴、丝杆以及在潮湿碱水和燃烧气体介质的环境中工作的零件

名　词	代号及标注示例	说　明	应　用
氰化	Q59：氰化淬火后，回火至 56～62HRC	在 820～860℃炉内通入碳和氮，保温 1～2 h，使钢件的表面同时渗入碳、氮原子，可得到 0.2～0.5 mm 的氰化层	增加表面硬度、耐磨性、疲劳强度和耐蚀性 用于要求硬度高、耐磨的中小型零件及薄片零件和刀具等
时效	时效处理	低温回火后，精加工之前，加热到 100～160℃，保持 10～40 h，对铸件也可用天然时效（放在露天中 1 年以上）	使工件消除内应力和稳定形状，用于量具、精密丝杆、床身导轨、床身等
发蓝发黑	发蓝或发黑	将金属零件放在很浓的碱和氧化剂溶液中加热氧化，使金属表面形成一层氧化铁所组成的保护性薄膜	防腐蚀、美观，用于一般连接的标准件和其他电子类零件
硬　度	HBS、HBW、（布氏硬度）	材料抵抗硬的物体压入其表面的能力称"硬度"，根据测定的方法不同，可分布氏硬度、洛氏硬度和维氏硬度 硬度的测定是检验材料经热处理后的机械性能——硬度	用于退火、正火、调质的零件及铸件的硬度检验
	HRA、HRB、HRC·（洛氏硬度）		用于经淬火、回火及表面渗碳、渗氮等处理的零件硬度检验
	HV（维氏硬度）		用于薄层硬化零件的硬度检验

参 考 文 献

[1] 尚凤武. 制图员国家职业资格培训教程 ［M］. 北京：中央广播电视大学出版社，2003.

[2] 王兰美. 机械制图 ［M］. 北京：高等教育出版社，2004.

[3] 马慧. 机械制图 ［M］. 北京：机械工业出版社，2003.

[4] 吕素霞，何文平. 现代机械制图 ［M］. 北京：机械工业出版社，2005.

[5] 钱可强，等. 机械制图 ［M］. 北京：化工工业出版社，2001.

[6] 金大鹰. 机械制图 ［M］. 北京：机械工业出版社，2006.

[7] 叶曙光. 机械制图 ［M］. 北京：机械工业出版社，2008.

[8] 钱可强. 机械制图 ［M］. 北京：中国劳动社会保障出版社，2007.